U0180596

城市更新系列丛书

城市更新之
既有建筑地下空间开发

Underground Space Development of Existing Buildings in Urban Renewal

张 敏 龙莉波 主 编
汪思满 马跃强 王竹君 副主编

内 容 提 要

本书主要针对城市更新中既有建筑的地下空间开发的社会需求进行专项技术研究，通过几个典型的工程案例介绍既有建筑地下空间开发的技术体系和发展历程，详细介绍了上海建工二建集团有限公司实践的工程案例，其中，外滩源33号改造工程为紧邻保护建筑的地下空间开发工程，爱马仕之家改扩建工程为紧邻地铁和保护建筑的地下空间拓建和局部区域原位地下空间开发工程，上海市第一人民医院改扩建工程代表了城市核心区医院的既有建筑地下空间开发，江苏省财政厅增设8层地下车库工程为典型的平推逆作法地下空间开发工程，南京东路179号街坊保护改造工程为历史保护建筑群原位地下空间开发工程。实践证明，启动城市既有建筑群地下空间拓建技术条件基本成熟。

本书适合土木工程、建筑工程及相关专业工程技术人员作为参考资料。

图书在版编目(CIP)数据

城市更新之既有建筑地下空间开发 / 张敏，龙莉波主编. -- 上海：同济大学出版社，2021.8

ISBN 978-7-5608-9708-0

Ⅰ.①城… Ⅱ.①张… ②龙… Ⅲ.①城市空间—地下建筑物—空间利用—城市规划—研究 Ⅳ.①TU984.11

中国版本图书馆 CIP 数据核字(2021)第 174122 号

城市更新之既有建筑地下空间开发

张 敏 龙莉波 主编 汪思满 马跃强 王竹君 副主编

责任编辑 马继兰 责任校对 徐春莲 封面设计 陈益平

出版发行 同济大学出版社 www.tongjipress.com.cn

(地址：上海市四平路1239号 邮编：200092 电话：021-65985622)

经 销 全国各地新华书店

印 刷 上海安枫印务有限公司

开 本 787 mm×1092 mm 1/16

印 张 17.5

字 数 437 000

版 次 2021年8月第1版 2021年8月第1次印刷

书 号 ISBN 978-7-5608-9708-0

定 价 218.00 元

编　委　会

序

城市犹如一个不断生长和演变的有机生命体，随着居民需求的提升、城市定位的转变、政策环境的引导而持续地进行着功能和空间的提升，城市的“有机”更新正是城市发展的永恒之道。我国早期的经济发展以“高速增长”为目标，早期的城市改造和建设也以“大折大建”“破旧立新”的增量发展为主，如器官移植手术一般地快速剪除旧建筑、植入新建筑，造成了一定程度的城市风貌损失和建筑文化遗产破坏。随着国家发展战略转向“高质量发展”“高品质生活”，城市更新的模式也转变为更加注重存量开发的“有机”更新，强调小规模、渐进式、精细化的更新模式，在城市的细胞层面持续地新陈代谢，使城市具有更加长久的活力和韧性。从城市的发展规律来看，增量发展模式必然是短暂的，城市的发展不可能永远处于快速扩张的状态中，而城市的存量发展则是一个更为常态化的状态。地下空间资源的开发和利用，正是存量挖掘的一个重要体现。

城市更新工程往往受到城市密集建筑群的约束、历史建筑保护要求的约束、城市风貌规划的约束、工程工期的约束等，可以总结为空间、时间、环境等多重高约束环境下的精细化工程，因此，精细化的城市更新工程还需要精细化的工程技术来支撑。

本书以城市更新这一热点问题为出发点，重点探讨了城市更新的既有建筑地下空间开发工程和相关技术。这类工程通过地下空间资源的开发和利用，释放了城市的空间潜能，是城市更新存量挖掘的一个重要体现。根据城市环境、既有建筑保护要求等约束条件的限制，作者将既有建筑的地下空间开发工程分为三类，即紧邻既有建筑的地下空间开发、既有建筑移位情况下的地下空间开发、既有建筑保持原位的地下空间开发，介绍了既有建筑的结构、功能改造以及地下空间拓建等多方面的技术，通过几个生动、典型的工程实例，展现了目前既有建筑地下空间开发方面的前沿技术。尤其是以逆作法为代表的地下空间开发技术，能够在城市狭小场地的限制下、周边建筑正常运营的条件下、环境影响最小的要求下、工期紧张的情况下进行地下拓建，为保护建筑、历史街区、医院等类型的地下空间开发工程提供了有力的技术支持，很好地展示了高约束条件下的精细化城市更新模式。对于地上建筑的保护和改造，书中也多次提及了保留建筑外墙、改造内部结构的“热水瓶换胆”技术，在城市肌理和风貌保持的前提下为建筑植入新的功能，通过适度的开发利用使保护建筑得到活化，得以融入城市的发展进程中，这是值得肯定的。

我们要利用更加精细化的城市更新工程技术，把城市更新的常态化状态推进下去，让我们的城市在持续有机更新中不断地得到功能和品质的提升，通过城市更新，让人民的生活更便利，让城市更具人性和活力，让我们的城市更有温情！

伍　江

中国城市规划学会副理事长

法国建筑科学院院士

同济大学教授、原常务副校长

前　言

我国大型城市的发展已逐渐从增量模式转为存量模式。《上海市城市总体规划(2017—2035)》(以下简称《规划》)指出，要坚持规划建设用地总规模的负增长，加大存量用地的潜力挖掘，合理开发利用城市地下空间。《规划》还指出，要加强对城市历史文化街区、历史建筑、工业遗产的保护。因此，城市要在存量土地的开发与既有建筑的保护之间寻求平衡，在提升城市品质的同时，保留城市原有肌理，推动城市集约型、内涵式发展，实现城市内在的有机更新。

近年来，我国大型城市的既有建筑更新改造工作开展迅速，更新需求逐渐由上部建筑更新转变为地上、地下空间立体更新，由点状少量既有建筑物更新变为区片式既有建筑群更新。城市既有建筑的地下空间开发已卓有成效，出现了一些较为成功的、具有代表性的案例，启动城市既有建筑群地下空间拓建技术条件基本成熟。然而城市既有建筑的地下空间开发仍然面临诸多技术难点，例如城市核心区既有建筑周边环境复杂、上部建筑保留和保护难度较高以及地下空间开发约束条件多等，既有建筑群地下空间拓建技术仍需持续不断地创新研究。

上海建工二建集团有限公司以大量工程实践为基础，从理论研究、技术研发、装备改造等方面开展了长期研究攻关，形成了既有建筑地下空间开发的三大技术体系，包括紧邻既有建筑地下空间开发技术、平推式逆作法地下空间开发技术和既有建筑原位地下空间开发技术。

本书首先阐明了城市更新背景下既有建筑地下空间开发工程的重要性，回顾了国内外既有建筑地下空间开发成功案例，分析了我国既有建筑地下空间开发工程的现状与未来发展趋势，并介绍了地下空间开发项目的技术难点和上海建工二建集团有限公司在实践中形成的技术体系。第 2～6 章分别详细介绍了三大技术体系下的几项代表性工程，其中第 2 章的外滩源 33 号改造项目为紧邻百年历史建筑的地下空间开发；第 3 章的上海爱马仕之家改扩建项目为毗邻地铁区间的既有建筑地下空间开发工程，也是紧邻历史建筑的地下空间开发；第 4 章的上海市第一人民医院改扩建项目为城市核心区的医疗建筑改扩建工程，是紧邻既有建筑的地下空间深层开发；第 5 章的江苏省财政厅地下车库项目是首个利用“平推式逆作法”实现的历史建筑群地下空间开发工程，属于既有建筑移位地下空间开发；第 6 章的南京东路 179 号街坊保护改造工程，是历史建筑群和历史街区的原位地下空间开发工程。第 7 章为本书的结语和展望，对本书的主要内容进行了总结，通过介绍正在实施的高难度既有建筑地下空间开发工程，对未来的工程需求和发展趋势给出了展望。

本书完稿之际，感谢上海外滩源发展有限公司、上海市黄浦区教育局、上海市第一人民医院、江苏省财政厅、上海中央商场投资有限公司、上海外滩老建筑投资发展有限公司、南京夫子庙文化旅游集团有限公司、上海静安置业(集团)有限公司等建设单位的支持，保证了既有建筑地下空间技术体系研发和工程实践的顺利进行。感谢中国城市规划学会副理事长、同济大学伍江教授对研究工作的支持，为本书作序并予以鼓励。感谢案例工程中相关参与单位、项目管理人员和上海建工二建集团工程研究院的辛勤付出，是他们在工程一线的持续研发和实践，促成了本书中既有建筑地下空间开发的完整技术体系和丰富技术成果。

书中疏漏之处，敬请读者不吝赐教。

编者

2021 年 8 月

目　　录

1 绪　　论

1.1 城市更新背景

随着城市的发展，大量农村人口向城镇迁移，为城市的建设和经济发展提供了源源不断的动力。超级城市又以优质的生活品质、良好的基础设施条件、积极的营商环境，吸引更多人加入。经济与人口的正向循环刺激，促使城市边界不断扩张，形成了一个又一个超级大都市。我国改革开放初期，城市主要采用“摊大饼”式的外延扩张发展，通过“大拆大建”粗放式更新实现城市发展。城市建设的快速发展以资源的高消耗为代价，忽视了城市建设中经济、社会、人口与资源环境的协调发展。然而城市的土地不是无限的，城市的发展和扩张终将遇见“天花板”。粗放式扩张和更新模式逐渐引发了城市土地资源匮乏、交通拥堵、城市污染、城市空间拥挤、城市历史文脉和文化价值流失等多方面现实问题。近年来，我国已经充分认识到转变城市发展方式的重要性和迫切性，开展城市更新、实现有机增长、建设韧性城市，成为城市转型发展的重要途径。

《上海市城市总体规划(2017—2035)》(以下简称《规划》)指出：要坚持规划建设用地总规模的负增长，2035 年建设用地总规模控制不超过 3 200 km^2，加大存量用地的潜力挖掘，合理开发利用城市地下空间。《规划》还指出，要加强对城市历史文化街区、历史建筑、工业遗产的保护。上海是一座现代化大都市，也是一座具有优秀文化传统和丰厚人文历史底蕴的城市，截至 2019 年有全市各级文物保护单位及登记不可移动文物3 434 处，全国重点文物保护单位 40 处，拥有丰富的反帝爱国史资源、红色文化资源、抗战文化资源、近现代工商业文化资源、海派文化资源、古代文化资源，文物建筑、非物质文化遗产等遍布全市各区。城市的发展应注重保护既有建筑、延续历史文脉、留住城市记忆，提升城市的软实力和吸引力。

城市更新要在城市的存量开发与既有建筑的保护之间寻求平衡。在提升城市品质的同时，保留城市原有肌理，推动城市集约型、内涵式发展，实现城市的“有机更新”。中国城市规划学会副理事长、同济大学伍江教授提出：城市“有机更新”的本质是作为有机体的城市，遵循其发展规律，以更为常态化的代谢与更新进入持续发展的轨迹，不仅要不断完善城市功能，提高城市公共服务能力和空间品质，还应不断挖掘与保护城市历史文化遗产，延续城市文脉，推动文化创新与繁荣。

城市的历史建筑和受保护的既有建筑一般具有较高的文化价值，建设年代较早。然而受限于早期的建设技术和理念，既有建筑的内部通常空间局促、隔墙较多、门窗较小，且一般无地下空间。历经多年使用后，还可能存在结构老化、设施陈旧、风格落后、停车困难等问题，使其难以适应现代功能需求。如果既有建筑的“保护”只是原封不动地保存，那么这些既有建筑和它们所承载的历史记忆终将失去活力，被时代遗忘和抛弃。只有将既有建筑融入现代生活，使其与城市共同发展、成长和更新，它们才能获得新的价值和持续的生命力。通过对城市既有建筑地下空间的开发，能够更加充分合理地利用城市的既有建筑设施和空间资源，节省建筑拆迁、建筑垃圾运输处理和征地费用等。另外,通过融入最新的抗震加固和更新改造技术,能够有效改善建筑整体的结构受力条件,建筑使用面积、房屋抗震能力、结构的使用功能和使用年限都获得显著提升,经济效益明显。因此,综合考虑资源性、功能性、经济性等多方面因素,对既有建筑保留及其地下空间再开发利用的城市更新模式,代替以往"大拆大建"的城市改造模式,是保障我国城市健康发展的重要途径。

对城市既有建筑的地下空间开发,是在城市的存量土地中求增量,优化城市存量用地,从根本上规避扩张式发展新增土地的误区。通过对城市既有建筑地下空间的开发,能够在保证城市建筑框架和肌理基本不变的前提下,改善建筑内在的空间结构、功能和装饰,在传承城市文脉、历史和文化的基础上提升城市功能。在此背景下,如何对城市中心既有建筑下的存量土地进行更新利用,合理开发城市地下资源以满足城市未来发展的空间需求,是城市更新的一个重要议题。在城市更新过程中,如何保留既有建筑的原有风貌、延续城市的文化遗产和文化记忆,也成为了一个亟待解决的问题。

1.2 国内外既有建筑地下空间开发案例

20 世纪 50 年代后期,发达国家的城市问题逐渐凸显,促使许多大城市进行了更新改造。在实践过程中,各国逐渐意识到城市既有建筑地下空间开发能够在扩大城市空间结构、提高城市功效方面发挥巨大的优势。通过对城市既有建筑地下空间的开发,城市矛盾得到缓解,衰落的城市中心再度焕发生机活力。纵观全球,日本、美国、加拿大及北欧等发达国家的既有建筑地下空间开发起步较早、成就较高,其空间形态的发展大致经历了由简单到复杂的过程,从大型建筑物向地下的自然延伸发展到复杂的地下综合体和地下城(图 1-1、图 1-2)。

图 1-1 日本大阪长堀地下街

图 1-2 加拿大蒙特利尔地下空间

相较于国外，我国的既有建筑地下空间开发虽然起步较晚，但随着城市经济建设的飞速发展，地下空间开发技术取得了长足的进步，国内既有建筑地下空间开发的成功案例已有很多。近几年，我国城市既有建筑地下空间开发多以旧城开发为主，通过旧城区地下空间的开发，扩展更新了老城区狭小单一的活动空间。另外，城市既有商业建筑和公共建筑的地下空间开发也不断涌现，逐步从过去单一的点式开发转为综合开发，并结合交通设施的规划建设，极大改善了地下空间的整体环境。

1.2.1 城市历史建筑和既有建筑地下空间开发

历史建筑是指具有一定历史、科学和艺术价值且能够反映城市历史风貌和地域特点的建(构)筑物。历史建筑对城市文脉具有特殊的传承意义，对其周边的建筑、文化、人居环境都有着不可忽视的影响。但随着时代的发展，原有的设计已无法满足人们的生活要求，历史建筑遗存保护与当前快速城市化背景下的城市更新可能发生冲突，探求如何在保持其原始风貌和历史文化信息的同时，满足城市功能性服务的需求，已成为亟需妥善解决的重要课题。实践证明，历史建筑地下空间开发技术是解决此类问题的有效手段。除此之外，城市中的一些既有建筑虽然仍具有良好的运营性能，但由于缺少地下空间，造成停车、储藏、交通等功能的不足，亟需开发地下空间。

1.2.1.1 法国卢浮宫扩建工程

法国是欧洲最早开始开发利用地下空间的国家，巴黎卢浮宫扩建工程是对城市历史建筑地下空间开发的成功案例(图 1-3)。

图 1-3 法国卢浮宫既有建筑地下空间扩建工程

卢浮宫始建于 16 世纪，原本作为法国的王宫，整个建筑群占地面积约 24 hm^2。由于来自世界各地的游客越来越多，旧有的历史博物馆的建筑空间已经无法满足其功能需求，需要建设新的展馆。为了最大限度降低对地面历史建筑格局的影响，设计师贝聿铭决定将新加建的展馆置于地下，通过对拿破仑广场下的地下空间进行合理开发，在主入口设计了玻璃“金字塔”，减轻了普通入口的空间实体介入感，并在广场上设置多处玻璃天窗，解决了采光问题，最大程度减轻了新建建筑对历史建筑环境结构的影响，满足了扩建需求，使地上和地下空间实现了和谐统一。

1.2.1.2 中国工商银行扬州分行办公楼

中国工商银行扬州分行办公楼位于扬州市文昌路，办公楼于 1994 年建成，后来扬子江路及文昌路拓宽改造，导致没有地方设置大面积停车场，由于办公楼地处扬州市区繁华地段，旁边又是扬州市行政办事服务中心，每天来办理业务的人很多，如果选择开车前来，很多顾客可能无法停车。为解决停车难的问题，办公楼通过采用锚杆静压桩基础托换技术，进行地下室逆作法施工，成功完成了在原有建筑下增设一层地下室的扩建工作，新建地下车库面积 1 800 m^2，新增 60 个停车位，成为全国第一个在既有建筑下增设地下室的成功范例(图 1-4)。

图 1-4 中国工商银行扬州分行办公楼地下空间开发项目

1.2.1.3 北京市音乐堂改扩建工程

北京市音乐堂位于中山公园内，原建筑占地面积约 4 500 m²，建筑面积为 3 337 m²，于 1955 年建成；由于年代较久、设备落后、建筑失修等因素，该音乐堂已不能满足现代使用要求，北京市政府决定在保持原建筑历史风貌的基础上，对音乐堂进行改扩建。根据改建要求，在保持结构主体不动、建筑物总高不变的前提下，通过采用人工挖孔桩加连续承台梁的基础托换方案，采用“两桩承一柱”实现了基础整体托换，最终达到了增加地下室、利用地下空间的目的；新建地下室一层，层高 6.5 m，新增地下建筑面积 4 000 m²，更新改造后的北京市音乐堂增设规划了观众厅、会议室、贵宾室、电影厅、休息厅及餐厅等，成为使用功能和音响效果均为一流的现代化娱乐场所(图 1-5)。

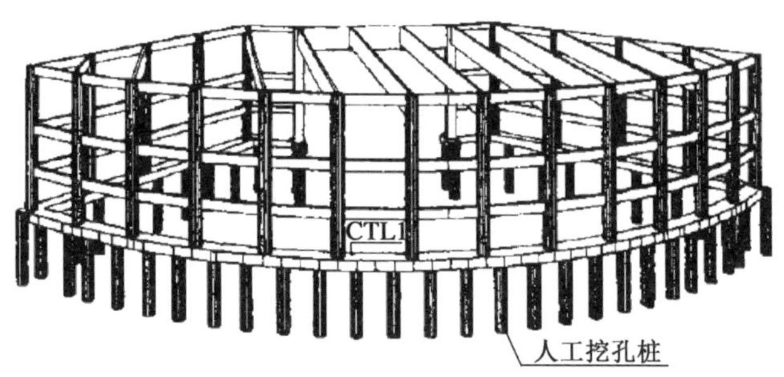

图 1-5 北京市音乐堂改扩建工程

1.2.2 城市既有老工业区、旧城区的地下空间开发

随着经济结构的转型，城市中的纺织、钢铁、机电等传统的老工业区的发展正面临着诸多问题，这些老工业基地多数存在产业与区域价值不匹配、用地不够集约、空间功能布局不合理、能源消耗强度大、环境差等突出问题，其中有很大一部分既有建筑亟待更新改造。针对这些问题，政府及企业等进行了大量的积极革新与探索，通过对老工业区、旧城区的既有建筑进行地下空间开发利用，使老旧城区涅槃重生，这类地下空间开发项目多表现为以创意产业园为主的综合改造模式、以博物馆展览为主的工业遗产保护模式和以商业住宅等为主的旧城重建再开发模式。

1.2.2.1 法国老工业区、旧城区地下空间开发

法国巴黎在列·阿莱地区进行旧城的更新改造(图 1-6)，通过对广场地下空间进行开发扩建，将城市商业、交通、文娱、体育等多种功能纳入地下，建成了规模超过 20 万 m²的多功能地下综合体，将一个喧嚣嘈杂、拥堵不堪的交易批发中心改造成为一个秩序井然、环境优美的多功能城市广场。法国还充分利用了大量废弃的矿井、矿穴，将其开发改建成城市的下水道、共同沟和防空设施。

图 1-6　法国巴黎列·阿莱地区的下沉广场

1.2.2.2　北京首钢老工业园区地下空间开发——首钢三高炉博物馆

北京首钢三高炉博物馆，源于我国的首钢老工业园区的地下空间开发，地处北京石景山地区西南部，厂区总面积达 8.63×10^{6} m^{2}，北京首钢老工业园区在更新改造过程中采用了综合规划整治的更新理念，即在有效利用园区内旧工业建筑结构空间的同时，合理开发扩建既有建筑的地下结构空间（图 1-7）。首钢三高炉博物馆总建筑面积约为 4.98 万 m^{2}，博物馆的建设以三高炉为核心，保留了旧厂区内三号高炉的主体，由于首钢老工业园区地面既有高炉等历史建筑的结构布局相当复杂，在地上空间加建过多的新建筑势必会破坏首钢工业园区的整体风貌，为了能够更真实完整地呈现首钢三高炉的原始风貌，设计师在改造过程中将 78% 的建筑设置于地

(a) 全景效果图

(b) 地下展厅

图 1-7　首钢三高炉博物馆

下。首钢三高炉博物馆在建设中通过对既有建筑进行地下空间的开发，既满足了首钢老工业园区内停车和展览的需要，也保护了首钢园区地面上承载历史文脉的旧有建筑。

1.2.2.3 上海龙华机场航油罐地下空间开发——上海油罐艺术中心

上海油罐艺术中心是对废弃的老工业区进行改造更新后建成的现代化艺术展览区。曾服务于上海龙华机场的一组废弃航油罐，经过 OPEN 建筑事务所 6 年的改造而重获新生，这在全球也是为数不多的航油罐空间改造的成功案例之一(图 1-8)。上海油罐艺术中心在整体格局上通过大型下沉广场和地下空间把几个旧有储油罐连通起来，这样的地下空间设计形态丰富，既保留了原有储油罐宏伟的景观外貌，还为新建油罐艺术中心提供了巨大的功能空间。

(a) 全景效果图

(b) 地下展厅

图 1-8 上海油罐艺术中心

1.3 我国既有建筑地下空间开发的社会需求及趋势

现阶段，我国许多大城市的地下空间开发已卓有成效，通过城市既有建筑地下空间的开发建成了一些大型地下综合体。然而城市既有建筑下方的深层地下空间的综合利用和功效有待进一步提高，地下开发核心建造技术仍有待进一步发展。目前我国超大城市的既有建筑地下空间开发社会需求越来越大，总体发展趋势表现如下：

1. 城市历史建筑的价值将得到更大的尊重

历史建筑承载了城市的文化记忆，使一座城市的文脉得到生生不息的传承。既有老建筑具有无可替代的历史文化价值，因此只有充分地“尊重”，才能获得成功的“更新”。城市的有机更新是在传承、尊重和保护城市遗产价值的基础上进行的。城市更新并不是要完全去除老建筑，而是通过保护历史建筑的原有风貌、增加更为丰富的使用功能使其融入现代生活，新与旧的建筑在形式上达成和谐统一。目前许多城市已出台历史建筑的保护管理规定，强调在保护基础上进行科学合理的开发利用。基于有机更新理念，老建筑将不再被推平重建或冰封雪藏，而是通过内部结构的更新和地下空间的开发，实现保护和利用的统一，使历史建筑重新焕发生机。

2. 既有建筑地下空间开发将走向微扰动、低影响

随着城市可用建设用地越来越紧缺，建筑空间分布日益密集，城市地下工程建设在未来将面临越来越苛刻的多约束工况，诸如“拆不了”“放不下”“碰不得”的建设难题不断涌现，而精细化的“微更新”将成为新常态。在对既有建筑进行地下空间开发时，为了最大限度地节约施工场地空间、减少建筑物的拆迁和管线的移动、降低工程对交通出行的干扰、控制工程噪声和粉尘污染、保障施工技术的功效和安全，未来将积极研究和推广资源节约、环境友好、微扰动的低影响建造技术，达到“少占地、少扰动、少开挖、少污染”。

3. 既有建筑地下空间开发将进一步分层化、深层化

大城市土地价格昂贵，城市空间资源紧缺。现阶段我国大城市既有建筑的浅层地下空间开发已经较为完备，未来既有建筑地下空间需要进一步向深层发展，开拓更为广阔的城市空间资源。随着既有建筑地下空间深层化的发展，为了满足诸如商业、交通、市政基础设施等更为复杂的城市功能需求，还需要对地下空间进行分层综合规划，使各层承载合理的功能属性。地下空间的分层设计，可实现人车分流、市政管线以及污水、垃圾的分层处置，最大限度避免交互干扰，从而极大地提高地下空间的使用功效。未来，随着地下浅层空间开发逐步饱和，以及深层开发技术工艺日益成熟，既有建筑地下空间开发正逐步走向分层化和深层化，城市地下空间资源也将得到更合理的分配和利用。

4. 建筑功能、空间的再循环以及综合化利用

对城市既有建筑地下空间的开发不是单纯的保留或修复，而是进行再循环利用。传统的修复只是近似地恢复建筑物原风貌，而再循环是建筑功能和空间的改变，旨在将已经无法满足现有建筑职能和空间需求的建筑物，通过更新改造的方式来促进建筑经济寿命和使用价值的循环再利用。城市既有建筑地下空间开发利用也不再只为满足单一的功能需求，将会融合城市建设的多项技术措施，成为满足交通、商业、供给与环境等多项城市功能需求的大型综合体。同时，地下空间形态也将更加丰富，成为由点、线、面、体等多种空间形态灵活组合的有机整体。

5. 通过既有建筑地下空间开发实现城市交通立体化

交通拥堵已成为大城市的常态，地面交通设施建设已趋于饱和，交通问题需要开拓另一个空间层面来缓解。将来越来越多的城市将通过既有建筑地下空间的开发利用，规划建设地上、地下立体化交通体系，用以保证更好的城市空间环境，缓解大城市的交通拥堵问题。

6. 城市生态环境建设

21 世纪人类环保意识和对生态环境质量的要求越来越高，“环境友好”的城市建设理念成为共识，更多城市通过既有建筑地下空间的开发将部分城市功能转入地下，地面规划出更多的开敞空间，进行绿地、景观设计以及步行设施的规划。既有建筑地下空间开发在城市生态环境建设方面发挥着重要作用，促进人与城市环境的良性循环和协调发展。

1.4 我国既有建筑地下空间开发的技术难点与创新技术

1.4.1 既有建筑地下空间开发的技术难点

缓解城市用地紧张、留存城市的文化风貌，城市既有建筑的地下空间开发是一个有效的解决途径。然而既有建筑地下空间开发也面临一些显著的技术难题，在一定程度上制约了这种建设模式的发展。

(1) 城市核心区环境复杂、约束条件多，给既有建筑的地下空间开发带来了挑战。城市中心往往交通量和人流量较大，道路拥挤，施工导致的道路和其他基础设施封闭将造成较大的社会影响，给人们的出行和生活带来不便。此外，城市核心区建筑密集，且既有建筑地下空间开发工程要求保留地上建筑，往往此类工程都存在施工场地狭小的问题，使场地布置困难、大型机械使用受限、施工周期较长。而且城市中心的环境保护要求较高，对施工产生的声、光、尘等污染控制较为严格，这对于施工工艺的选择又是一重限制。在市中心的道路通行规定和环境保护要求下，工程项目的土方、泥浆、建筑垃圾的外运数量和时间也受到较大的限制，将对工程进度造成影响。更重要的是，城市中心区不仅建筑密度较高，还存在大量的地下管线、地铁隧道和城市地下基础设施，这些建(构)筑物往往对土体变形较为敏感，既有建筑的地下空间开发需要严格控制施工产生的土体扰动，防止对周边的重要建(构)筑物产生不良影响。

(2) 上部建筑的保留和保护在既有建筑地下空间开发工程中难度较高。需要保留和保护的既有建筑往往具有独特的历史价值和文化内涵，这也意味着既有建筑的建设年代通常较为久远，建筑的功能和质量已大幅退化，地下空间开发过程中，上部既有建筑的保护和加固较为重要。若上部建筑存在风貌保护和结构改造更新的需求，地下空间开发工程将与上部结构的拆除改造、既有建筑的风貌保护、既有建筑新老结构的连接相结合，施工工艺和施工组织的难度将进一步提升。而在地下空间开发过程中，由于基坑施工导致的土体扰动，将对存在力学性能退化、结构体系不完善等问题的上部建筑造成不均匀沉降、倾斜和变形等不良影响，危害既有建筑的安全，甚至导致破坏。另外，由于既有建筑的建设年代较早，地下空间开发的理念尚不完善，基础形式通常为浅基础，进行更为深层的地下空间开发前，需要对原有基础进行托换，形成整体性更强的基础底盘，并将基础受力传递到更深的持力土层。在城市核心区的环境条件和既有建筑保护要求的双重限制下，基础同步托换难度较大，托换过程中对基础不均匀沉降的要求非常高。

(3) 既有建筑的地下空间开发工程也受到上部保留建筑的影响。当上部建筑需要保留时，地下工程的施工将面临一系列技术难题。例如，既有建筑下方进行原位基坑施工时，若采用常规的顺作法施工，大面积开挖的情况下施工场地布置较为困难，且基坑支撑、换撑施工工序和受力体系转换较复杂。而采用逆作法施工时，场地布置和基坑水平支撑的问题可得到一定程度的缓解，但也存在建筑内部取土、运土等难题。另外，既有建筑地下空间开发工程通常需要在建筑内部位置进行桩基施工，锚杆静压桩虽然桩机较小，但需要上部既有建筑能够提供较大的反力，且挤土成桩容易对建筑的原有基础和周边地下构筑物产生不良影响。而钻孔灌注桩虽然承载力较高，但常规桩机架体较高，难以在建筑内部进行施工。除桩基施工受到建筑净空影响外，若地下连续墙槽壁加固、成槽、钢筋笼吊装等分项工程也在建筑内部进行，将给施工带来更大的难度。

1.4.2 既有建筑地下空间开发技术

针对不同工程的环境和场地限制条件、既有建筑的保护需求、新建地下室与既有建筑的位置关系等情况，既有建筑的地下空间开发可采用不同的创新技术。

(1) 紧邻既有建筑的地下空间开发技术

当新建地下室并未处于既有建筑正下方时，可采用紧邻既有建筑的地下空间开发技术。此类工程受到上部既有建筑的影响较小，上部建筑修缮改造与地下空间拓建之间较为独立。因此，地下空间开发工艺的选择主要依赖于场地条件和临近基坑既有建筑的保护需求。对于基坑边界距离建筑红线较近、施工场地布置较为困难，既有建筑保护等级较高、对变形较为敏感的情况，宜采用逆作法基坑施工技术。对于场地条件宽裕、既有建筑和周边环境无特殊保护需求的情况，可采用常规的顺作法施工技术进行地下空间开发。

(2) 既有建筑移位地下空间开发技术

在施工场地条件较为宽裕，且既有建筑允许移位的情况下，可以选择既有建筑移位地下空间开发技术。若场地范围较大，建筑可完全或大部分移出基坑范围时，地下拓建工况则变得与紧邻既有建筑的地下空间开发情况类似，地下室建设完成后再将既有建筑平移回原址即可。

(3) 平推逆作法地下空间开发技术

当施工场地较为狭小，且地下室拓建范围又遍及整个场地时，则需要根据既有建筑的数量和场地大小将基坑分为若干区块，建筑平移和基坑分块施工交替进行。此时，若采用顺作法施工，一个区块的地下室施工完成后，将既有建筑移动至其上方，才可进行下一个区块的施工，此方法存在工期较长、成本较高的缺陷。若采用逆作法施工，一个区块的地下室顶板完成后，即可将既有建筑移动至其上方，同步开展当前区块的地下室施工和下一区块的地下室顶板施工，此方法称为既有建筑的“平推逆作法地下空间拓建技术”，由上海建工二建集团有限公司首创研发。平推逆作法技术结合了地上建筑物平移与地下基坑分块逆作，逐次推进完成施工，可利用红线内极小空地，通过建筑物移位周转实现既有建筑群的整体地下空间开发，可有效缓解场地空间限制，具有施工工期短、施工成本低的特点。

(4) 既有建筑原位地下空间开发技术

当既有建筑完全不允许移动，且新建地下室全部或大部分位于既有建筑正下方时，上部既有建筑的保护与下方新建地下室的施工互相影响较大，技术难度较高，可采用既有建筑的原位地下空间开发技术。进行原位地下空间开发前，对于一些浅基础或短桩基础的既有建筑要先进行基础托换施工，地上保留的既有建筑受到可靠的支撑后方可进行基坑施工。既有建筑的基础都需要经历多次受力体系转换，节点设计和施工工艺较为复杂。另外，由于新建地下室位于既有建筑正下方，部分基坑施工作业需要在建筑内部的狭小空间条件下进行，因此，低净空下的围护施工、桩基施工、土方开挖和运输小型化设备与技术研发也是原位地下空间开发的重点难点。

本书主要针对城市更新中既有建筑地下空间开发这一社会热点需求进行专项技术研究，通过几个典型的工程案例介绍既有建筑地下空间开发技术体系及发展历程。其中，外滩源 33 号改造工程为紧邻保护建筑的地下空间开发工程，爱马仕之家改扩建工程为紧邻地铁和保护建筑的地下空间拓建、局部区域原位地下空间开发项目，上海市第一人民医院改扩建工程代表了城市核心区医院的既有建筑地下空间开发，江苏省财政厅增设 8 层地下车库工程为典型的平推逆作法地下空间开发工程，南京东路 179 号街坊改造工程为历史保护建筑群原位地下空间开发工程。

2　紧邻历史建筑的地下空间开发——外滩源 33 号

2.1 外滩源 33 号的前世今生

2.1.1 外滩源 33 号简介

外滩源 33 号(图 2-1)是原英国驻沪总领事馆,位于上海市中山东一路 33 号,北靠苏州河,南邻半岛酒店,东起中山东一路,西至圆明园路,总占地面积为 27 770 m^2,绿地面积约 22 250 m^2。外滩源 33 号内有 27 棵名贵古木,彰显着这栋建筑悠久深厚的文化历史。外滩源 33 号始建于 1849 年,是矗立于外滩的唯一一座 19 世纪建筑,也是上海现代城市的起点。

图 2-1 外滩源 33 号全景

2.1.2 外滩源 33 号的历史演变

1842 年,英国在广州、福州、厦门、宁波以及上海设立通商口岸,上尉巴富尔被任命为英国驻上海首任领事;1843 年 11 月 14 日,英国驻上海领事馆开馆,并在三日后开埠。1844 年 10 月,第二任领事阿利国在外滩李家庄地块建造英国领事馆,即今天的外滩源 33 号位置。

1849 年 7 月 21 日,位于外滩源 33 号的英国领事馆主楼竣工,被作为英国领事馆办公地点。过了两年,建筑出现了问题,被迫拆除。1852 年,建筑被翻修重建。1870 年 12 月 24 日,英国领事馆内发生火灾,领事馆建筑以及馆内全部档案资料被烧毁,仅抢救出一部分地契。1872 年 6 月 1 日,英国领事馆在原址上进行第二次重建，于 1873 年完工并保存至今。外滩源 33 号以及原英国领事馆主楼大门老照片如图 2-2、图2-3 所示。

图 2-2　外滩源 33 号老照片

图 2-3　原英国领事馆主楼大门老照片

1949 年 10 月 1 日，中华人民共和国成立，英国是最早承认中华人民共和国并建立外交关系的西方国家，因此 1949 年后英国领事署仍保留了其原址，一直到 20 世纪 60 年代，英国决定撤销其驻上海领事。参照国际惯例，原英国领事署址归中国政府所有。1966 年，外滩源 33 号先后被作为市政府第二办公厅、对外贸易协会、中国国际旅行社上海分社等单位的办公场所，如图 2-4 所示。

图 2-4　新中国时期的外滩源 33 号

2003 年，新黄浦集团对外滩源 33 号进行更新重建，重新修缮后的外滩源 33 号被称为“外滩源壹号”。2008 年，一场大型的修缮方案实施后，外滩源 33 号项目浮出水面，外滩源 33 号除原有的两栋建筑被更新改造成具有现代化功能的场所之外，场地内的教堂以及划船俱乐部都被更新改造。2017 年，上海半岛酒店宣布外滩源 33 号将由其全面经营，半岛酒店在这座标志性的古建筑中扩改建了现有的服务设施及活动区域，如图 2-5 所示。

图 2-5　外滩源 33 号新貌

2.2 外滩源 33 号的传承与重塑

2.2.1 外滩源 33 号既有建筑概况

外滩源 33 号内主要有领事馆和官邸两栋保护建筑。场地内的领事馆主楼以及官邸皆为年代久远的砖木结构，建成时间为 1873 年以及 1884 年，属于上海“万国建筑博览会”建筑群中历史最悠久的建筑，属于上海市三级保护建筑，建筑保护要求为二类。

根据房屋质量检测站提供的《中山东一路 33 号(原英国领事馆)主楼与官邸房屋质量检测评定报告》(2017 年)，原英国领事馆主楼、原官邸和原教会公寓(南苏州路 79 号)的建筑现状情况如下：

草地西面为领事馆主楼，如图 2-6 所示。原英国领事馆建筑为英国古典砖木混合结构，由英国设计师设计，建筑的整体风格呈现出文艺复兴时期的特征，近似矩形，同时屋面采用了具有中国元素的蝴蝶瓦。建筑所处地势较低，因此结构采用了较高的台基。建筑整体东西向长 41.92 m，南北向长 41.40 m，主楼主要墙体厚度为 510～670 mm，楼盖采用木楼盖(局部后期改建采用混凝土楼盖)，木楼盖的木板纵横布置，形成木格栅。建筑屋顶形式为坡屋顶，采用木屋架与钢屋架结合方式。屋架杆件间通过榫头连接，上下支撑点节点部位通过钢板及栓钉进行加固处理，总高度约 13.0 m，总建筑面积约为 3 092 m^2。

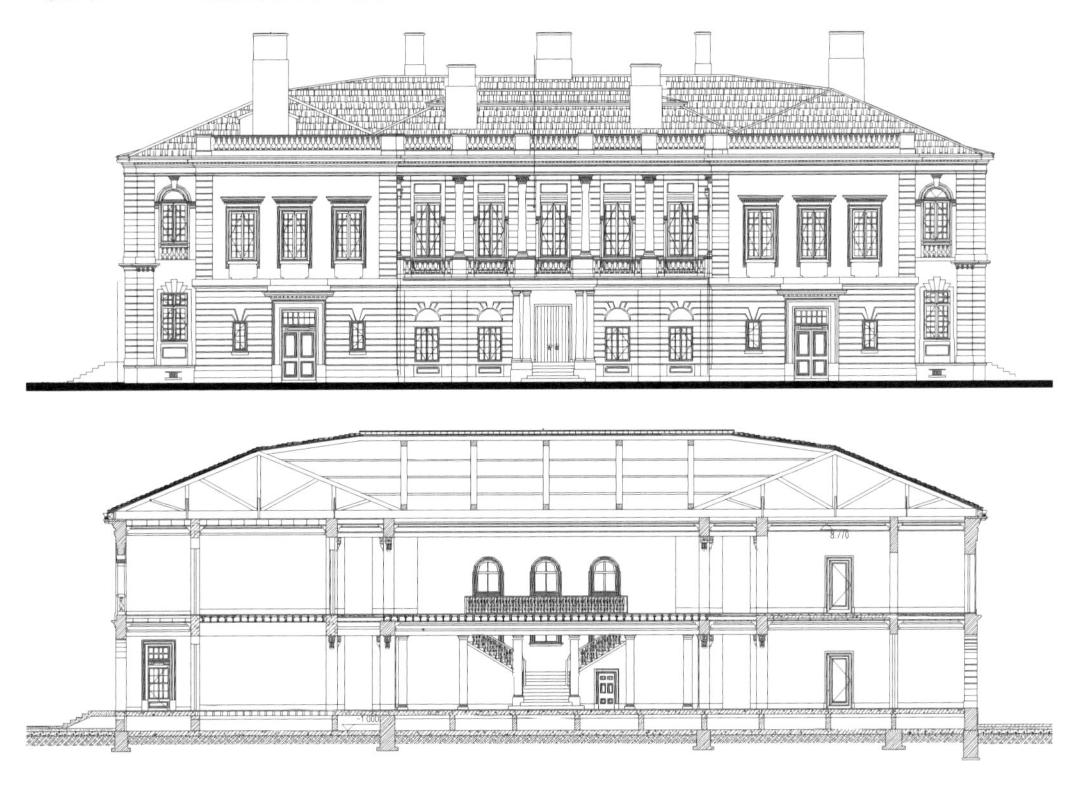

图 2-6　英国领事馆主楼建筑结构

紧邻主楼东北侧为原英国领事官邸，如图 2-7 所示。建筑平面略呈 H 形，周边设列柱式阳台。建筑门窗采用了平拱和拱券两种形式，在百叶窗以及罗马风格的墙柱装饰下，建筑整体突显出庄重、古朴风格，很好地展现了英国文艺复兴时期的建筑风格。官邸是供领事生活起居用房，建筑平面近似呈矩形，东西向总长 25.72 m，南北向长 33.96 m，官邸主要墙体厚度为 510 mm，楼盖采用木楼盖(局部区域采用现浇混凝土楼盖)，采用纵横向布置的木格栅及其上的木板承重，局部设有钢梁。坡屋面同样采用三角形木屋架和钢屋架，连接形式同主楼，总高度约 13.0 m，总建筑面积约为 1 277 m^2。

图 2-7　英国领事馆官邸建筑结构

两栋单体均采用墙下条形基础，由黏土砖砌筑加石块基础组成，基础埋深 700～1 870 mm，基础宽度为 950～1 670 mm。根据外滩沿线类似项目的条形基础常规做法，估计石块下设有木桩，长度不详。

2.2.2　外滩源 33 号改造设计目标

2.2.2.1　重塑历史、重现风貌

在设计时，对历史建筑进行全面的保护修缮，不仅仅使建筑原本的建筑风貌得以保存，同时也从建筑的风格、布局、装饰以及功能布局等方面，着手对建筑进行全面的更新改造，从而使这几栋百余年历史之久的建筑重新展现历史风貌，重塑外滩源 33 号的现代功能。

英国领事馆和领事官邸在中国近代史和中国近代建筑史上具有特殊地位，建筑展现了英国文艺复兴风格，可以说是将建筑理念与工程工艺完美地融合呈现。但由于年代久远，并且中途经历多次的修缮改造，建筑内原有的一些装饰与结构已经丧

失了原本的功能与风貌。

因此，项目以原样原件修复为原则进行修缮，在修复过程中尽可能地按最初设计意图和时代背景"修旧如旧"，而不至于偏离原有建筑的风格气质，以达到恢复其历史风貌的修缮效果，如图 2-8、图 2-9 所示。

图 2-8　修缮后的英国领事馆主楼

图 2-9　修缮后的英国领事馆官邸

2.2.2.2　历史文脉的延续与再生

在延续历史建筑风貌的基础上，对历史建筑进行扩建。通过增设地下室，使原有的历史建筑的功能得到扩展，赋予其新的时代意义，同时原有建筑的外观风貌得以保存，从而让建筑的使用者感受到真实的历史文脉与时代进步带来的愉悦，并使地面四幢历史建筑的功能设置成功结合公共绿地的公共开放性(图 2-10)。

地下室在场地西侧(图 2-11)，原英国领事馆主楼、官邸楼西侧，原教会公寓楼南侧，开挖 3 层，分南、北两区，基坑开挖深度为 17.5 m 左右，两区地下室间距为 21.4 m，在地下 2 层有一连接通道，南区地下室有汽车坡道通向地面，如图 2-11 所示。两区地下室基坑开挖总面积为 4 000 m^2，地下室 3 层，开挖深度为 16.635～17.935 m。

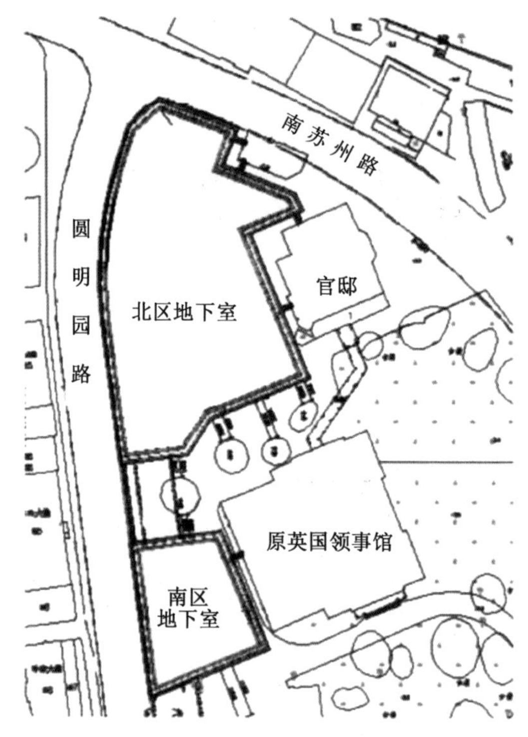

图 2-10　外滩源 33 号场地平面图

图 2-11　外滩源 33 号地下车库剖面图

对馆内的文化陈列和展示场所进行了相应的功能配置,使更新重建的"重塑历史、重现风貌"得以贯彻。北区地下 1 层主要布置为开关站、变电所、水泵房、地源热泵机房及消防安保中心等设备用房,局部为公共服务设施用房。地下 2 层、3 层除局部为地面建筑的相关配套设施和设备机房外均设置为停车库。南区地下一层设置有车库坡道,其余部分为库房区。地下 2 层为车道、部分停车库,与原英国领事馆主楼相配套,地下 3 层为库房及物业办公用房,地下车库如图 2-12 所示。地下室南北区在地下 1 层分别设置设备通廊通向原英国领事馆主楼(1# 楼)及官邸(2# 楼),为历史建筑重塑功能提供能源设备上的支持。

图 2-12　外滩源 33 号地下车库效果图

对承载着悠远历史文脉的原英国领事馆花园,设计目标是传承、保护和复原,并与人性化的活动空间相结合。为了保护场地内一棵 150 年树龄的古银杏树,设计景观中的核心区域正是将外滩源 33 号内的古树资源整合利用起来,并保留原英式园林的风格,将其复原、提炼和强化,再呈现优雅、安静、低调的英式花园风格。

大草坪作为主楼的室外客厅,保护利用原本的古树资源,并对建筑周边基础植物加以整理,结合建筑东侧的出口设置露天平台。透过浓密的植物修剪一些框景来引导人们的观景视线(图 2-13)。同时,古炮和纪念碑基座也作为一部分历史遗迹保留下来。

外滩源 33 号公共绿地的保存与复原,是以"重现"和"重塑"的设计主旨,充分展现外滩源 33 号的历史文化内涵,体现城市文脉的延续性,将为外滩源 33 号历史风貌的重现和重塑起到至关重要的作用。

图 2-13　外滩源 33 号公园

2.2.3　外滩源 33 号改造难点

（1）原英领馆主楼及官邸楼保护要求为二类，即“建筑原有的立面、结构体系、基本平面布局和有特色的内部装饰不得改变，建筑内部其他部分允许作改变”，所有的施工过程都必须在原有结构的内部狭小空间内完成，给既有建筑加固施工和修缮更新带来了很大的困难和挑战。

（2）外滩源 33 号项目地处外滩老建筑群区域，工程西侧靠圆明园路，南侧为正在建设施工中的半岛酒店，其中圆明园路和南苏州路的路面下方管线较多，管线距基坑最近的只有 1 m。圆明园路的对面为洛克菲勒地块，该地块分布有较多保护建筑，东面原英国领事馆主楼及官邸距离地下连续墙最近只有 3.2 m，周围环境相当复杂。地下室挖土深度较深，如处理不当极易影响到周边管线及建筑的安全。同时基坑北邻苏州河，地下水位经常随着苏州河的水位而变化，这为降水施工带来了较大的变数。

（3）外滩源 33 号场地内有较多具上百年历史的古树名木需要保护，其中北区地下室南侧、1# 官邸楼北侧有 3 棵古树，北侧与南侧之间有 1 棵 150 年树龄古银杏树，以及地下室南侧有一棵雪松距离地下室较近，且都无法移植。古树对环境的敏感度非常高，如场地内有几棵 100 年树龄的雪松，雪松很容易被混凝土、砂浆等碱性物质灼伤而死。因此如何在有限的场地里合理地控制污染物，并保障施工的顺利进行，也是闹市区复杂环境下施工的一个新问题。

为满足设计改造的需求，同时对既有建筑与古树资源进行保护，项目采取了紧邻历史保护建筑的深基坑逆作法施工技术、古树下方连通道施工与古树资源保护技术、历史建筑原真式修缮技术和闹市区复杂环境下深基坑信息化控制技术等，从而解决项目中周围环境复杂、保护建筑距离近、文保建筑改造安全等级高、古树资源保护要求严等工程技术难题。

2.3 紧邻历史保护建筑的逆作法深基坑施工技术

2.3.1 地下室增设基坑设计方案

1. 地下空间增设设计方案比选

根据上海地区的基坑工程设计施工经验和科研技术水平，总体可考虑采用两种方案：

(1) 顺作法设计方案：利用围护结构与基坑内支撑相结合的基坑支护工艺，围护结构一般可取钻孔灌注桩或者地下连续墙的支护结构，支撑形式一般为钢筋混凝土支撑，如图 2-14 所示。

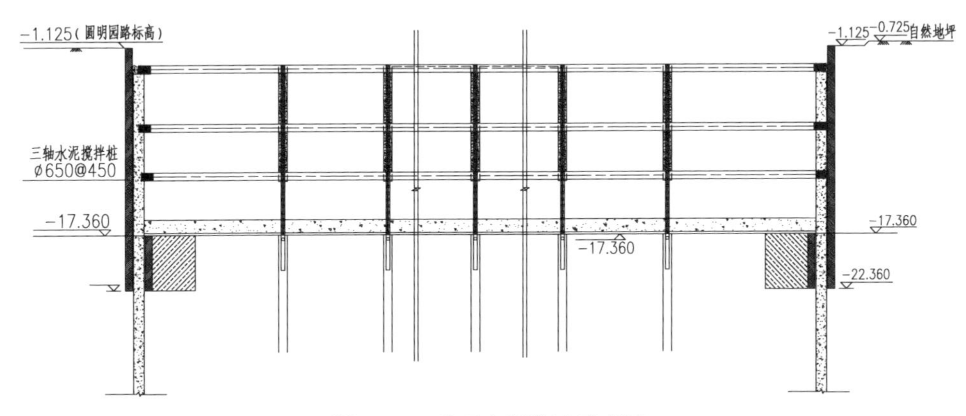

图 2-14 地下室顺作法示意图

(2) 逆作法设计方案：将地下室的主体结构作为基坑的支撑体系，并在楼板上预留出取土口，基坑的围护结构则采用刚度较好的“两墙合一”的地下连续墙结构，从而减少周边环境的变形，如图 2-15 所示。

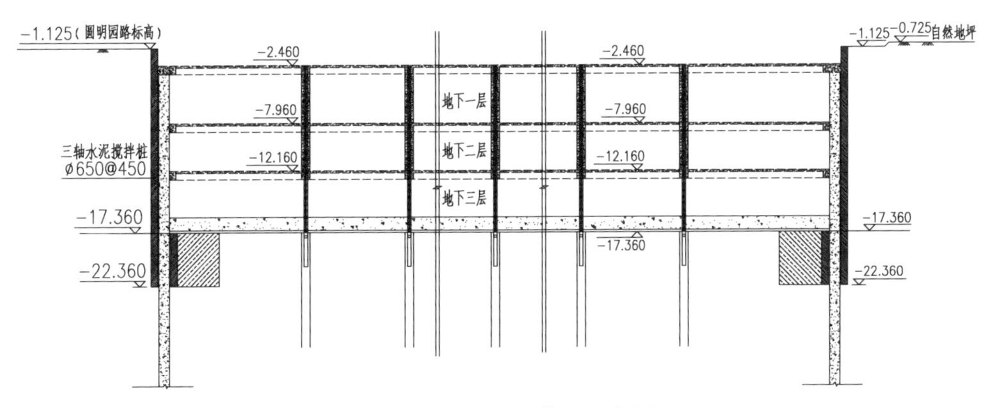

图 2-15 地下室逆作法示意图

通过对顺作法和逆作法的优缺点对比，如表 2-1 所示，基于项目基坑工程的开挖深度大、对基坑的支护刚度要求高、基坑周边紧邻多栋保护建筑、现场场地空间狭小等多方面因素考虑，并经与建设方、主体结构设计方的协商，确定基坑围护采用逆作法设计方案。

表 2-1　顺作法与逆作法优缺点对比

施工工法	优点	缺点
逆作法	1. 利用地下室楼板结构体系作支撑，节约了 3 道临时支撑，经济性明显； 2. 梁板支撑体系刚度大，围护结构体及土体变形小，更有利于保护临近既有建筑的安全； 3. 施工场地狭小，可利用逆作 B0 板作为材料堆场、施工道路等； 4. 缩短工程施工总工期	1. 基坑围护设计与总包单位、主体结构设计需要相互配合； 2. 对施工单位采用的施工工艺、经验水平的要求相对较高
顺作法	1. 施工工艺相对成熟； 2. 施工方式简单、便捷； 3. 工期可控性高	1. 传统的对撑刚度较小，周边环境变形相对大； 2. 对城市周边环境影响大

2. 逆作法设计方案

(1) 围护方案：工程围护结构采用三轴搅拌桩＋地下连续墙形式，作为挡土、挡水的永久地下室结构。基坑开挖深度为 17.5 m，设计采用 1 000 mm 厚地下连续墙“两墙合一”作为围护结构，同时作为地下室外墙。三轴搅拌桩采用 $\Phi650@450$ 搅拌桩，水泥掺量为 20%。地下连续墙内外侧各一排三轴搅拌桩，临近保护建筑区域为三排。

(2) 内支撑体系：结合逆作法工艺，水平支撑采用地下室的结构梁板作为水平受力结构，整体性好，刚度大，可有效控制由基坑开挖引起的变形，如图 2-16 所示。结合楼梯口、电梯井等结构开口，设置取土口，取土口间距控制在 30 m 以内。在行车区域、材料堆场等竖向荷载比较大的楼板区域，是否需要进行额外结构加固，从而确保结构的安全性。

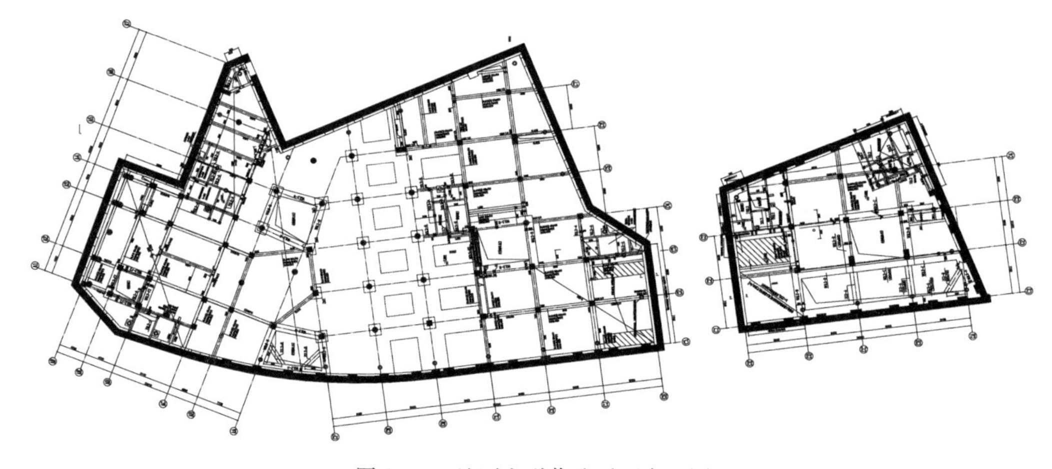

图 2-16　地下室逆作法平面布置图

(3) 竖向支承系统：逆作法支撑立柱采用一柱一桩形式，即在主体结构柱位置设置 1 根钢立柱和立柱桩。逆作施工阶段一柱一桩的最不利工况为 3 层结构梁板全部形成，基坑开挖至基底标高，基础底板尚未浇筑之前，该工况下立柱桩承受上部各层结构自重以及施工超载等荷载。

立柱桩共 154 根，其中 Φ700 抗拔桩 81 根，桩深 61 m；Φ700 钢格构桩 39 根，桩深 61 m；Φ900 内插 Φ580×16 钢管的钢管桩 30 根，桩深 73 m；Φ900 内插 Φ580×16 钢管的钢管桩 4 根，桩深 77 m。立柱桩详图如图 2-17 所示。

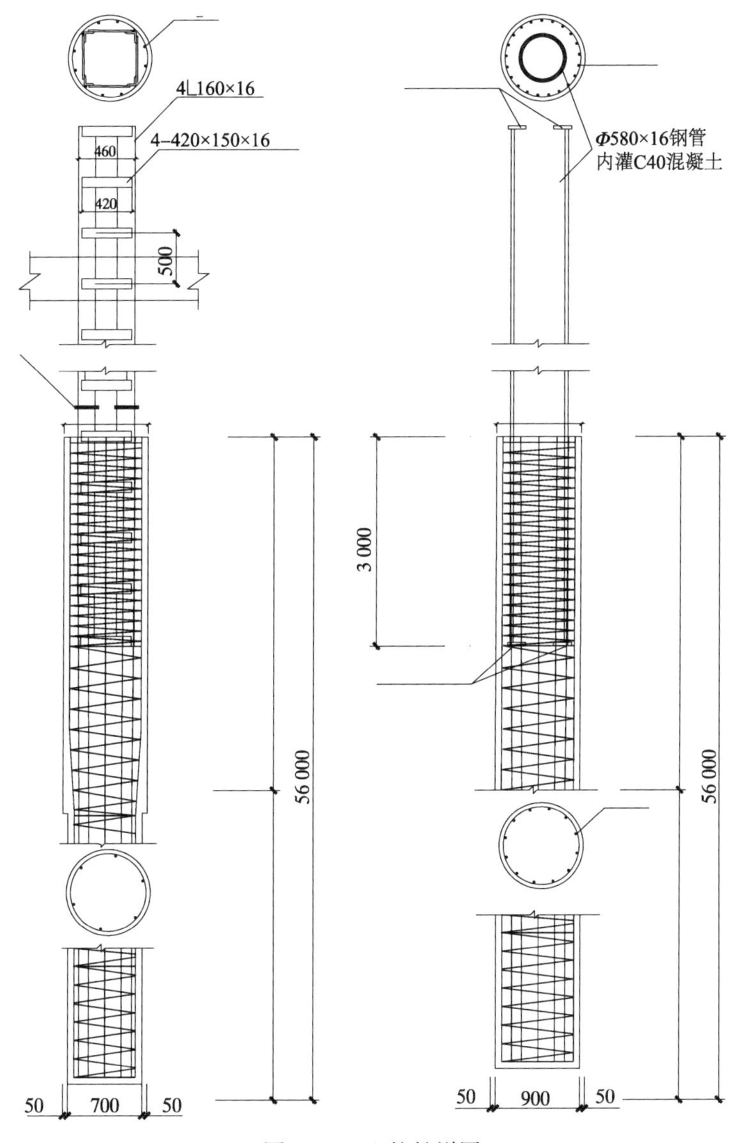

图 2-17　立柱桩详图

3. 逆作围护设计内力及变形计算

(1) 计算条件：通过启明星基坑围护设计软件进行内力以及变形分析。一般地下连续墙基坑围护采用规范所推荐的弹性地基梁法，计算所使用的土体参数根据地勘报告土体的各项固结快剪指标获取，同时在计算中采用了水土分算的原则，考虑地面超载为20 kPa。选取基坑两个典型剖面进行计算分析，如图 2-18 所示。

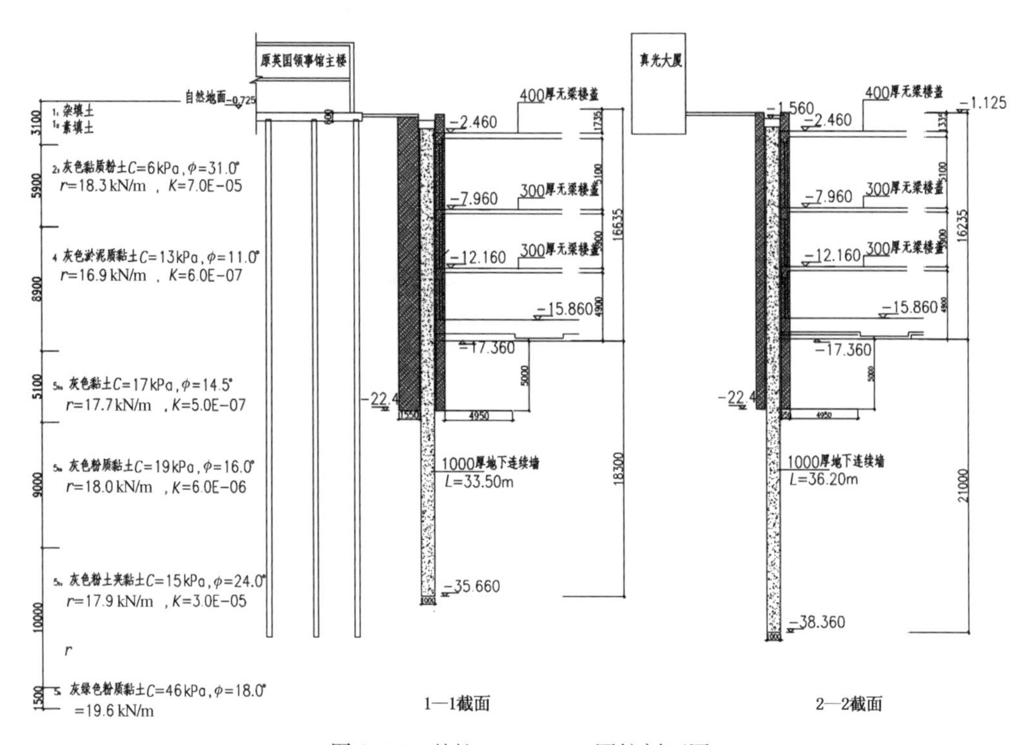

图 2-18　基坑 1—1，2—2 围护剖面图

（2）主要计算结果如表 2-2 所示。

表 2-2　逆作法剖面计算结果汇总表

围护结构剖面基本情况		数据计算结果	
1—1 剖面开挖17.5 m 地面超载20 kN/m²	1 000 mm 厚地下连续墙，桩底埋深标高为−38.300 m	最大正弯矩 M_{max}^{+}(kN・m/m)	2 103.9
		最大负弯矩 M_{max}^{-}(kN・m/m)	−849.7
		最大正剪力 Q_{max}^{+}(kN/m)	1 021.3
		最大负剪力 Q_{max}^{-}(kN/m)	−470.8
		最大位移 S_{max}(mm)	30.8
		第一层楼板力 N_{max}(kN/m)	365.8
		第二层楼板力 N_{max}(kN/m)	933.9
		第三层楼板力 N_{max}(kN/m)	1 512.8
		整体稳定安全系数	2.12
		抗倾覆安全系数	1.22
		坑底抗隆起安全系数	2.59

（续表）

围护结构剖面基本情况		数据计算结果	
2—2 剖面（近圆明园路）开挖 17.5 m，考虑马路对面老建筑超载	1 000 mm 厚地下连续墙，桩底埋深标高为−39.800 m	最大正弯矩 M_{max}^{+}（kN · m/m）	2 071
		最大负弯矩 M_{max}^{-}（kN · m/m）	−880.8
		最大正剪力 Q_{max}^{+}（kN/m）	1 019.3
		最大负剪力 Q_{max}^{-}（kN/m）	−460.8
		最大位移 S_{max}（mm）	30.9
		第一层楼板力 N_{max}（kN/m）	365.4
		第二层楼板力 N_{max}（kN/m）	931.2
		第三层楼板力 N_{max}（kN/m）	1 520.7
		整体稳定安全系数	1.94
		抗倾覆安全系数	1.21
		坑底抗隆起安全系数	2.5

4. 地下室开挖对周边建筑影响分析

（1）模型条件：地下室两侧都为历史保护建筑，东面原英国领事馆主楼及官邸距离地下连续墙最近只有 3.2 m，对基坑开挖时环境变形控制提出了严格要求。为了研究基坑开挖对临近历史保护建筑的影响，采用岩土工程专业有限元软件 PLAXIS，对基坑开挖最不利剖面建立平面应变有限元模型，数值模型如图 2-19 所示。工况对照表如表 2-3 所示。

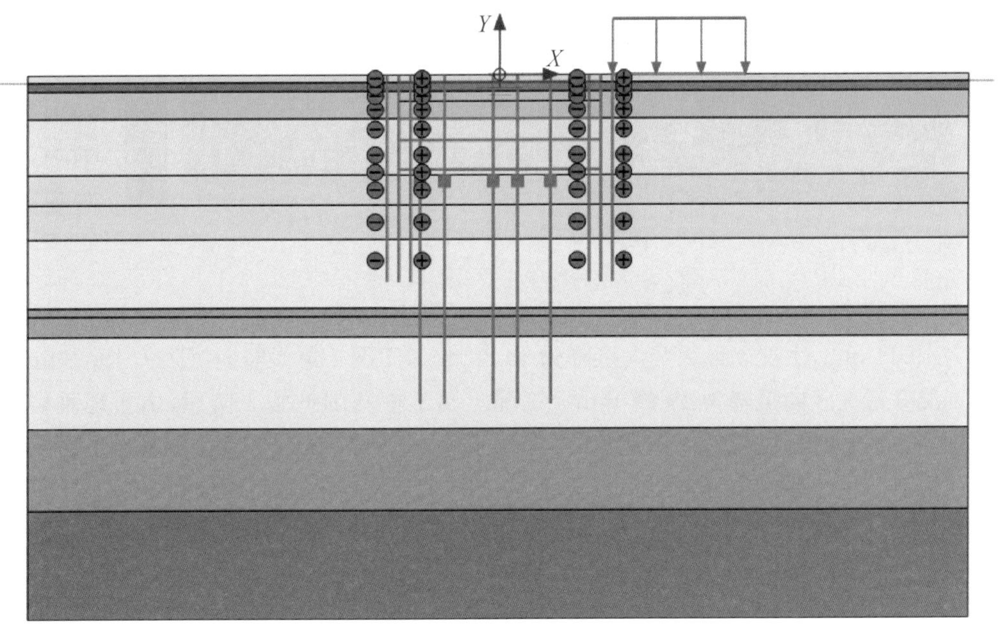

图 2-19　二维数值计算模型

表 2-3 工况对照表

工况序号	施工步骤
工况 1	围护、一柱一桩施工
工况 2	B0 板完成、土方开挖至 B1 板底 2 m
工况 3	B1 板完成、土方开挖至 B2 板底 2 m
工况 4	B2 板完成、土方开挖至大底板
工况 5	大底板完成、结构回筑

(2) 计算结果(图 2-20)。

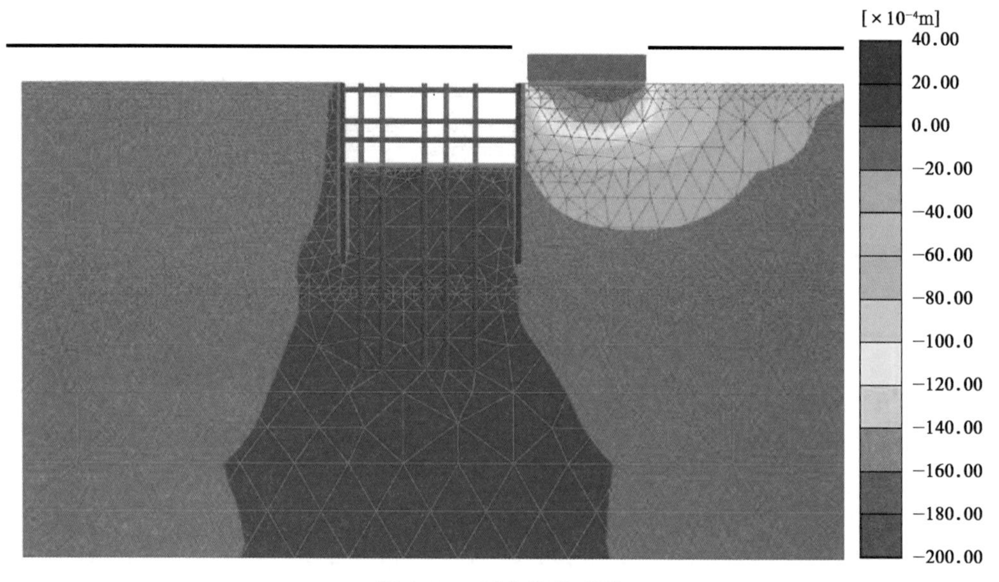

图 2-20 竖向位移云图

由图 2-21 可以看出,工况 1 最大竖向沉降为 18.68 mm,工况 3 最大竖向沉降为 19.11 mm,工况 5 最大竖向沉降为 19.38 mm,工况 7 最大竖向沉降为 19.63 mm,工况 9 最大竖向沉降为 19.92 mm。工况 1 属于桩基围护施工阶段,由于地基得到加固,承载力得到提高,保护建筑的竖向沉降量不明显,靠近基坑一侧基础的沉降量比远离基坑一侧的沉降量要小。工况 3、工况 5、工况 7 和工况 9 分别为第 1 层、第 2 层、第 3 层和第 4 层土开挖过程,随着开挖深度的增加,邻近建筑物的沉降量也随之增加,而且靠近基坑一侧的基础沉降量要大于远离基坑的一侧,这是由于地层的损失导致了基坑周围地基的承载力下降。

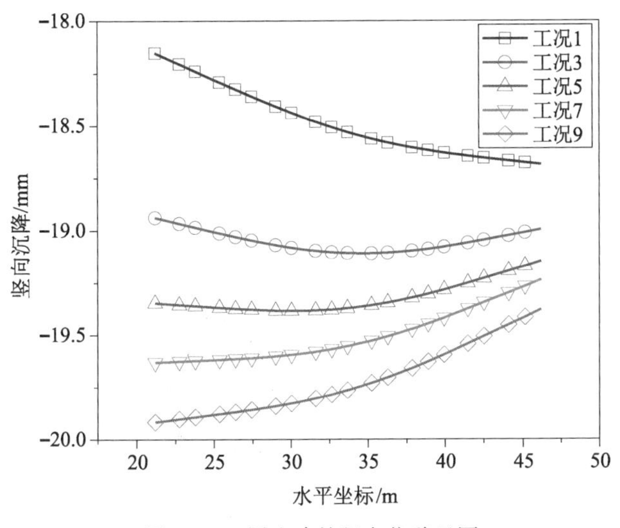

图 2-21　周边建筑竖向位移云图

2.3.2　历史建筑保留加固设计方案

1. 基础及上部结构加固

基础加固主要内容为原英国领事馆主楼 1#,2#,3# 楼,由于建筑年代久远,结构极为疏松,为减少邻近工程施工对历史保护建筑的影响,需对该楼先行进行基础加固处理,全部上部荷载由钢管静压锚杆桩承担,原砖墙采用夹墙梁和穿墙抬梁加固托换处理,桩基托换节点设计如图 2-22 所示。

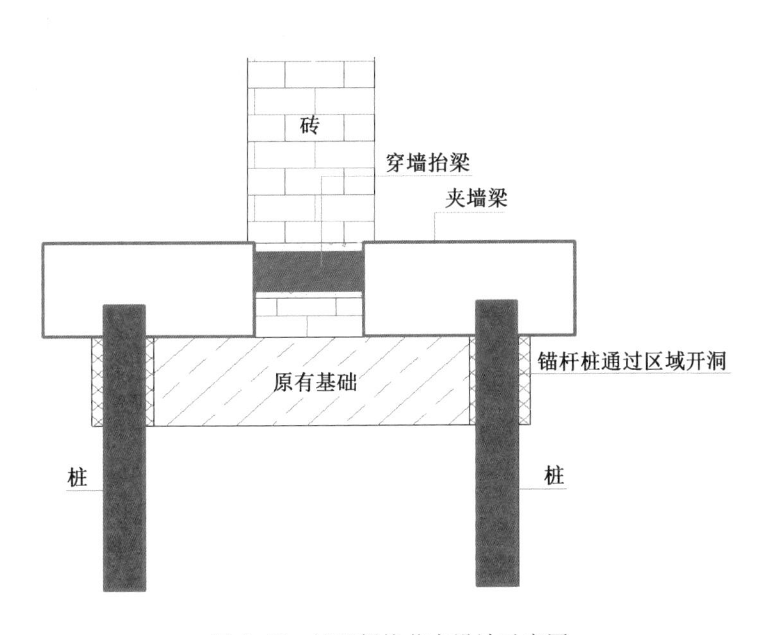

图 2-22　桩基托换节点设计示意图

历史建筑加固需要满足国家现行规范，保证在不破坏建筑外立面风貌的基础上对结构进行加固，从而满足文物保护要求。同时通过对外立面修复，如腐蚀剥落的墙面、破损的砖块，保证保护建筑的外观以及风貌。

对历史建筑墙面加固的内容包括：①对裂缝的墙体进行灌浆加固；②对承载力不够部分的壁柱进行聚合物砂浆加固；③在墙角设置竖向角钢及楼面处设置水平角钢并与墙体拉结以提高房屋整体的抗震性能；④对部分墙体承载力不够的情况，将加大加固厚度。建筑内部墙面的加固工艺如图 2-23 所示。

(a) 墙面加固

(b) 墙体角柱加固

图 2-23　建筑内部墙面的加固

2. 控制保留建筑变形的坑外隔离和地基加固措施

考虑到围护施工对保护建筑和古树的影响，在临近古建筑和古树的一边及部分局部外侧采用 3 排宽度约 1.55 m 的三轴水泥土搅拌桩加固，以减小地下连续墙成槽时对古建筑和古树的影响。

由于基坑开挖深、面积较大，为增强地下连续墙的抗倾覆稳定性，同时减小逆作施工时地下连续墙的变形，在阳角及基坑中部的地下连续墙内侧坑内设置多处 Φ650@450 三轴水泥土搅拌桩墩式加固，墩式加固标高为－2.860～23.560 m，宽 5 150 mm，水泥掺量为坑底以上 10%，坑底以下 20%。

为防止基坑旁保护建筑处由于开挖后土体扰动引起沉降，在建筑物外墙与隔离桩间埋入一排注浆管，注浆管呈 15°角向建筑侧打入，管长 6 m，间距 1.2 m，采用花管注浆，根据监测数据分层、分次注浆，以控制保护建筑的沉降。在基坑开挖时进行主动跟踪补充注浆，以更好地保护建筑的安全。

2.4 穿越古树下的连接通道施工技术

外滩源 33 号地下空间上部存在一棵需要重点保护的 150 年古银杏树，如图 2-24 所示。根据相关古树保护条例规定，古树不能进行移植，因此将原本独立的地下空间分成两个地下空间，地下空间之间通过通道相连，从而避免了地下空间开挖对古树的影响，并对古树进行较好保护。同时由于场地的限制，工程最终采用管幕法施工。同时地下连通到地面的古银杏树地下根系发达，施工时必须尽最大可能减少对其的影响。

图 2-24　外滩源 33 号 150 年古银杏树

2.4.1　古树资源保护技术

施工前首先对古树的情况进行调研，内容包括：古树科属、年龄、生长态势、虫害情况、生长条件、水土条件、根系范围、根系周边管线分布、施工场地与古树的位置关系等。重点分析管幕法施工所产生的不利因素对古树的影响，确定古树土体沉降的控制指标、引起降水的应对措施以及土体加固与古树根系的最小安全距离。

2.4.1.1　管幕法施工对古树影响分析

管幕法施工会引起地表不均匀沉降，不同的地层沉降也不同，从而导致古树根系周边的土体产生不均匀沉降，同时不同粗细的根系与土体之间的粘连程度不同，从而导致古树根系中的毛细根会从粗的根系中剥离，导致古树对水分与养分的吸收受到影响。管幕法施工开挖需要辅助降水措施，地下水位会下降，水位下降引起土壤中的地下水、重力水通过自流形式流失，将导致古树根系范围内土壤含水量大幅度下降，土壤中的大部分毛细管水将会流失。对植物来说，毛细管水是至关重要的，是产生土壤溶液的重要来源。同时，降水作用又使树的根系与包土能力损失，从而影响到古树的生长。

管幕法施工需要对通道周边的土体进行加固，加固影响范围通常为开挖区域外1 m。如果古树的根系距离此范围过近会堵塞根系吸收养分与水分，导致古树死亡。同时由于管幕法施工所使用的注浆材料中含有碱性物质，当其溶解在水中时除了流入地下的一部分，另一部分会在土体的蒸腾作用下，水分向上运动，从而导致该碱性水被古树吸收，从而对古树产生影响。为了杜绝此种危害，注浆范围距离古树根系范围应当在2 m以上，大于注浆加固对土体的影响距离1 m，才能满足古树的保护条件。

2.4.1.2　古树保护措施

(1) 注浆材料的选取

管幕法施工选取的注浆材料为水玻璃以及超细混凝土，其中水玻璃的主要成分是硅酸钠，虽然成分中含有氢氧化钠，但是该成分是与二氧化硅相结合的状态，不会呈游离态分布在根系中，因此水玻璃进入地下水的量是有限的。超细混凝土是无机材料，呈一定的碱性，当该部分碱性水被根系吸收时，会对古树的生长产生影响，因此注浆材料的凝固时间控制在30 s内，有效减少注浆材料在根部的扩散时间及范围。

(2) 古树地面处保护措施

为加强对古树的保护，在正式施工前对古树地面处进行保护，靠近中山东一路侧，距离古树5 m范围外设置预制钢筋混凝土块加彩钢板围墙，将古树围在施工区域之外，使其不受施工及施工人员的影响，如图2-25所示。对南侧和靠近施工区域的古树，在古树保护5 m范围周边设置钢筋混凝土块加彩钢板围墙，将其与施工区域隔开，防止工人、机械靠近。

根据现有施工经验可知，地表沉降对古树会有两方面的直接影响，其一为不均匀沉降对根系可能产生的断根的影响，这方面主要通过加强观察进行跟踪分析，一旦有断根现象则进行及时维护并补充营养，并对施工方案进行调整。其二为沉降可能产生的土壤松动，从而使根系的抗倾倒能力减弱，在施工期间如遇暴雨及台风天气，需对古树进行抗倾覆加固。

(3) 古树下部土体保护措施

为防止围护结构施工时水泥浆侵入古树周边土体内，在古树与围护结构之间(搅拌桩之外1 m处)搭设18 m深拉森钢板桩，以防止水泥浆侵入古树周边土体内，如图2-25所示。

由于外滩源33号的表层土为杂填土性质，同时周边的城市管道开挖、埋线以及城市道路施工会对填土进行多次的开挖填埋，因此表层土会存在灌浆通道，将导致注浆材料溢出地表，当呈碱性的材料从地表中流出时，会对根系以及下部树体产生影响。后期通过对树根系周边的pH值监测可以发现，水体的pH的确升高了，因此在施工中对基坑周边土体的降水井分布进行了调整，利用降水产生的水位差，杜绝了注浆材料的泄漏，疏导注浆材料，从而达到控制碱性材料对树根产生影响的目的。

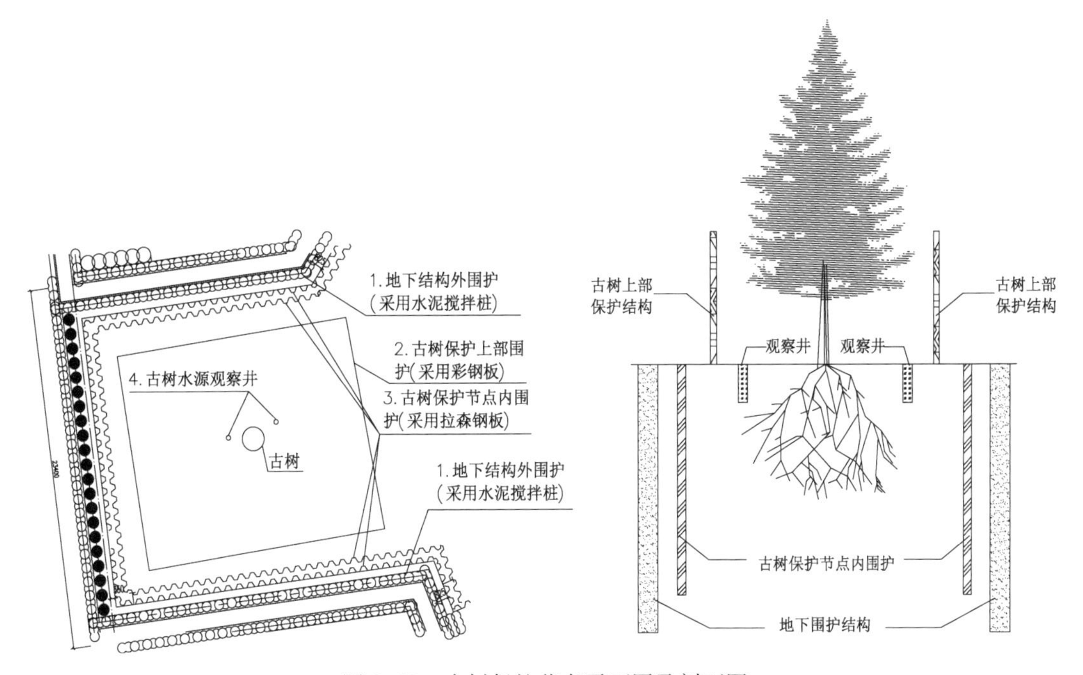

图2-25 古树保护节点平面图及剖面图

2.4.2 小管径管幕法施工技术

1. 总体方案选型

由于明挖法需要将结构体上部范围内的土体进行挖除，必然将拟建地下连接通道上部的古银杏树挖出，因此连接通道必须采用暗挖法施工技术。地下连接通道暗挖施工通常有几种方法：浅埋暗挖法、管幕法和矩形顶管法等。基于工程面临的难点，所选择工艺将对工程质量、工期、成本等方面产生较大影响，因此选择合适的施工方法对保证工程质量、成本以及进度有着重要的作用，如表2-3所示。

(1) 浅埋暗挖法。浅埋暗挖法与新奥法原理基本相同，支护分成两次施工，初次支护的荷载设计值为全部荷载，二次支护的荷载能力用于安全储备。当出现特殊荷载时，由初次支护以及二次支护一同承担。

(2) 管幕法。管幕法是在准备施工的结构体外围预先进行钢管的顶进，在工程需要的位置进行钢管内注浆，形成一个临时能抵抗上部地面荷载和土层重量的超前支护结构，同时起到隔断周边水土的帷幕结构的作用，从而达到防止上部土层沉降，确保地面交通、结构及树木安全的需要。管幕法具有施工机械化高、精度高、土质适应性强、对周围环境影响小、施工速度快等优点。

(3) 矩形顶管法。顶管法施工，是以液压为动力将矩形土压平衡工具对矩形断面进行全断面切削，并沿着连接通道的路径进行顶进的施工方法。该法可以避免对上部土体进行开挖，并能一次顶进完成，具有不开挖路面、不封闭交通、不搬迁管线、低噪声、无扬尘等优点。在施工时，对周围土体扰动小，能有效控制地面和管线沉降。其结构断面的合理性可减少土地征用量和掘进面积，降低工程造价。该法可用于建造地铁车站、隧道区间等。

浅埋暗挖法在上海软土地质运用较少，安全风险大。管幕法与矩形顶管(盾构)法相比较，由于管径小，无论是对周围土体的扰动，还是可能产生的泥浆污染都很小，对古树下部根系的保护十分有利。另外，由于顶进的钢管直径小，工作井和接收井需要的空间小，在两端地下空间便可实现牵引、推拉等，因此本项目选用小管径的管幕法方案(表 2-4)。

表 2-4　　地下通道施工工法优缺点对比

施工工法	优点	缺点
浅埋暗挖法	1. 对城市环境污染少； 2. 拆迁占地少，扰民少； 3. 结构形式灵活多变，对地面建筑、道路和地下管线影响不大	1. 施工速度慢，喷射混凝土粉尘多； 2. 劳动强度大，机械化程度不高； 3. 软土地质、高水位地层施工比较困难
管幕法	1. 作业空间小，适用狭窄条件下施工； 2. 断面灵活，可以形成多种断面形状，地质适应能力很强； 3. 可有效控制地面沉降以及对周围环境的影响	1. 在长距离施工的工况下，工期、成本方面并不占据优势； 2. 管幕无法回收，对环境影响大
矩形顶管法	1. 施工面由线缩成点，占地面积小； 2. 可减少拆迁工作量，降低造价； 3. 对土体扰动小，可有效控制地表沉降与管线沉降	1. 对于复杂的地质条件，施工困难； 2. 易引起地下较大的沉降变形； 4. 需要较大的工作井空间； 5. 整体设备昂贵，维护费用大，工程经济性不高

2. 小管径管幕法设计方案

管幕结构采用外径为 786 mm，壁厚 $\delta=12$ mm 的钢管，上下左右共设置 46 根。通道内净截面尺寸为 8 500 mm×5 300 mm；通道结构长度为 23.4 m，顶板厚 800 mm，侧墙厚 750 mm，底板厚 1 000 mm，采用 C30P6 混凝土，通道顶板埋深约 7.500 m，底板埋设深度约 12.900 m。连接通道结构见图 2-26。

为更好地提高管幕施工的质量，减少施工对周边的影响，管幕施工完后，对管幕内的土体进行加固，加固方式为旋喷桩加固。加固后的土体强度约为 0.6 MPa，之后再进行土方开挖。主要施工流程为：工作井、接收井施工→钢管管幕施工→通道开挖段土体加固施工→通道段土体开挖及内支撑施工→通道结构施工。管幕施工如图 2-27 所示。

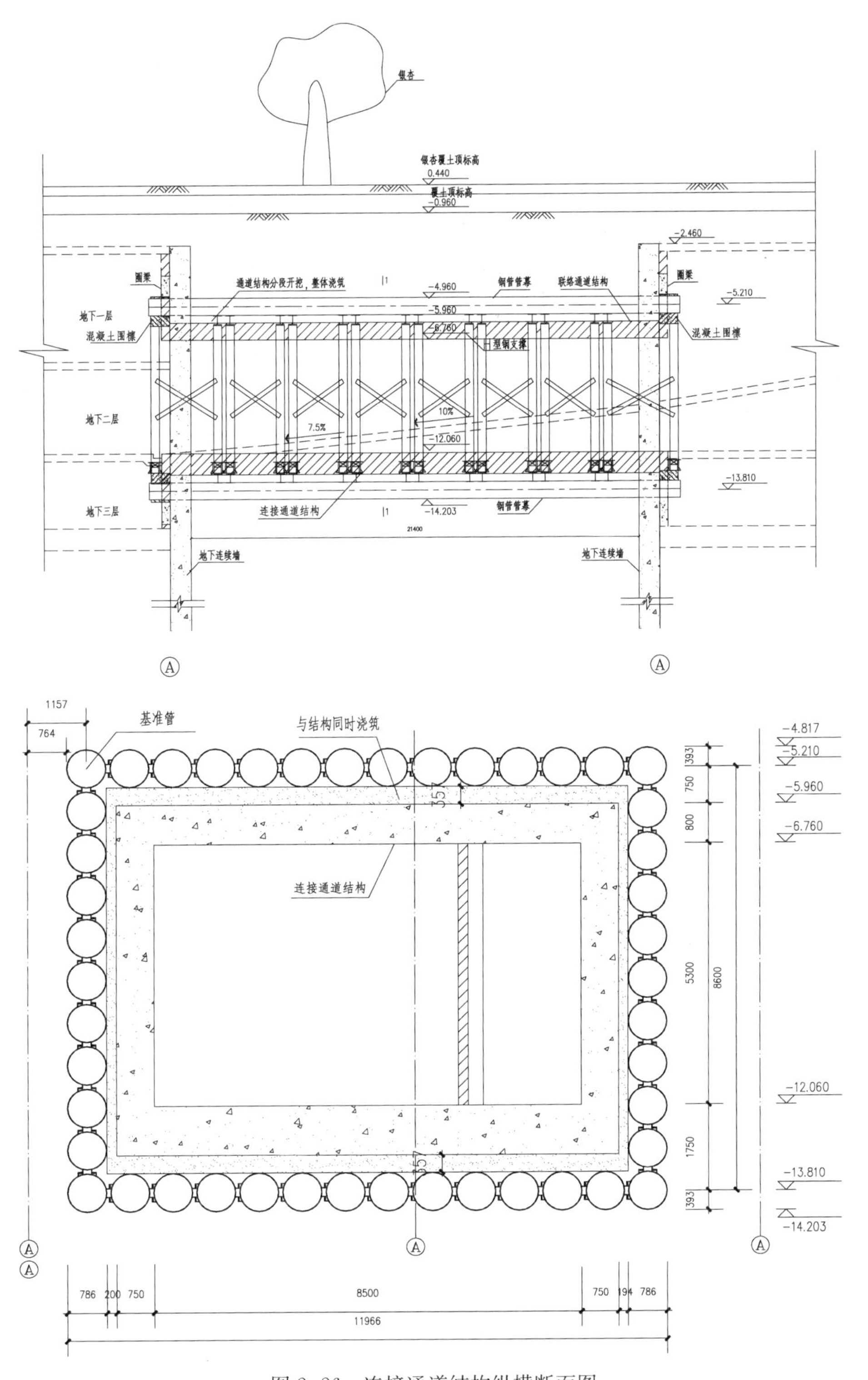

图 2-26　连接通道结构纵横断面图

(a) 钢管管幕施工　　(b) 通道开挖

(c) 内支撑施工　　(d) 通道结构施工完成

图 2-27　管幕通道现场施工示意图

3. 小管径管幕法数值计算

(1) 土体本构模型与参数

土层物理性质参数如表 2-5 所示。

表 2-5　土层物理性质参数表

土层层号	土层名称	压缩模量 /MPa	重度 /(kN·m^{-3})	黏聚力 /kPa	摩擦角 /(°)	土层厚度 /m
②$_1$	灰黄色黏质粉土	7.23	18.5	7	32.0	2.00
②$_3$	灰色黏质粉土	7.78	18.3	6	31.0	3.90
④	灰色淤泥质黏土	2.13	16.8	13	11.0	10.80

（续表）

土层层号	土层名称	压缩模量/MPa	重度/(kN·m^{-3})	黏聚力/kPa	摩擦角/(°)	土层厚度/m
⑤$_{1a}$	灰色黏土	3.22	17.7	17	14.5	5.00
⑤$_{1b}$	灰色粉质黏土	4.25	18.0	19	16.0	6.90
⑤$_{1c}$	灰色粉质黏土夹黏质粉土	5.27	18.0	15	24.0	11.10
⑤$_2$	灰色黏质粉土	8.87	17.9	5	28.5	2.10
⑤$_4$	灰绿色粉质黏土	6.82	19.6	46	18.5	2.70
⑦	灰绿-灰色砂质粉土	8.62	18.9	5	34.0	3.40
⑧$_1$	灰色粉质黏土	4.75	17.9	28	18.0	12.20
⑧$_2$	砂质粉土互层	4.94	18.3	28	20.5	5.00
⑨	灰色含砾细砂	13.24	19.6	5	34.0	

（2）接触面单元

采用弹塑性无厚度 Goodman 接触面单元，模拟地下连续墙及钢管与土体之间相互作用，接触面单元切线方向服从 Mohr-Coulomb 破坏准则，用折减系数 Rinter 来描述接触面强度参数，与所在土层的摩擦角和黏聚力之间的关系模拟接触面的强度参数较低的特性。

（3）网格剖分

计算区域：区域宽度相对于管幕长度 24 m 取足够宽度，深度取至第 9 层土。水平向为 X 坐标轴，竖直向为 Y 坐标轴，且对 X 边界施加 X 向位移约束，Y 边界施加 Y 向约束。土体采用等三角形六节点平面单元，采用梁单元模拟地下连续墙结构及钢管。

（4）数值模型计算结果

如图 2-28—图 2-30 所示。

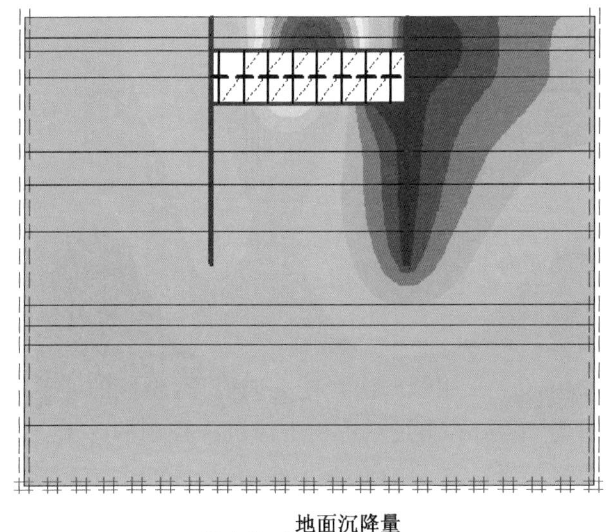

图 2-28　土体开挖完成后竖向变形云图，地面沉降量约 26 mm

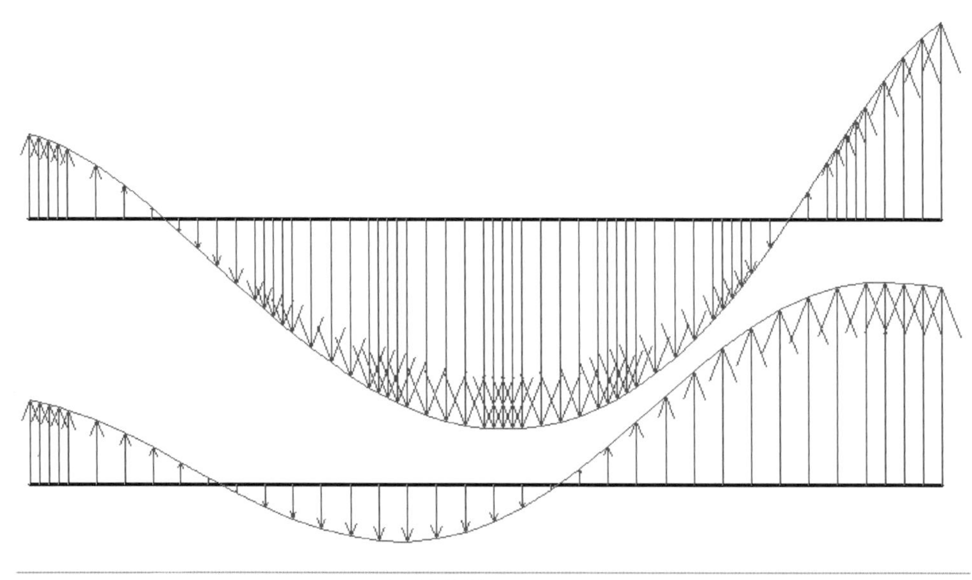

图 2-29　断面上下排管幕的位移矢量图，最大位移约 28.20 mm

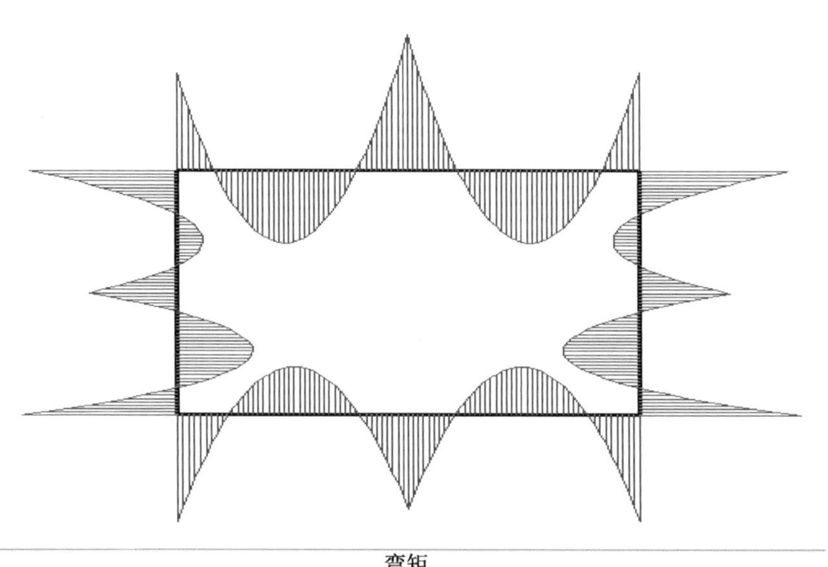

图 2-30　圈梁弯矩图

通过对数值计算结果分析可知：采用管幕法开挖完成以后，整体的通道结构上方的地表会出现沉降，沉降值为 26 mm，满足对古树土体沉降控制的要求。同时管幕通道的上下结构会出现协同变形，最大的变形出现在管幕的上方，变形值为 28 mm，满足设计规范要求。

4. 小管径管幕法施工关键技术

(1) 工作井、接收井临时钢支撑及洞口圈梁施工

当逆作法结构B0板完成后，施工B1板时，同时完成工作井、接收井B1板以上的管幕结构洞口圈梁，架设临时支撑系统。开凿侧B1板中间施工洞口，并施工管幕钢管，完成后架设临时支撑，再开凿另一侧靠圆明园路楼板施工洞口，并施工这一侧管幕钢管。当逆作法结构施工B2板时，同时完成工作井、接收井B2板以上的管幕结构洞口圈梁。先开凿侧B2板中间施工洞口，并施工管幕钢管，完成后架设临时支撑，再开凿另一侧靠圆明园路楼板施工洞口并施工这一侧管幕钢管。当逆作法结构施工大底板时，同时完成工作井、接收井全部的管幕结构洞口圈梁。

临时钢支撑采用H400×400×13×21型钢。围檩浇筑完成拆模后、安装临时钢支撑前，对预埋件进行表面处理，凿除表面浮浆。在通道内安装钢支撑前，先将钢支撑在地面上安装成设计长度，各支撑之间通过一块加强钢板焊接在一起，焊接完成后，再由塔吊进行起吊安装。待一段长度的钢支撑拼接完成后进行起吊，一次性将钢支撑安装到指定位置。在临时支撑使用完毕后，按照设计要求对钢支撑进行拆除。一般待通道内的结构如墙体、梁板强度到达设计要求后，方可对钢支撑进行拆除。

(2) 通道段土体开挖和支撑系统

通道段土方开挖时，打开地墙开口前，确保做好洞口加固梁和通道口第一道支撑。然后，开凿地墙上部，挖进第一段土体，土体开挖采用小型机械开挖、人工辅助。开挖完成后在开挖平台上搭建脚手架安全围挡，围挡与周壁管幕连接保证脚手架牢固可靠，见开挖步骤1。接着采用台阶式分层顺序流水开挖，总高度上分3个台阶4层开挖。上下段土体之间留有约1.5 m的平台，每个台阶挖土完成后在台阶上及时搭建脚手架护栏以作下阶段开挖的安全围栏。顺序开挖直至满足支撑间距后安装支撑，见开挖步骤2～6。再循环开挖步骤6～10，完成整个通道土体的开挖。土体开挖流程如图2-31、图2-32所示。

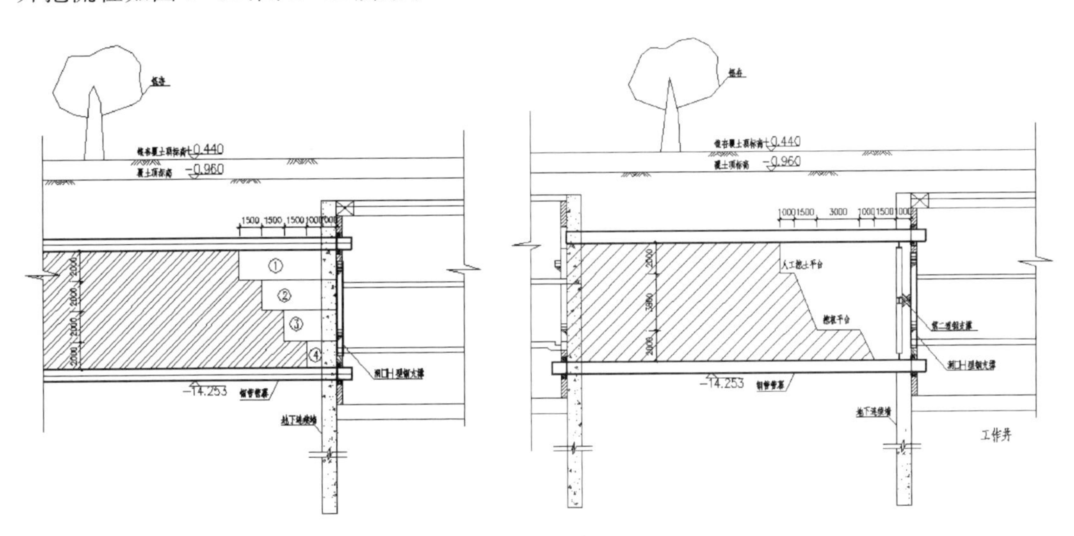

图2-31 开挖步骤1～6

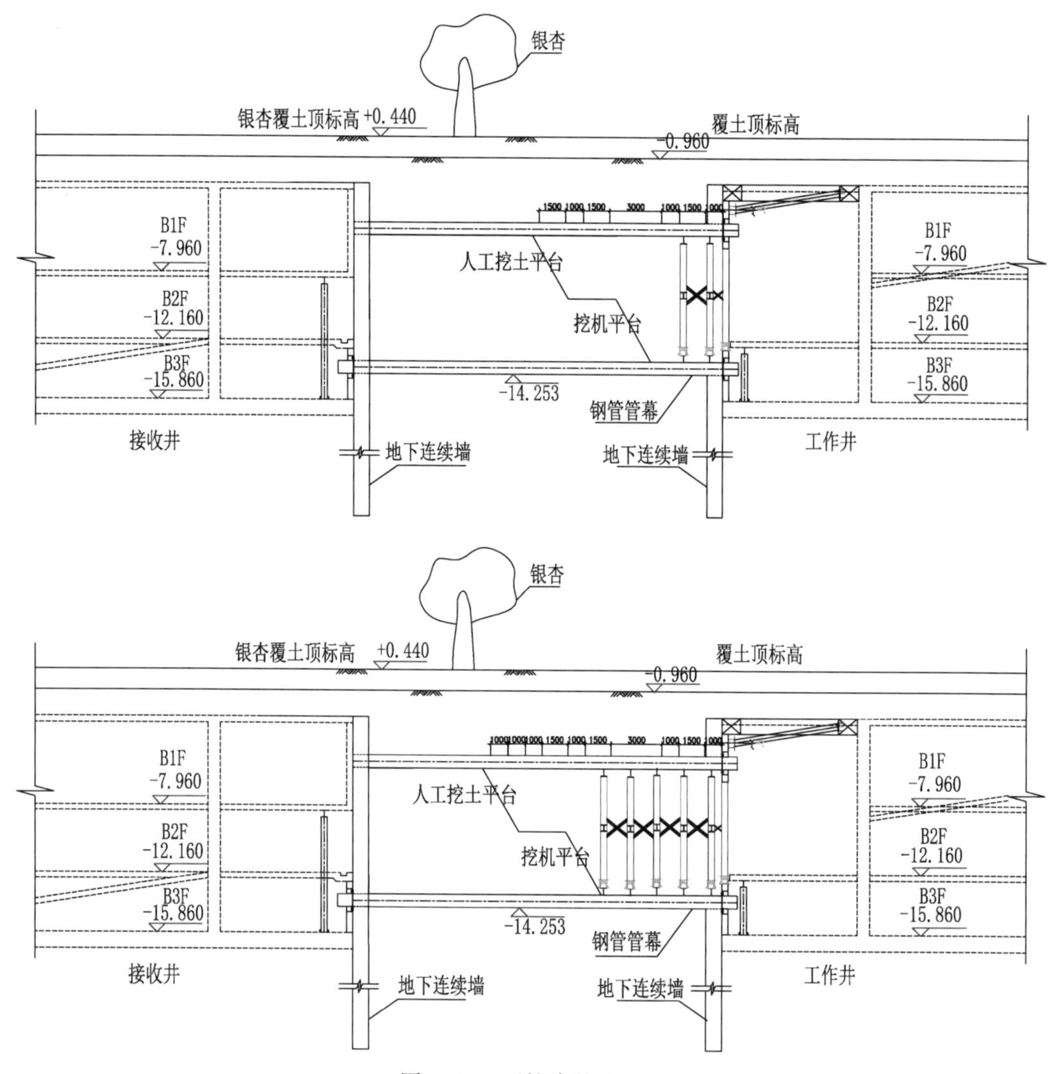

图 2-32　开挖步骤 6～10

开挖步骤 1：安装洞口第 1 道支撑后，开挖第 1 层土体，水平开挖长度为6.5 m。开挖步骤 2：开挖第 2 层土体，水平开挖长度为 5 m。开挖步骤 3：开挖第 3 层土体，水平开挖长度为 3.5 m。开挖步骤 4：开挖第 4 层土体，水平开挖长度为 2 m。开挖步骤 5：安装第 2 道支撑。开挖步骤 6：向前挖 2.5 m 并放坡，中间留 3 m 挖掘机操作面。开挖步骤 7：安装第 3 道支撑。开挖步骤 8：向前挖 2 m 并放坡。开挖步骤 9：安装第 4 道支撑。开挖步骤 10：向前挖 1.5 m 并放坡。

管幕支撑系统采用 H400×400×13×21 型钢，间距 1 000 mm，1 500 mm，2 000 mm作为支撑围檩；H400×400×13×21 型钢间距 1 000 mm，1 500 mm，2 000 mm，作为竖向支撑，中间设置剪刀撑以保证支撑整体稳定性，H400×400×13×21 型钢间距 1 000 mm，1 500 mm，2 000 mm 作为横向支撑，型钢钢材为 Q235B。支撑结构如图 2-33 所示。先安装下部底撑，再吊装上部支撑，然后是两侧支撑，并将两侧支撑与钢管帷幕用抱箍保持竖撑牢固直立，最后安装中间的竖撑和横撑，施加一定应力后将各节点焊接牢固，并焊接角撑。

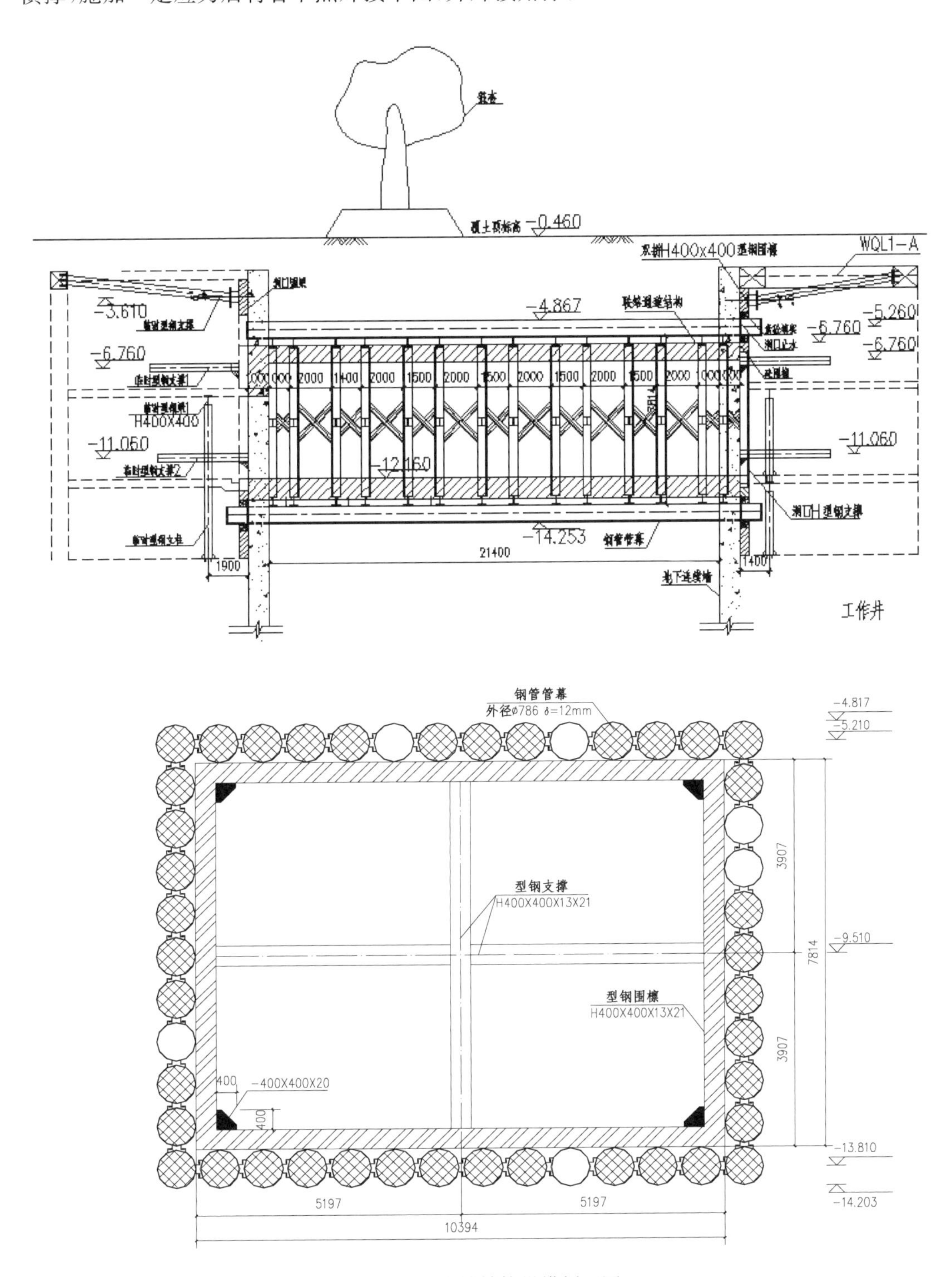

图 2-33　支撑结构纵横剖面图

(3) 连接通道结构施工

连接通道结构内净截面尺寸为 8 500 mm×5 300 mm，通道结构长 23.4 m，顶板厚800 mm，侧墙厚 750 mm，底板厚 1 000 mm，采用 C30P6 混凝土，分 3 次浇捣完毕。为保证混凝土整体结构质量，加快混凝土浇筑速度，待挖土及支撑施工完成后，及时浇筑混凝土，通道结构示意如图 2-34 所示。

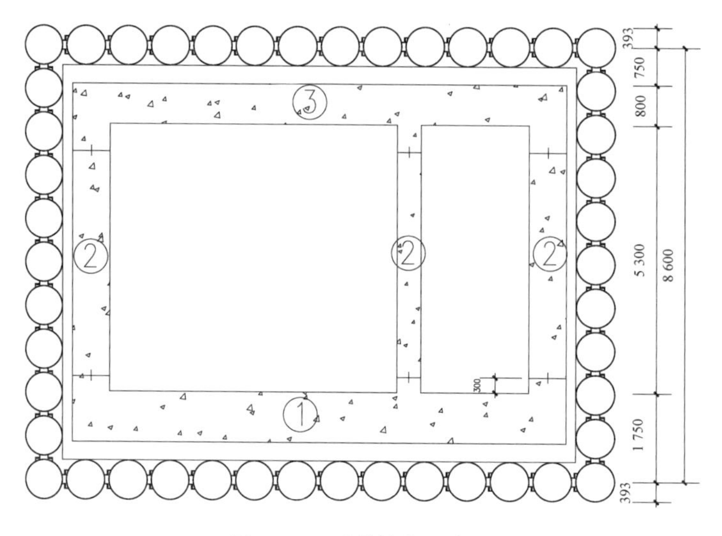

图 2-34　通道结构示意图

通道结构分 3 次浇筑，顺序为：底板→侧墙→顶板。顶板采用 C30P6 自密实混凝土，从通道结构的北侧向南侧进行浇筑。模板安装完成后，混凝土浇筑采用 3 台固定泵，顶板混凝土泵管采用预留浇捣管，3 根主管预留在管幕钢管之间，每次向南退一定距离浇筑(具体间距按支撑的间距，即每次退至下两道支撑中心处)，以保证每榀型钢之间混凝土液面高度。为了防止意外，在空的钢管间隙处设置两根备用泵管。为了保证顶板与管幕、管幕与管幕之间充分密实，混凝土液面较低的区域，在管幕钢管间预埋注浆管，等混凝土浇筑完毕后进行注浆施工。顶板浇筑如图 2-35 所示。

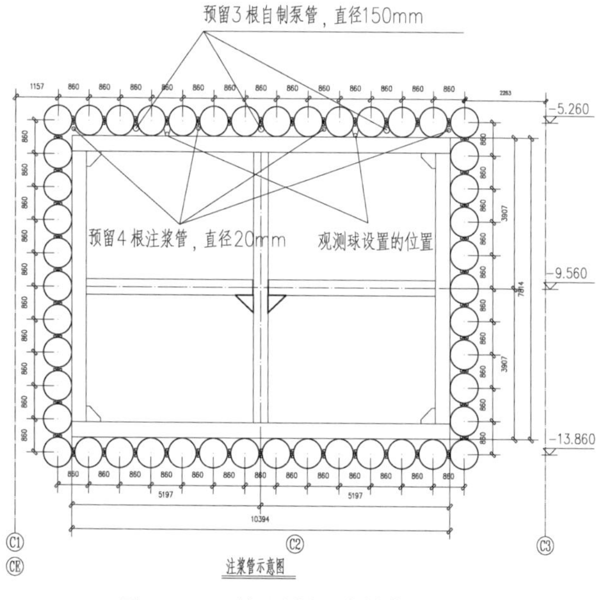

图 2-35　顶板混凝土浇筑布置图

2.5 历史建筑的原真式修缮技术

2.5.1 原建筑墙面杂物异物拆除

经现场踏勘，外滩源 33 号原英国领事馆主楼和领事官邸两栋老建筑外立面由于年久失修和后期使用功能的改变、调整，外立面的现状已十分破旧。为了还原建筑的历史风貌，对非原外立面的杂物、异物予以清除，主要表现为以下几种情况：

（1）建筑外立面表面多处存在黑色污垢并附有生苔，特别是在各立面的勒脚处、墙体转角处和门窗套处尤为明显。

（2）建筑由于使用功能的增加和改变，外立面多处存在空调和电线的角铁支架、穿墙水管、预埋铁件及其他残存金属螺栓构件。

（3）拆除外墙立面现有损坏的雨水管，在此次修缮中按历史原貌恢复雨水管管件。

（4）建筑外立面后期增加的水泥砂浆粉刷层和其他的装饰面应予以剥离凿除，还原外立面清水墙原貌。

（5）建筑外立面由于长期未作管理和修复，局部墙面上已生长有枝干的植物。

1. 墙面衍生植物的清除

1# 楼和 2# 楼外立面墙体由于年久失修且缺乏维护，外立面墙体勒脚和落水管潮湿部位多处生长苔藓和植物，需在外墙整体清洗前对墙面衍生植物进行清除，修缮对比如图 2-36 所示。

图 2-36　墙面修缮对比

由于部分植物枝干已和墙面砖墙相连，清除墙面植物枝干时，为避免损坏墙面，不能强行拔除，须先对和墙面连接处的部位进行切断。待外墙墙面枝干和植物切断后，对墙体内生长的植物和枝干进行清除。控制凿开清除区域，对植物枝干周围墙面进行遮盖保护，慢慢凿开墙面，对墙体内生长的枝干植物根部予以清除。凿除中尽量减少对墙体的破坏，清除后的墙体喷洒植物腐烂剂，抑制其在墙体内的生长。

根据现场踏勘，现场砖墙勒脚处存在多处苔藓，清除时先划分施工区域，用铲刀将外墙表面的苔藓轻轻铲除，待铲到原有墙体时停止施工，用专用清除剂清除苔藓留在墙面的痕迹。

2. 外立面粉刷层的凿除

2# 楼原领事官邸原清水外墙面被后期粉刷层覆盖，本次修缮需还原建筑历史原貌，需凿除后期增加的粉刷层，恢复建筑外墙清水墙墙面。外墙后加粉刷层采用人工小心凿除，避免因粉刷层的凿除施工造成对原有砖墙的损坏。

2.5.2 水泥仿石粉刷外墙的修复

外墙水泥仿石粉刷以原件原样修复为原则进行修缮，为保存建筑历史原样，在修缮中应尽量恢复其原材、原色、原态、原物的历史原貌。所有脱落粉刷需彻底去除，裂缝加以封闭，被毁线脚全部恢复。

1. 主要病害分析

本次修缮的 1# 楼原英国领事馆外墙立面为水泥仿石粉刷，根据设计要求，1# 楼外墙面需恢复历史原状颜色及质感。经过现场调查，外墙立面由于颜色的不同主要有三种水泥仿石粉刷，主要分布于外墙勒脚部位、外墙门窗套处和外墙整体。

为了更具针对性地对外墙水泥仿石粉刷立面进行修复，对外墙各立面破损风化处、后期增加的设施和污垢进行了仔细甄别，并对外墙劣化进行等级分类，根据不同的破损情况制定不同的施工恢复方案。

对 1# 楼仿石粉刷层的情况进行全面调查，并对损坏情况进行评估，找出其损坏的原因。采用直观法观察粉刷层裂纹、龟裂、剥落的地方，确定修补范围。采用敲击法找出粉刷内部损坏的范围：用小铁锤在可疑的地方轻轻敲击，如发出空壳声，则有起壳现象，就可以确定起壳损坏的范围。需要修补的起壳损坏的粉刷，确定修补范围后，将需修补的部位圈定，然后用泥刀斩出界限(硬粉刷可用钢凿凿出界限)，再行铲除，防止修补范围越铲越大，造成二次破坏。

2. 水泥仿石粉刷外墙恢复工艺

水泥仿石粉刷外墙的修复步骤包括：墙面粉刷脱落及空鼓铲除→螺栓孔洞的修补→墙面清洗→粉刷层的修复→裂缝修补→掉棱缺角、损坏线脚的修复→墙面防护。

(1) 墙面粉刷脱落及空鼓铲除：人工使用铲刀斜向柔和地轻轻铲除墙面粉刷，确保不损伤原墙面。铲除时注意控制施工区域，切勿盲目扩大施工面积，造成墙面整体粉刷层的脱落和空鼓。

(2) 墙面螺栓孔洞的修理：房屋外立面墙整体清洗前，应先将墙面上外露的螺栓清除干净，并将墙面上留有的螺栓孔洞用防开裂纤维修补砂浆，填补构件拆除留下的损坑和其他坏损部位，用批补纤维砂浆将其表面批补平整，再用近似配方颜色非常接近的仿石砂浆粉刷处理并进行修补，恢复完整的墙体和饰面。

(3) 支架造成墙面螺栓孔洞的修理：首先将孔洞周围的砂浆等杂物清除干净，然后进行孔洞的填实修补，填充整修到与墙面齐平，使之与周围墙面的颜色相匹配。

(4) 墙面预埋膨胀螺栓的修理：切去膨胀螺栓使它与墙面齐平，把金属钻出来，并填充调制的仿石粉刷砂浆。留出填充物高度 5 mm，然后整修到齐平。此方法适宜于直径为 10 mm 或更小的洞。

(5) 砖块缺失形成孔洞的修理：首先将孔洞清理干净后，对缺损砖块周围部分进行检查，凿(拆)除已疏松部分的砖块，用相同规格的青砖进行孔洞的修补。待缺失砖块修补完成后，表面用调制的仿石砂浆粉刷施工恢复。

2.5.3　清水外墙的修复

外墙修缮是将后期增加的水泥粉刷层凿除后恢复原有外墙清水墙的恢复施工。为保护建筑外墙历史原样，在凿除粉刷层时减少对清水砖墙的损坏，修复后的清水墙应尽量恢复其原材、原色、原态、原物的历史原貌，所有砖饰线脚应按历史原样进行恢复，如图 2-37 所示。

图 2-37　清水墙原貌

1. 外墙后加水泥粉刷层的凿除及清缝

对外墙清水墙后期增加水泥粉刷层的情况进行全面统计，确定凿除区域，凿除时对其周围的红色清水砖墙进行遮盖保护。对于后期增加部位的外墙水泥粉刷层，用人工小心地进行逐一凿除，人工凿除时需使用铲刀斜向柔和地轻轻铲除墙面水泥粉刷层，确保不损伤原有砖墙面，恢复建筑物原有风貌。对外墙后贴瓷砖的立面先人工凿除立面瓷砖，待瓷砖清除后用铲刀斜向柔和地轻轻铲除墙面水泥粉刷层，恢复原有清水墙立面。外墙覆盖物剥离后对原有清水外墙砖缝进行剔除，采用人工方式用泥刀斩除所有起壳、酥松的旧灰缝，深度 20～30 mm，用钢丝刷刷一遍，然后用刷帚把缝内灰尘清扫干净，并洒水湿润灰缝。清除时，避免破坏原有砖体。

2. 外墙的清洗

外墙一般污染采用水清洗法。对原有外墙清水砖墙采用低压水射流清洗机自上而下循环进行旋流冲洗剥离。主要通过外力使污垢脱离建筑物的外墙，具体方法是用水冲洗(或水喷淋)，使污垢疏软、剥离、融化，最后再用水冲洗干净。

外墙的历史涂料采用专用清洗剂清洗。对外墙清水红砖墙面的历史涂料进行清洗，采用脱涂料剂配合低压水清洗。

3. 外墙的增强

外墙墙体局部风化酥松，为提高基体的强度并增加粘结力，采用专业工艺喷淋硅酸类岩石增强剂。增强剂的选用要求不改变清水砖墙面的颜色和光泽；能够明显增加材料的强度，材料本身要有很好的渗透深度，能达到未风化的部位，符合透气、抗老化不泛碱等文物修缮要求。

4. 砖墙的拼色和憎水处理

为有效阻止风化、腐蚀并且起到防水作用，墙面保护采用不反光的有机硅溶液，墙面透气不透水，由下而上浇淋。要仔细浇淋 2～3 遍，不可以有遗漏部位，以确保修缮后砖墙能够长时期保留原貌，耐久度高。

历史原状清水砖墙面存在色差，修缮后的砖面颜色在整体上应保持这一特征。修缮后的砖面应进行拼色处理，在复合保护剂有机硅中添加耐候、耐紫外线颜料进行做旧处理。

2.5.4 外墙石材的修复

本次修缮的外墙石材为基座及隅石、柱身等部位的金山石和青石两种石材。

金山石主要分布在 1# 楼、2# 楼建筑基座部位及部分装饰柱。根据设计修缮技术要求，外墙金山石修缮主要以保持原件原样为原则，尽量做到能修补的修补、能加固的加固、能粘结的粘结，损坏严重的按原样更换，不但规格尺寸不得随意改变，而且应原物再现，不需创新。

外墙青石主要分布在 2# 楼墙角隅石、线脚及部分装饰柱等部位。根据设计要求，本次修缮中应保持原件，尽量做到能修补的修补、能加固的加固、能粘结的粘结，原规格尺寸、肌理不得随意改变。

经过现场调查，对外墙石材损坏情况有初步的了解，主要为石材裂缝、石材表面的螺栓孔洞、剥落、外墙污物、坑洞。

为了更具针对性地对外墙石材不同损坏情况进行修复，应根据不同的破损情况制定不同的施工恢复方案。

具体施工流程为：石材墙面的清洗→石材花饰的拍照、测绘→石材墙面孔洞的修复→石材表面风化的修复→石材的更换→石材花饰的修复→石材墙面的勾缝处理→石材墙面防粘风化保护。

2.5.5 宝瓶栏杆及石材花饰的修复

(1) 石材花饰的修补

用原花饰同种材料进行修补，对损坏严重的必须分层修补，即待上层稍干后再堆砌次层，堆砌的砂浆可比原花饰高 2～3 mm，待砂浆稍干后即可参照原有花纹修整、抹光，待完全凝固后再安装。

(2) 石材花饰的重新翻制

若花饰损坏严重，须重新翻制，具体施工流程为：实样的准备和制作→模具的制作→花饰的浇制。

根据花饰的损坏部位，在其附近或对称的位置找出和需要重新翻制的花饰图案相同的样品，需人工谨慎小心地从建筑物上切下来。

把切下部分的周边，用石膏调水补齐，恢复它在建筑物上的原来模样，并与周边石材花饰进行比较，修补后的造型和图案应与原石材花饰一致。

采用水泥硬模对石材花饰进行翻模，然后根据模具样式对花饰进行浇制。

(3) 宝瓶栏杆的恢复

采用预制花瓶单个构件后在现场进行安装。恢复方法原则上同石材花饰的修缮，修缮成果如图 2-38 所示。

图 2-38 宝瓶栏杆修缮对比

2.6 闹市区复杂环境下深基坑信息化监测技术

2.6.1 基坑施工信息化监测

外滩源 33 号采用了信息化监测技术，对基坑施工产生的沉降、裂缝以及房屋倾斜进行实时监测、采集、分析，分析建筑的变形趋势。同时将采集的数据进行分析，对房屋的安全和质量进行监测。在施工前、施工中期委托房屋质量检测站对房屋进行跟踪监测，并召开专家会议，以优化施工参数，有效地控制了地下连续墙的侧向变形，从而减小了基坑开挖对保护建筑及管线的影响。

1. 监测内容及监测仪器

根据掌握的资料及保护对象，监测内容如下：地下管线垂直及水平位移、邻近建筑物垂直位移、围护墙顶部的垂直及水平位移、围护墙墙体侧向水平位移、坑外地下水位、立柱沉降楼板应力等。

(1) 水平位移。工程采用苏光 J2 经纬仪，用视准线的方法观测。观测时将仪器安置在稳定基准点上，后视于另外基准点上，两点之间形成一条基准线，观测时在每一个监测点设置带有刻度的站牌，正倒镜两侧回测得每一个监测点的位移值。

(2) 垂直位移。利用基坑外围固定基准点，按二等水准测量规范的要求引测各监测点高程，通过高程变化计算出测点的垂直位移量。二等水准采用莱卡水准仪配 2 m 铟钢尺施测，将所有监测点与基准点之间形成一条二等水准闭合线路，每次观测保证水准路线闭合差$\leqslant \pm 0.3\sqrt{N}$(mm)($N$ 为测站数)，对观测成果进行平差计算，其最弱点的高程中误差$\leqslant \pm 1$ mm，并定期对基准点进行校核。

(3) 墙体测斜。用美国生产的 SINCO50309 型测斜仪，其读数分辨率为 0.02 mm，测试时用测斜仪自下而上，每 0.5 m 测定一点，往返两次(A0 和 A180 两个方向)测试。

(4) 楼板梁内力。钢筋应力计在安装前先在室内率定，在安装之后开挖之前用 ZXY 频率仪测定初始频率。支撑轴力的计算方法：用即时频率与初始频率相比较，根据率定曲线计算出钢筋应力计的应变，假定支撑混凝土的应变等于钢筋应力计产生的应变，最终计算出支撑的轴力。

(5) 坑外地下水位。采用钢尺水位计，该水位计上带有刻度，可直接读出水位距管口的距离。各水位孔的初始值为水位管埋设完成时的数值，观测值与初始值的差为水位变化量。

2. 监测基准网的设置及联测

在基坑外围南苏州路、虎丘路上布设了 3 个固定基准点(BM2～BM4)，在施工监测过程中定期对基准点进行联测，以检查其稳定性，及时调整监测点起算数据，以保证测试结果准确、真实反映变形状况。基准点高程联测情况如表 2-6 所示。

表 2-6 基准点高程联测成果汇总表 (单位：m)

日期＼高程	BM4	BM3	BM2	日期＼高程	BM4	BM3	BM2	BM1
2009-01-12	4.000 00	4.125 78	4.569 43	2009-08-10	4.001 02	4.127 54	4.569 02	—
2009-02-10	4.000 00	4.125 63	4.569 34	2009-09-10	4.000 88	4.124 36	4.568 78	—
2009-03-11	4.000 00	4.125 82	4.569 38	2009-10-11	4.000 64	4.123 85	4.568 56	—
2009-04-10	4.000 33	4.127 44	4.569 43	2009-11-10	4.000 60	4.123 85	4.568 40	4.035 84
2009-05-10	4.000 73	4.128 33	4.569 43	2009-12-10	4.000 52	4.123 85	4.568 36	4.035 90
2009-06-10	4.000 97	4.128 91	4.569 43	2010-01-10	4.000 78	4.123 85	—	4.035 84
2009-07-10	4.001 19	4.129 65	4.469 43					

从表 2-6 中可以看出，在整个监测过程中，各基准点高程值变化很小，稳定性较好，能满足监测工作需要。

3. 监测周期、频率及报警值

工程监测测试工作从 2008 年 12 月 2 日开始，至 2010 年 1 月 27 日结束，历时 14 个多月，由于工程基坑开挖采用逆作法施工，监测频率基本按表 2-7 实施。

表 2-7 基础工程施工监测频率

施工阶段	监测内容	监测频率
围护结构、加固施工阶段	管线、邻房	1 天 1 次
逆作法施工阶段	全测	1 天 1 次

监测频率根据现场施工工况及变形速率作相应调整。

本工程各监测内容的报警指标如表 2-8 所示。

表 2-8 基础工程施工监测报警值

序号	监测项目	速率(日变量)	累计值
1	邻近建筑物	≥±2 mm	≥±20 mm
2	管线垂直、水平位移	≥±2 mm	≥±10 mm
3	围护体顶部垂直和水平位移	≥±3 mm	30 mm
4	围护体深层水平位移	≥±3 mm	30 mm
5	坑外水位	−200 mm	≥−500 mm

在监测过程中，当监测数据达到或超过报警值时，第一时间通知各有关方面，随后发出书面报警通知单，以引起各方重视。

2.6.2 基坑施工信息化监测数据分析

1. 围护墙顶垂直及水平位移监测

基坑第一层土开挖 2.8 m，此时围护墙处于悬臂状态，墙顶往坑内位移；随顶板形成，在后道土开挖过程中墙顶因顶板支撑而往坑外位移，但总体量值不大。随着开挖深度的增加，墙体由于土体卸荷回弹的影响，墙体会向上位移一段距离。至开挖结束，南块基坑水平位移最大向坑外位移 6 mm；垂直位移最大为 5.2 mm；北块基坑水平位移最大向坑外位移 8 mm，垂直位移最大变化为 9.2 mm，变化曲线如图 2-39 所示。

分析可知：当项目的基坑开始开挖以后，土体的土压力平衡会被打破，因此在土压力的作用下，围护结构会向墙体内侧移动。同时在基坑土方开挖完成后，土体会隆起回弹，加固的桩基也会弹起。监测值符合基坑开挖对周边建筑的影响规律，同时南北地块基坑的墙顶最大水平位移均不超过规定预警值 30 mm。

2. 坑外水位监测

基坑内水位变化与地下水的补充以及围护结构的止水强度有关，在围护体没有渗流的情况下，地下水位会受降雨影响，在雨雪天气下，基坑内的地下水位会上升。

在开挖期间，基坑南面地下连续墙有渗水现象，加之基坑开挖之初连续降雨，初始水位较高，基坑水位最大变化量达到 480 mm，而后期处于干旱少雨季节，水位变化呈逐步平稳下降趋势，遇降雨天气偶有回升，但基坑水位总体呈下降趋势，降水速率稳定在 16 cm/d。坑内水位变化趋势如图 2-40 所示。

根据监测结果：在基坑开挖阶段，基坑内水位平稳下降，符合基坑降水要求，同时总降水变化量均小于监测预警值 500 mm，避免基坑降水对周边环境的影响。

3. 地墙位移测斜

在挖土完成后，分析墙体位移曲线可得出，位移最大值出现的点是在所处开挖面的 1～3 m 的范围内。测点 CX2 为墙顶的最大水平位移处，位移达 9.6 mm。墙体测斜管口位移普遍较小，这与围护顶的水平位移规律相同，监测数据很好地反应了逆作法施工对周边环境及围护体影响较小的特性。

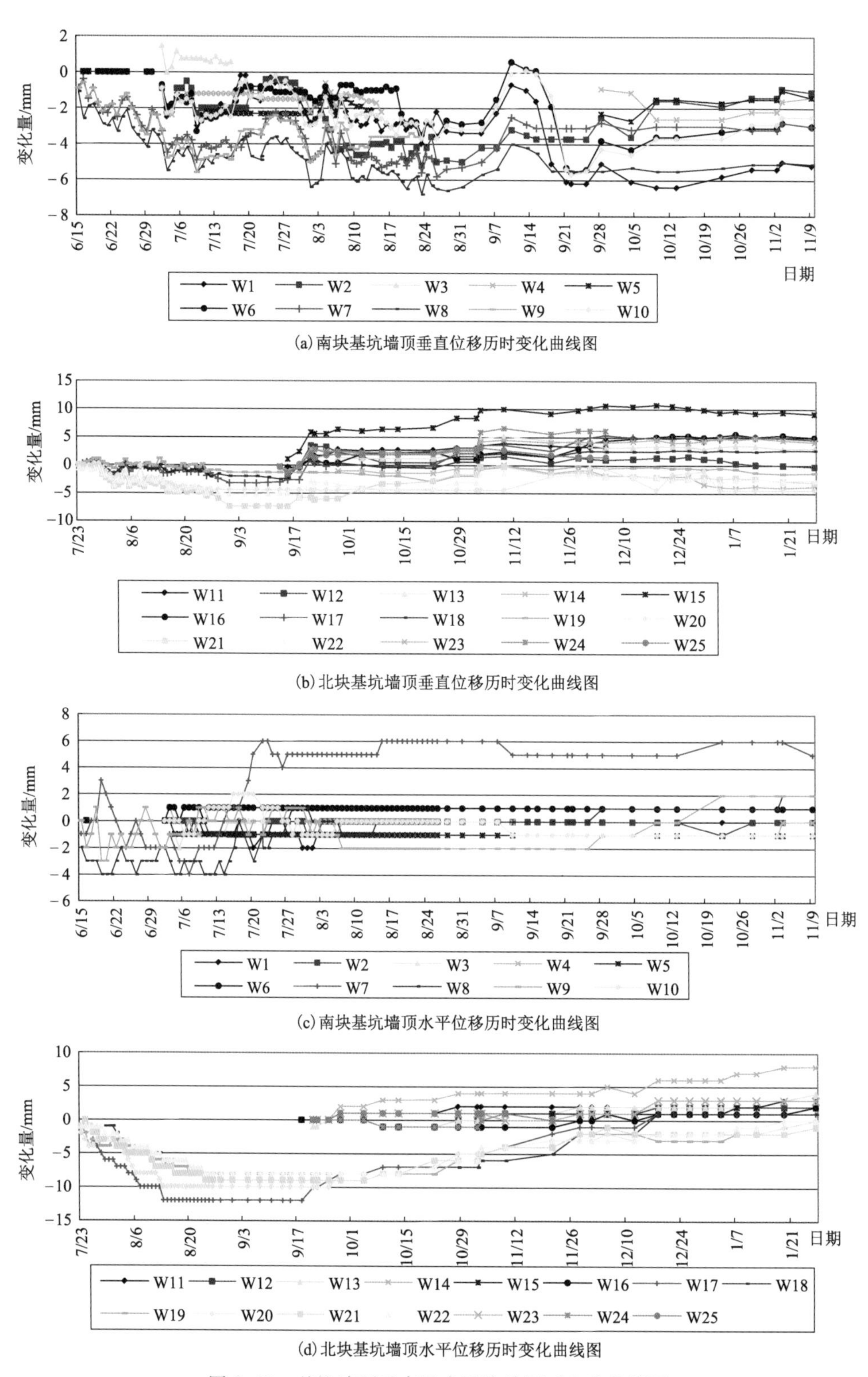

(a) 南块基坑墙顶垂直位移历时变化曲线图

(b) 北块基坑墙顶垂直位移历时变化曲线图

(c) 南块基坑墙顶水平位移历时变化曲线图

(d) 北块基坑墙顶水平位移历时变化曲线图

图 2-39　基坑墙顶垂直及水平位移历时变化曲线图

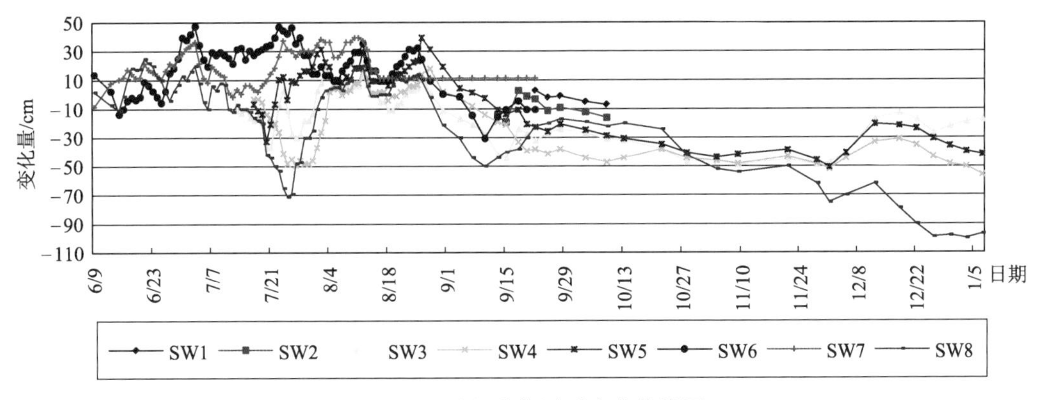

图 2-40 基坑水位历时变化曲线图

基坑开挖过程中随着深度的不断加深，墙后主动土压力在纵深方向也不断加大，导致墙体变形加大，位移曲线弧度逐渐增大，位移最大点逐渐下移。连续墙体最大水平位移发生在 1/2～3/4 基坑深度附近，而不是像顺作法发生在坑底以下。围护墙体测斜孔点最大位移基本都控制在 50 mm 内，满足设计要求。CX2 点位于基坑长边中点部位，累计位移最大值为 54 mm，这是长边效应和时空效应的缘故，符合基坑开挖的变形规律。

另外，监测数据也反映出墙体变形的大小与基坑开挖深度、开挖速度、单层土开挖厚度及地下连续墙处于无支撑的悬臂状态时间长短有关。因此在基坑开挖过程中，分段、分层开挖，开挖后及时形成支撑，对控制围护体变形起着至关重要的作用。各施工段墙体位移历时变化曲线如图 2-41 所示。

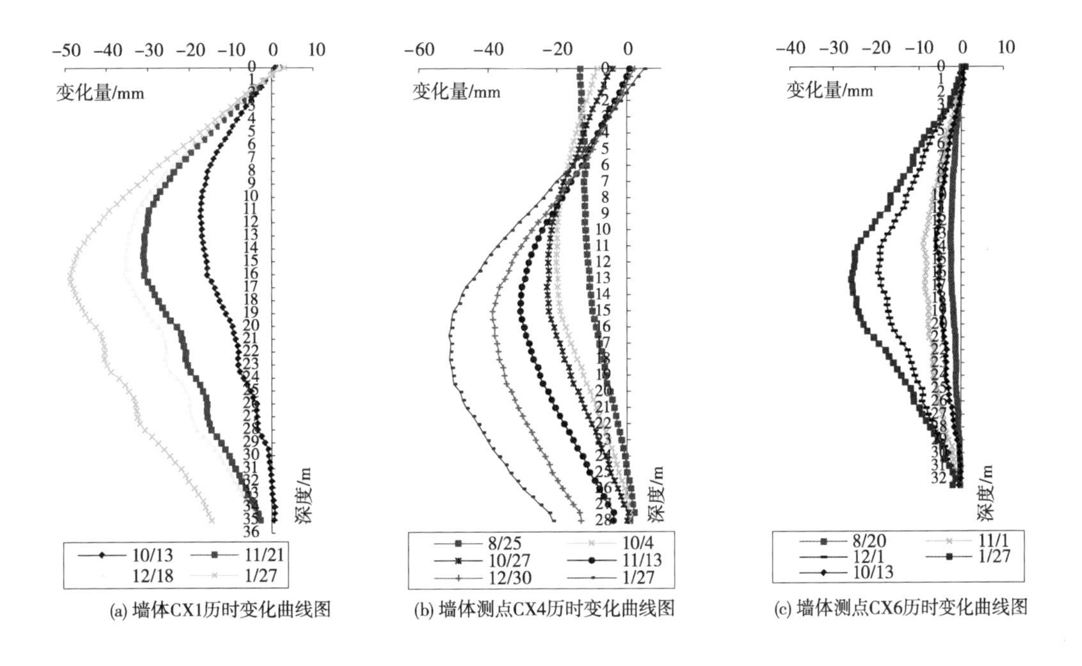

(a) 墙体CX1历时变化曲线图
(b) 墙体测点CX4历时变化曲线图
(c) 墙体测点CX6历时变化曲线图

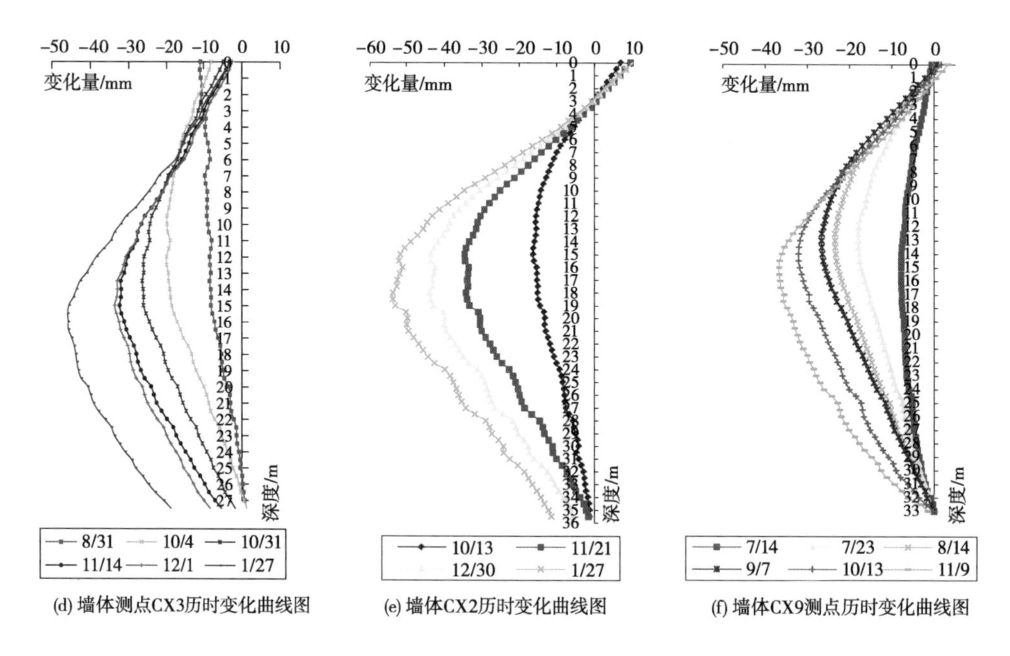

图 2-41　各施工阶段墙体位移变化曲线图

4. 立柱沉降监测

随着基坑内的土方开挖完成，坑底土体会出现回弹、隆起的现象，同时会带动坑底的立柱一起抬升。通过对立柱的竖向位移监测，可以间接了解坑底土体的回弹程度。由立柱的观测结果可知：至基坑开挖结束，立柱最大抬升值为 10.6 mm，最小抬升值为 2.3 mm，随着基坑开挖深度的增加，立柱抬升逐渐趋于一个稳定值。钢立柱大部分隆起累计值在 30 mm 内，未超报警值。立柱沉降历时变化曲线如图 2-42 所示。

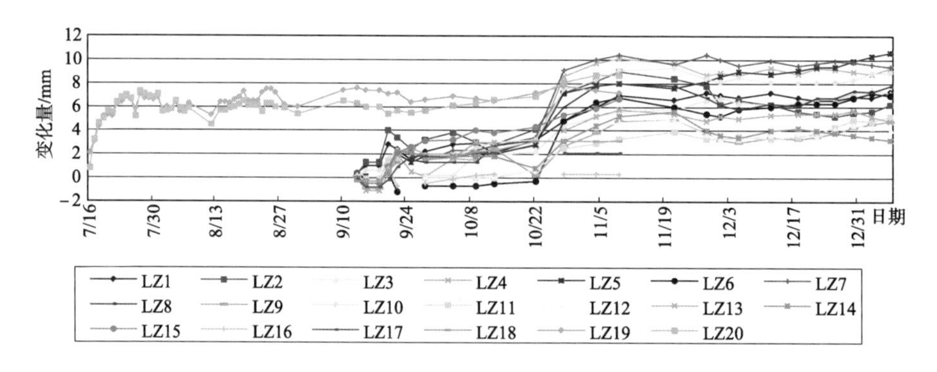

图 2-42　立柱沉降历时变化曲线图

5. 支撑轴力

从支撑轴力历时变化曲线图中可以看出：在下一层土方开挖时，上一道支撑的轴力明显增大至 2 000～3 000 kN。当下一道支撑形成后，轴力仍有所增加，但增大幅度较小。开挖结束底板浇筑后，支撑轴力维持在 3 000 kN 左右，后期波动比较小。基坑开挖过程中，测点 ZL2-4 处的轴力最大，为 3 350 kN，支撑最大轴力均小于设计值的 70%，满足设计规范要求。支撑轴力历时变化曲线如图 2-43 所示。

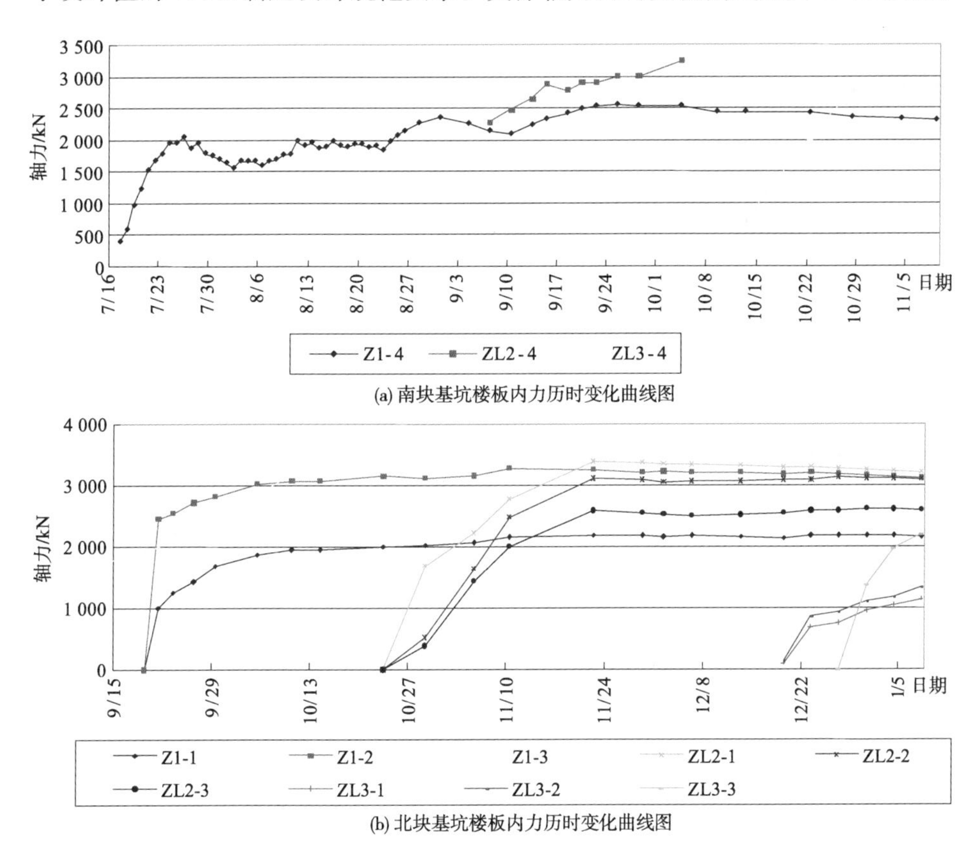

(a) 南块基坑楼板内力历时变化曲线图

(b) 北块基坑楼板内力历时变化曲线图

图 2-43 支撑轴力历时变化曲线图

分析可知：在基坑开挖过程中，随着深度的不断加深，支撑受力逐道加大，下层支撑承担的荷载逐渐超过上层支撑，表明围护体变形最大点逐渐下移，与测斜数据相符。而地下连续墙自身为一刚性整体，下部往基坑内位移时，则上部有向坑外位移的趋势，上部支撑略有松动现象，且上部支撑轴力有不同程度减小。

6. 周边建筑位移监测

在三轴搅拌桩施工阶段，距离施工区域较近的 1#—3# 楼变形都很明显(1# 楼最近处只有 3.2 m)，1# 楼在基坑开挖过程中变形出现沉降值报警，建筑最大沉降达 56 mm，建筑物结构未出现裂缝。2# 楼与 3# 楼在基坑开挖过程中也出现较为明显沉降，最大沉降为 32 mm，建筑物结构未出现裂缝。周边建筑位移历时曲线如图 2-44 所示。

在 1#—3# 楼出现较为明显的沉降后，业主、监理、总包等单位立即组织专家分析原因，采取保护措施，同时加强监测频率、跟踪变形趋势。在后期施工过程中，根据专家意见明确：

(1) 鉴于 1# 楼西侧中部楼层及屋面均需拆除复原历史原貌，因此建议提前拆除该部位结构主体；

（2）南块地下连续墙施工必须在1#楼1轴—3轴静压锚杆桩完成之后再开始；

（3）对施工过程中产生的影响采用分段控制，确保施工对建筑结构沉降变形的影响降至最低。后期开挖施工阶段各建筑物基础加固施工已完成，开挖采用逆作法施工。通过项目优化后，由监测数据可知：周边建筑在基坑施工后期变形相对较平稳，直至底板浇筑完成。

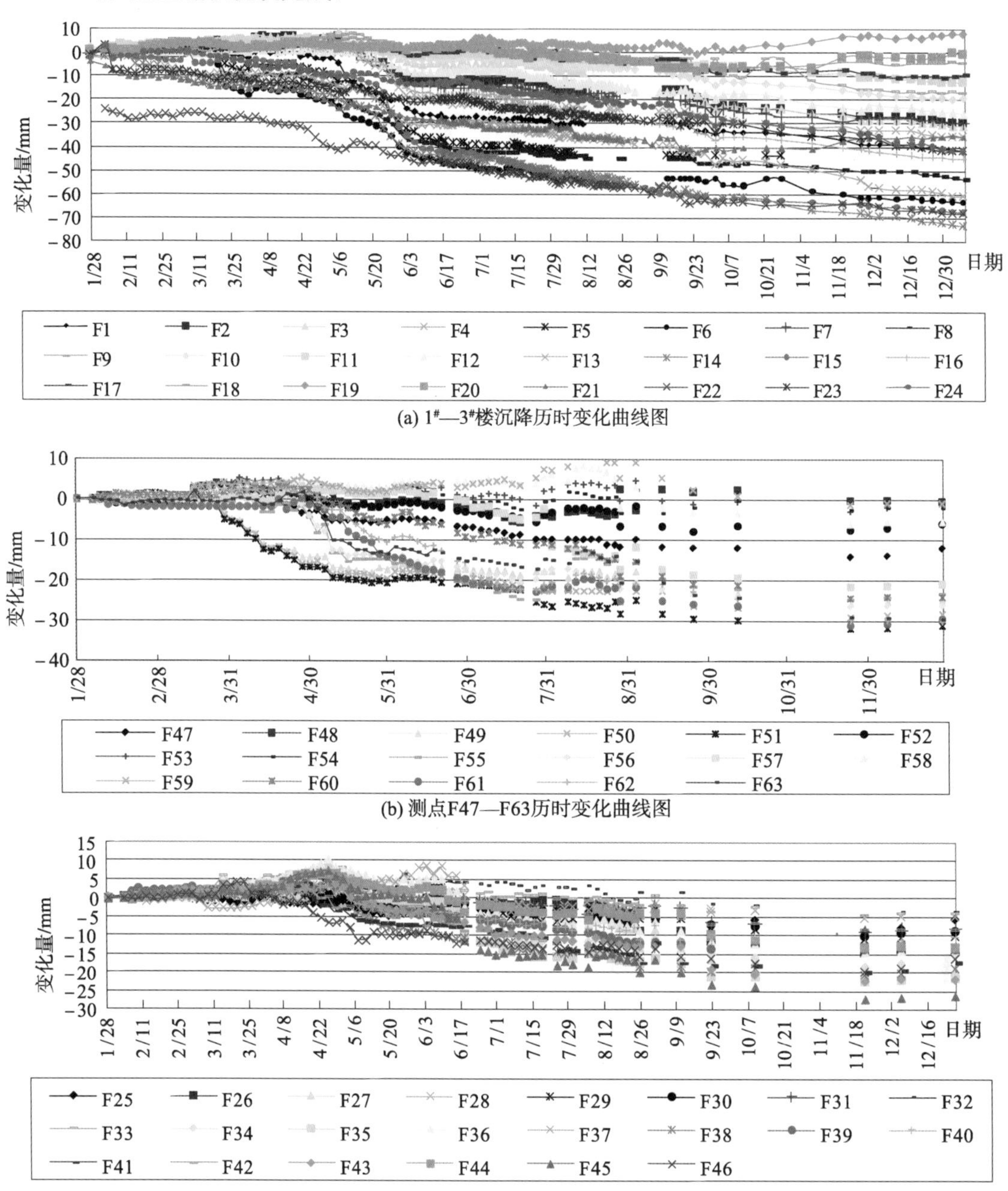

(a) 1#—3#楼沉降历时变化曲线图

(b) 测点F47—F63历时变化曲线图

(c) 测点F25—F46历时变化曲线图

图 2-44 周边建筑位移历时变化曲线图

2.7 焕然新生的外滩源 33 号

通过对外滩源 33 号历史建筑和保护区域的修缮，使得这几幢具有百余年历史的建筑实现了传承和演化发展，重新展现历史风貌（图 2-45），重塑了现代功能，并使人们能感受到其身上保留的历史印记。在保护建筑修缮工程中积累的经验填补了国内在该领域的空白，为以后类似的历史保护建筑改扩建提供了科学依据和实践经验。

图 2-45 外滩源 33 号鸟瞰

2.7.1 经济效益

1. 保留建筑绿色还原性修复技术

本次外墙还原性修复，打破了常规墙体表面简单的粉刷处理，注重查明材料类型、逆化的特点及程度，分析病害机理，为科学的保护提供了依据；延长了外墙的使用寿命达 50 年，从而避免了经常性的维修；降低了维修成本，并且保证了施工质量，取得了良好的经济效益。绿色还原性修复技术与传统修复技术效益对比如表 2-9 所示。

表 2-9 效益对比表

外墙修复技术	设计使用年限/年	修复预算	经济效益
传统外墙修复	50	50×50 万元/年＝250 万元	节省 135 万元
绿色还原性修复	50	100 万＋0.3 万×50 年（修缮）＝115 万元	

2. 地下空间开发技术

工程采用逆作法施工工艺，降低了施工对保留建筑、重要管线等周围环境的影响，实现了在紧邻历史保护建筑的狭隘空间增设地下空间的目的。在历史保护建筑的修建和开发过程中，古树保护与地下空间合理开发之间存在矛盾，项目团队提出管幕法施工技术，在完整保护古树的情况下在其下部成功地建造了一个连接通道连接两个地下室。与顺作法相比，减少 3 道临时钢筋混凝土支撑，同时节约了凿除支撑的人工费和机械台班费，保守估计采用逆作法施工为工程节约约 400 万元的建造成本，节省了工程投资。

2.7.2 社会效益

外滩源 33 号改造工程对承载着悠远历史文脉的原英国领事馆花园的传承、保护和复原。"重现历史珍宝"，修缮前现状杂乱的桥梁、建筑和停车场等让人们无法感受苏州河沿岸的美景，历史建筑的存在失去了其保护建筑意义。通过紧邻历史建筑的地下空间开发，"重塑消失的河岸"，赋予其地下空间的充分利用价值。同时更新了既有建筑的现代功能，重塑了地面的景观设计，从而让使用者感受到真实的风景与河岸带来的愉悦。

3 毗邻地铁区间的既有建筑地下空间开发——爱马仕之家

3.1 爱马仕之家改造背景

3.2 爱马仕之家改造方案及改造理念

3.3 历史建筑内部结构置换的"热水瓶换胆技术"

3.4 地铁隧道上方的历史建筑砖基础托换技术

3.5 临近地铁区间段的深基坑保护性建造技术

3.6 毗邻地铁区间段的历史建筑地下空间开发监测技术

3.7 改造后的爱马仕之家

3.1 爱马仕之家改造背景

3.1.1 风云变幻的法租界巡捕房

地处上海人民广场至黄陂南路地铁隧道上方的爱马仕之家是历史悠久而且保存完好的近代建筑，在中国近代史和建筑史上有着特殊地位，它的前身为法租界巡捕房(图 3-1)。法租界巡捕房于 1857 年设立，后改隶于公董局，改称警务处，先后在法租界设立了中央、小东门、麦兰、霞飞、贝当、福煦等 6 个分区巡捕房。爱马仕之家所在的淮海中路 235 号，正是当年的原霞飞路巡捕房，建筑保留了法国文艺复兴风

图 3-1　爱马仕之家所在地曾经的风貌(原法租界巡捕房)

格的典型外廊式建筑的风格,立面对称,清水红砖外墙,简洁典雅的圆拱门窗充分展现出时代的特质,各层均有列柱走廊,周围花饰细腻纤巧,起到画龙点睛的作用。抗战胜利后,这里成为上海市公安局嵩山分局所在地。1960 年,东风中学迁入此地。2014 年,经历了长达 6 年的改造和修缮,法国品牌爱马仕落户在此。

3.1.2 焕然一新的爱马仕之家

经过改造的爱马仕之家延续了法国文艺复兴建筑的历史韵味,同时又融入了现代奢华的元素。从外观看,别致的红砖外墙极具特色,街道两边梧桐成荫(图 3-2)。这里有故事、有历史、有气息,似乎与这个百年品牌特别契合,这也是爱马仕钟情淮海路的原因。顺着南面外墙向上望去,你会看到爱马仕的烟火骑士矗立在楼顶,双手高举旗帜仰面朝天。这尊雕像标志着继法国巴黎旗舰店之后,全球第五座"爱马仕之家"落户上海。爱马仕之家不仅外观特点明显,其内部设计也极具特色,空间开阔,令人舒适,其奢华的内饰和精湛的手工艺品令人回味无穷。爱马仕的传奇精神将依托这座由历史建筑打造而成的现代经典一直延续下去。

图 3-2 爱马仕之家外景

3.2 爱马仕之家改造方案及改造理念

3.2.1 爱马仕之家项目简介

爱马仕之家项目位于黄浦区淮海中路与嵩山路交叉口,地处繁华的淮海路商圈。地块上方并排有两栋历史保护建筑,其中一栋沿淮海中路、嵩山路口,地上 3 层,平面呈"L"形,为 A1。另一栋建筑沿淮海中路,地上 4 层,平面呈"H"形,为 A3。地铁 1 号线隧道在两栋建筑正下方约 13.5 m 处,整体位置见规划总平面图

(图 3-3)。A1，A3 均为砖木结构房屋，建于 1912 年。其中 A1 建筑面积约1 542.48 m²，位于地铁 1 号线正上方；A3 建筑面积约 2 864.35 m²。工程对这两栋历史建筑进行改造修缮，在 A1 与 A3 之间的广场场地以及 A3 局部原位下方新建两层地下室 A2，主要作为设备用房及商业储藏空间(图 3-4)。

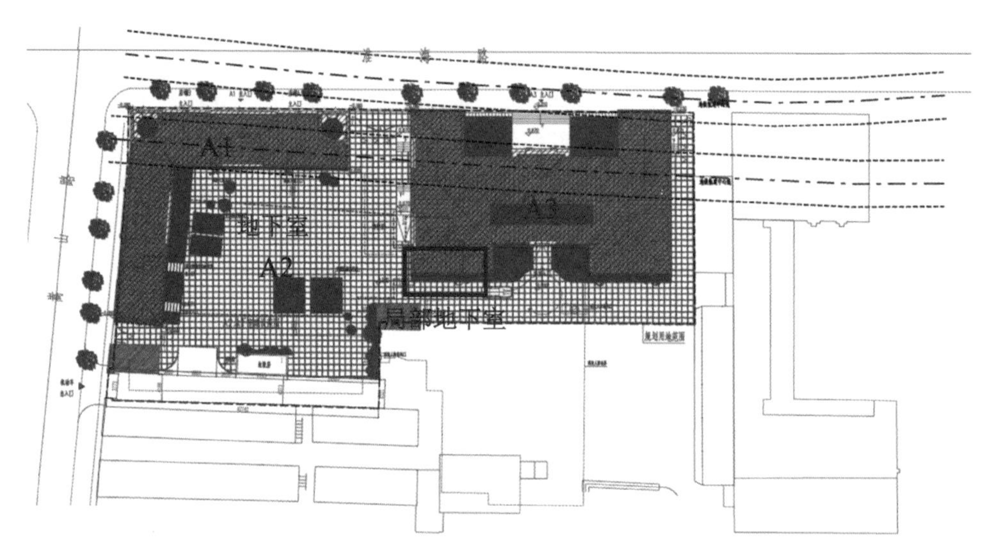

图 3-3　规划总平面图

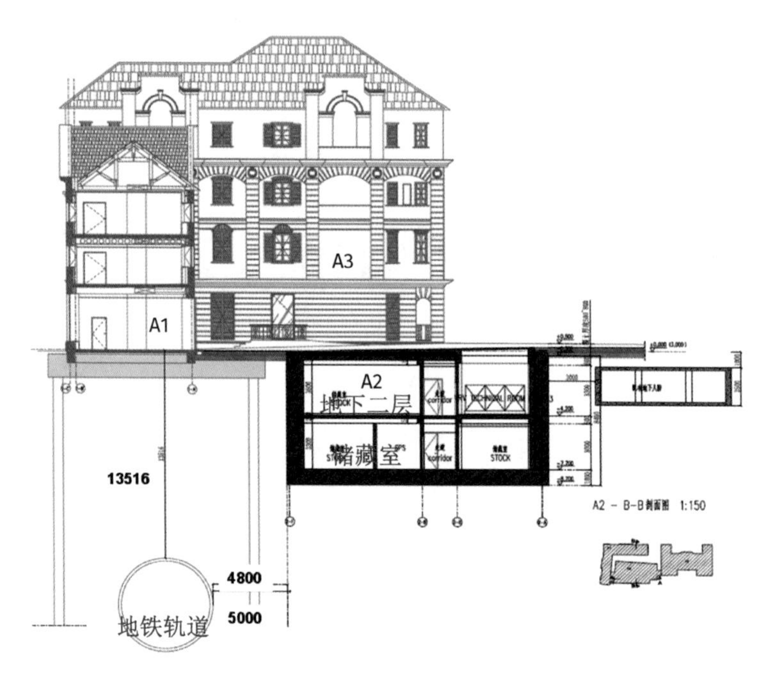

图 3-4　地铁和建筑关系(剖面)

图 3-5 爱马仕之家修缮前实况

3.2.2 项目改造理念

(1) 重塑历史,重现风貌

淮海中路的爱马仕之家是历史悠久、保存完好的近代建筑,是法国文艺复兴风格的典型外廊式建筑,在中国近代史和建筑史上有着特殊地位,它的前身为法租界巡捕房。在改造设计时,从建筑风格、内部格局、使用功能及装饰细部等各方面重塑该座建筑的旧时风貌。

(2) 建筑原真修复,古典与现代完美融合

红砖水泥外墙和露台窗户,可鸟瞰法国梧桐成荫的街道。除了地理位置和历史内涵之外,建筑的"H"形双朝向也呼应了爱马仕的标志。爱马仕之家在修缮时对红砖外墙进行原真式修复,内部进行大空间的结构置换,在保留原有建筑外墙风格的同时又融入爱马仕品牌优雅奢华的现代元素,实现古典与现代的完美融合。

(3) 传承历史文脉,拓展建筑功能

项目通过增设地下室,使原有的历史建筑的功能得到扩展,赋予其新的时代意义,同时原有建筑的外观风貌得以保存。整个历史建筑的改造修缮秉承了爱马仕对于完美品质的坚持与尊崇,无论是建筑的一砖一瓦,或是丛林的一花一草,均由巧匠们运用精湛的技艺打造而成。

3.2.3 项目改造方案

1. 建筑设计方案

沿淮海中路与嵩山路的 A1 建筑，作为爱马仕上海旗舰店附属品牌店，其建筑共三层，总体呈“L”形。北面与西面直接面向商业街道，南面与东面与基地内的另一栋历史建筑 A3 楼围合出一个庭院空间，通过景观绿化设计后，可以提供舒适、自然的消费环境，提升历史建筑周边的景观环境。庭院空间的地下部分在充分考虑地铁安全的前提下新建两层地下室，主要为设备用房及商业储藏空间。从总体来看，建筑的总体设计不仅改善了其与周边街道的关系，同时又通过内庭院丰富了基地内部的景观环境。

结合爱马仕品牌精神，为了将所有的体验活动向客户开放，爱马仕 A1 楼的设计布局应保证其灵活流畅的总体功能，为客户提供一个舒适的购物体验空间，而这些体验活动本身也是服务内容的一部分。根据设计任务的要求，A1 楼底层主要改造为商店及消防安保控制室，2 层与 3 层将作为办公区域。在建筑的两端分设两部直通底层的楼梯，以满足各层的疏散要求。在底层为办公区设置独立的入口及门厅，并有垂直电梯直通上层。建筑的各层设置有独立的卫生间。功能改造将在原有的内部空间轮廓下进行，并与立面的门窗处理保持一致。建筑总平面图如图 3-6 所示，改造后的建筑效果图如图 3-7 所示。

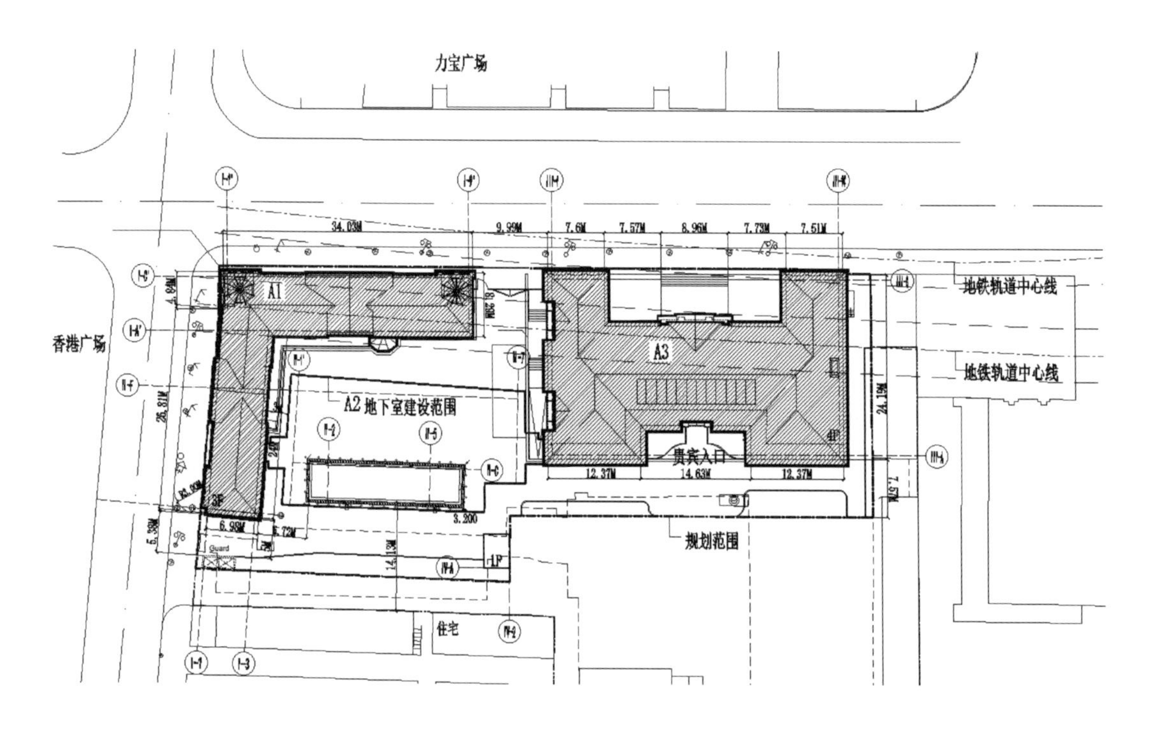

图 3-6　建筑总平面图

图 3-7 改造后建筑效果图

2. 结构设计方案

(1) 建筑结构改造方案

根据《上海市历史风貌区和优秀历史建筑保护条例》,A1, A3 建筑保护要求为三类。根据建筑使用和承载力要求,对结构进行调整和加固:

① 保留外墙,并对外墙进行承载力加固。历史建筑由于年代久远,外墙受到不同程度的损坏,为保证结构的正常使用并保留历史建筑原有风貌,对结构外墙以及部分承载力不够的构件进行加固,以满足竖向荷载作用下的安全性要求。采用在砖墙内侧附加钢丝网片聚酯砂浆结合层的方法,增加砖墙承载力及稳定性。

② 内部新建主体结构,以满足抗震承载力和构造要求。为满足建筑大空间要求,结构上满足抗震承载力和构造要求,仅保留建筑外墙,内部结构全部拆除,在内部重新建一钢框架结构,主结构自身荷重及外围保留砖墙体产生的侧向力由主结构承受,外墙仅作为建筑围护体系。自承重砌体结构与钢框架结构之间采用双向摩擦型高强螺栓+开长圆空连接板的柔性连接方式(图 3-8),在正常使用条件下不产生相对位移,地震作用时可以双向滑动,既保证外墙侧向稳定,又保证两个结构体系不传递竖向地震作用。

③ 拆除原有木屋架,由钢屋架替代,钢屋架置于剪力墙或联梁上。A1, A3 根据建筑保护要求,在保持建筑原有屋顶轮廓线的前提下,用钢屋架代替原有木屋架,并与钢框架可靠连接,满足抗震要求。保留两个原有穹顶,利用钢结构进行支承。保留原有瓦片,通过修缮更换保温材料和防水材料。

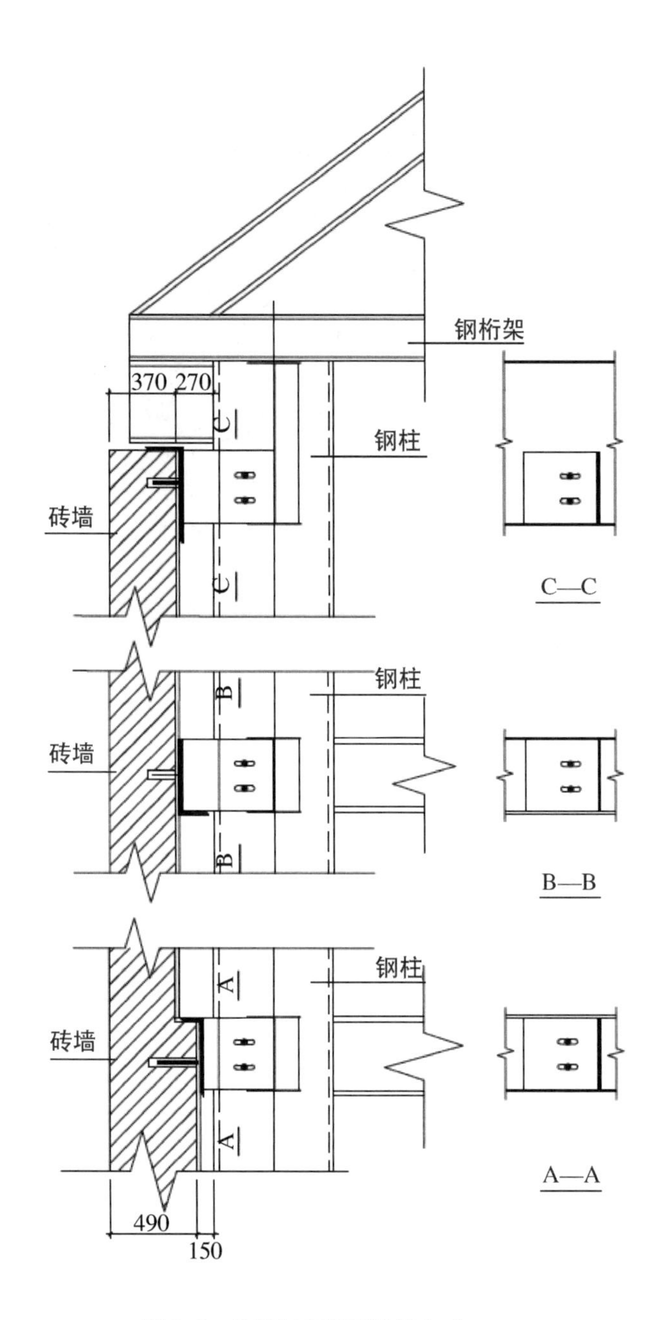

图 3-8 外墙与钢框架连接方式

(2) 新结构抗震设计

钢框架结构的抗震计算采用 PKPM 中 PMSAP 抗震计算程序计算。抗震设防类别为丙类;按上海类场地 IV 类进行抗震设防;设计基本地震加速度为 0.1g;特征周期为 0.9 s;根据《建筑抗震设计规范》规定,剪力墙抗震等级为三级。计算模型如图 3-9 所示,计算结果汇总见表 3-1。

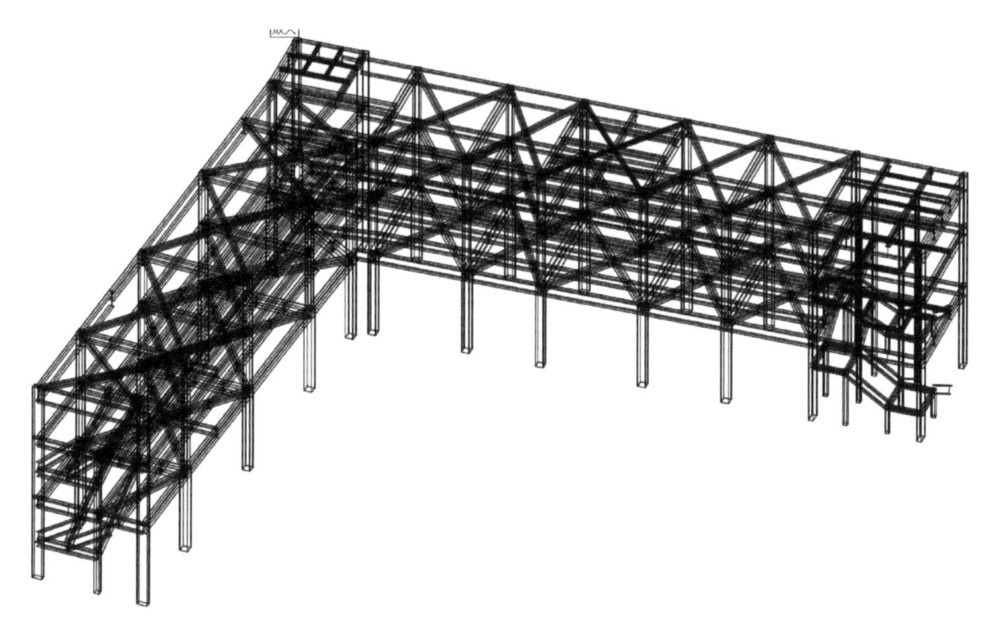

图 3-9 钢框架抗震计算模型

表 3-1 上部结构计算结果汇总表

建筑单体	A1	A3
周期折减	0.6	0.6
第一平动周期/s	0.196 0	0.331 0
第一转动周期/s	0.159 2	0.261 4
位移	1/3 253	1/2 407
位移比	1.45	1.27
结构质量(恒＋活)/t	第二层：485.7＋170.1 第三层：421.6＋175.1 屋面：264.4＋41.9	第二层：692.1＋308.1 第三层：651.9＋308.1 第四层：651.9＋453.3 屋面：437.1＋51.1
外围保留砖墙质量/t	1 376	2 276
总地震剪力/kN	1 776.81(X)　1 890.77(Y)	4 202.06(X)　3 758.11(Y)
地震总弯矩/(kN・m)	14 183.14(X) 15 160.04(Y)	49 291・43(X) 45 929.78(Y)
风荷载剪力/kN	359.5(X)　410.5(Y)	502.3(X)　835.1(Y)

(3) 自承重砌体结构位移计算

考虑到结构实际情况，计算自承重砌体结构地震位移时，考虑耦联及双向地震影响；楼板开洞，平面内外刚度均取 0。最大位移计算结果与钢框架结构相比，结果如表 3-2 所示，由位移计算结果可知满足规范要求。

表 3-2　　自承重砌体结构与钢框架结构对比

层数	项目	自承重砌体结构	钢框架结构
1层	节点最大位移/mm	X：1.20　Y：1.29	X：2.52　Y：2.46
	最大层间位移/mm	X：1.20　Y：1.29	X：2.52　Y：2.46
	最大层间位移角	X：1/3579　Y：1/3321	X：1/1704　Y：1/1745
2层	节点最大位移/mm	X：3.32　Y：3.62	X：4.57　Y：4.41
	最大层间位移/mm	X：2.12　Y：2.33	X：2.19　Y：1.95
	最大层间位移角	X：1/1 497　Y：1/1 364	X：1/1 452　Y：1/1 629
3层	节点最大位移/mm	X：5.58　Y：6.12	X：5.69　Y：5.59
	最大层间位移/mm	X：2.28　Y：2.52	X：1.47　Y：1.40
	最大层间位移角	X：1/1 217　Y：1/1 098	X：1/1 886　Y：1/1 974

由表 3-2 可知，自承重砌体结构与钢框架结构刚度接近。另外，原外墙较厚，又增加框架柱、圈梁和聚合物砂浆加固，侧向刚度还将有所增大。因此，为避免钢结构地震作用传递到外墙，同时又保证墙体侧向稳定，自承重砌体结构与钢框架结构之间使用柔性连接。

3. 地下结构及围护设计方案

（1）A2 地下室结构方案

A2 建筑为新建的地下两层混凝土结构，为辅助设备区域。为了在开挖基坑施工中保护 A1，A3 建筑物地基及邻近的地铁线路，在地下建筑外围设置钢筋混凝土地下连续墙。为防止地下建筑浮起，在地下室底板中部柱下设置钢筋混凝土灌注桩抗拔，地下室外墙处底板同钢筋混凝土地下连续墙连通，充分利用钢筋混凝土地下连续墙的抗拔能力。地下建筑主体结构外围为钢筋混凝土墙板，内部为便于安装设备及保持建筑物功能的灵活性，采用钢筋混凝土框架结构。

（2）围护设计方案

A2 新增地下室开挖面积为 440 m^2，周长为 91.3 m，普遍开挖深度为 9 m，局部区域为 10.4 m。A3 内西南角局部进行原位地下空间开发，与 A2 连通，基坑开挖深度为 5.1 m。基坑北侧约 4.8 m 处即为地铁 1 号线区间隧道，保护要求较高。设计时采用地下连续墙两墙合一顺作法方案，同时采取了以下保护措施：

(a) 采用 800 mm 厚地下连续墙作为围护挡土结构，刚度较大，墙底埋深为 22.1 m，有利于控制围护结构变形，进而保护地铁区间隧道的安全。

(b) 地下连续墙两侧采用单排 Φ850@600 三轴水泥搅拌桩槽壁加固，水泥掺量为 30%，避免在地下连续墙槽段施工过程中对地铁区间隧道产生不利影响。

(c) 地下连续墙在临近地铁区间隧道侧减小槽段划分的长度，进一步减小地下连续墙施工过程中对地铁区间隧道的影响。

(d) 在基坑内侧设置了 Φ850@600 三轴水泥搅拌桩满堂加固，增强被动区土体强度，提高被动区土体抵抗变形能力，最大限度地减小基坑开挖产生的变形，保护地铁区间隧道安全。

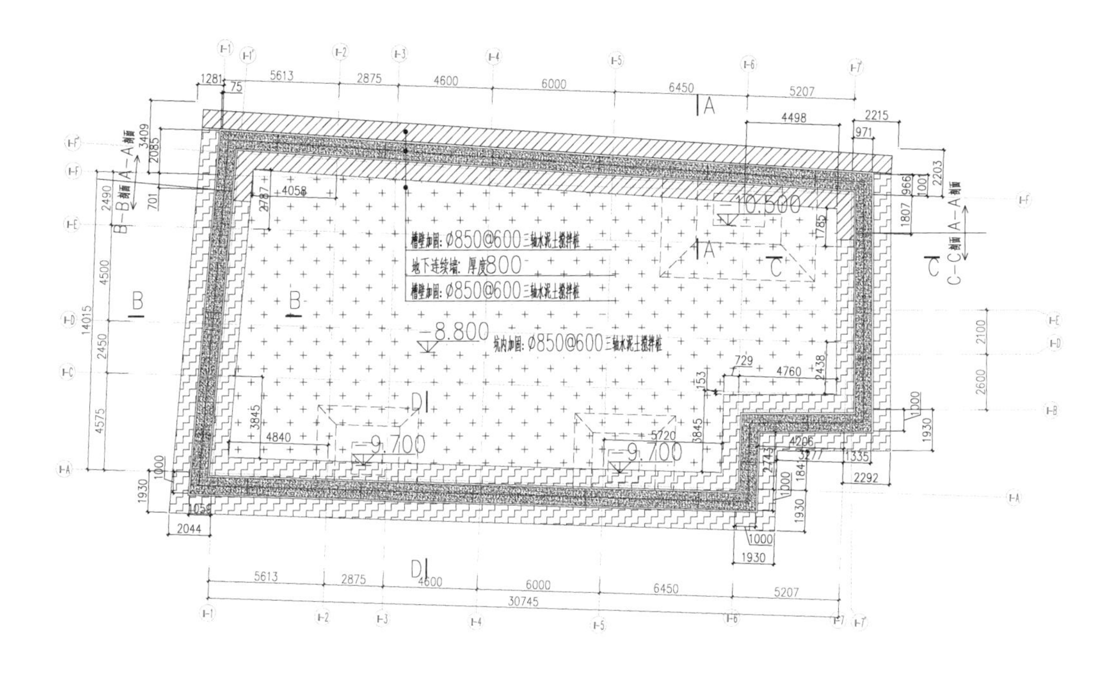

图 3-10 基坑围护平面图

(3) 基坑开挖变形分析

采用有限元方法对不同施工工况下基坑周边的变形情况进行分析。基坑开挖的数值分析采用有限元分析软件 PLAXIS2D 按平面应变连续介质有限元方法进行计算,针对地下连续墙施工、灌注桩施工、三轴搅拌桩加固、土方开挖和混凝土支撑施工等基坑施工全过程进行分析。

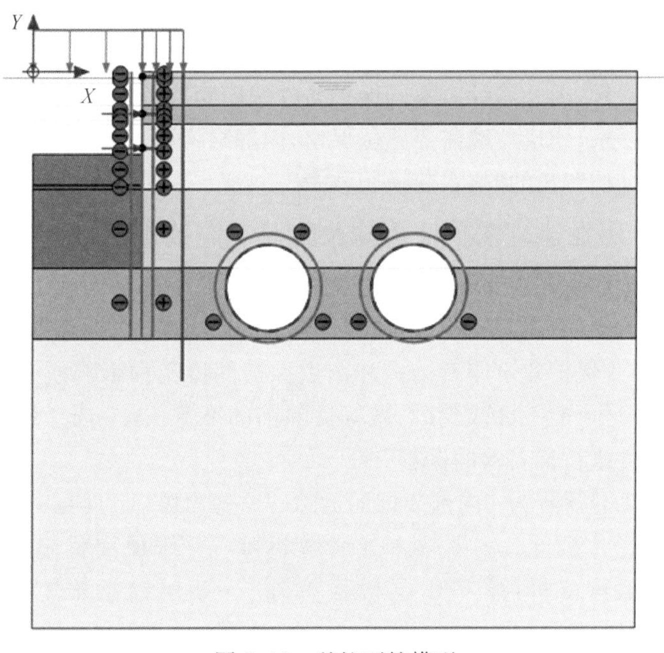

图 3-11 基坑开挖模型

基坑开挖分析主要结果如图 3-12 所示。基坑普遍开挖深度为 9.1 m，基坑开挖至坑底时，地下连续墙的最大侧向位移为 4 mm（向基坑内侧），地铁隧道的最大竖向位移为 1.2 mm（沉降）。由此可见，基坑设计方案对基坑周边及地铁的影响较小。

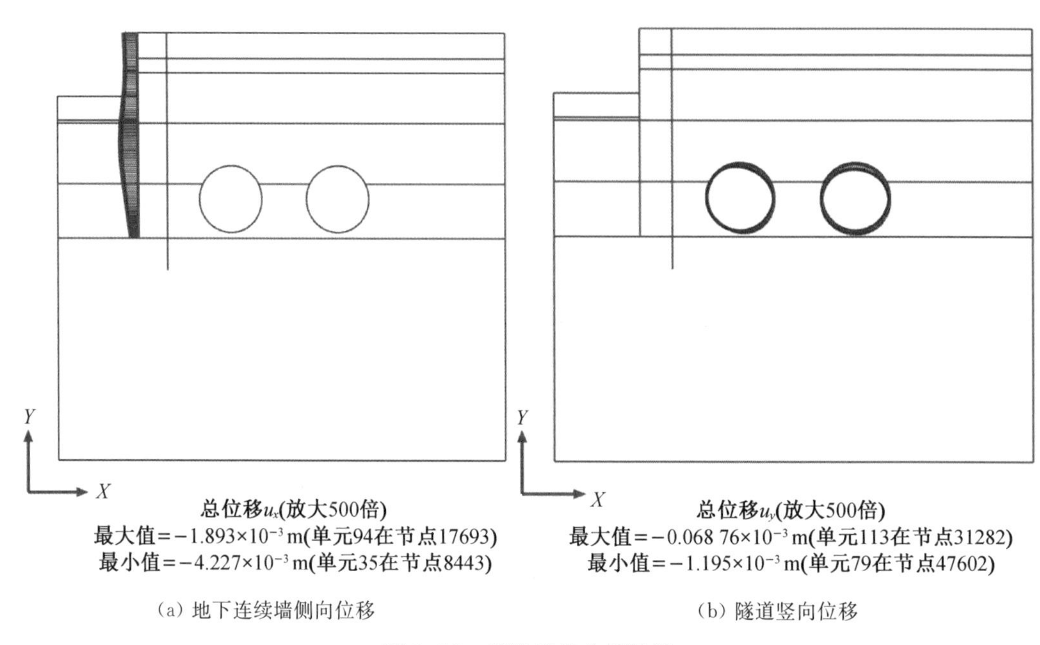

(a) 地下连续墙侧向位移　　(b) 隧道竖向位移

图 3-12　基坑开挖分析结果

3.3　历史建筑内部结构置换的"热水瓶换胆技术"

大部分历史建筑都面临着自身结构无法满足现行建筑规范的要求，需要对其进行结构加固和改造。在不同部位保护等级和使用功能要求下，加固方案和技术特点具有显著的差异，因此需针对不同保护条件采用相应的设计和施工工艺。依据本项目建筑保护要求，建筑外墙需要原位保留，内部结构可以拆除重建，因此需要采用历史建筑内部结构置换的"热水瓶换胆技术"。

3.3.1　历史建筑保护性拆除及临时加固技术

由于历史建筑保护要求高，为避免基础托换及下部结构施工过程中结构自身构件对结构造成损伤，需对结构进行临时性拆除和加固。在拆除前和拆除中必须采取有效措施，防止保护建筑原有结构和重点保护部位受到影响或造成新的损坏，保护性拆除做到"尽可能不拆或少拆、做好拆除前的准备工作、选择最适宜的拆除方法、对拆下的构件进行最妥善的保管"。

拆除施工总流程为：内部装饰面拆除——剪力墙（1～4 层）及圈梁（1～3 层）施工——屋顶瓦片拆除——屋架木龙骨等拆除——压顶圈梁施工——临时钢梁加固——4 层承重墙拆除——4 层楼板拆除——3 层钢梁施工——3 层承重墙拆

除——3层楼板拆除——2层钢梁施工——2层承重墙拆除——2层楼板拆除——1层承重墙部分拆除——室内桩基施工——1层钢梁施工——1层剩余承重墙拆除。

1. 屋顶山墙加固

A3楼由于屋顶拆除后北侧山墙出现偏心状态，为了防止山墙向一侧倾倒，需对北侧山墙进行加固。首先，A3楼四层北侧需进行圈梁施工，为保证正常施工，需对与山墙位置连接的两段墙体进行部分开洞，同时保留圈梁以下老墙，使其与山墙为一整体，具有一定的拉结力，开洞位置如图3-13所圈部分。其次，山墙内嵌入4块500 mm×300 mm×10 mm钢板，山墙南北侧各2块，用采用对拉螺栓进行连接，钢板与螺栓之间塞口焊。北侧一块嵌入外墙100 mm，南侧一块紧贴墙面，如图3-14所示。最后将屋架所需的型钢与此山墙南侧的两块钢板进行焊接，同时屋架钢檩条与型钢相连接，保证山墙与整体屋架的横向拉结力，如图3-15所示。

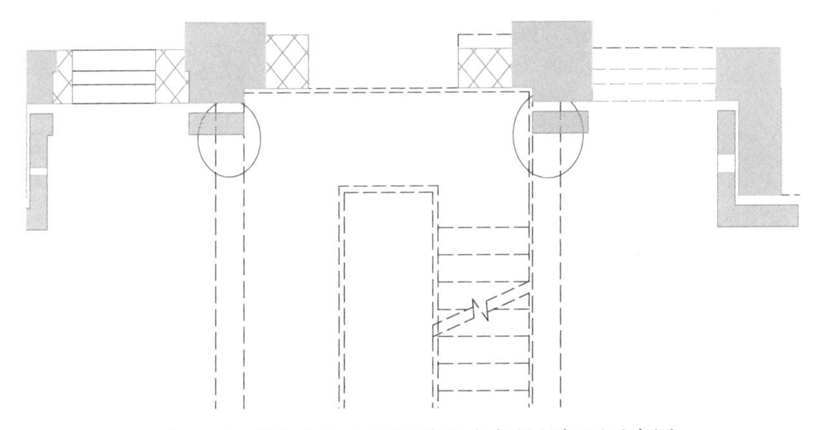

图3-13　开洞洞口垂直于楼板木龙骨的加固示意图

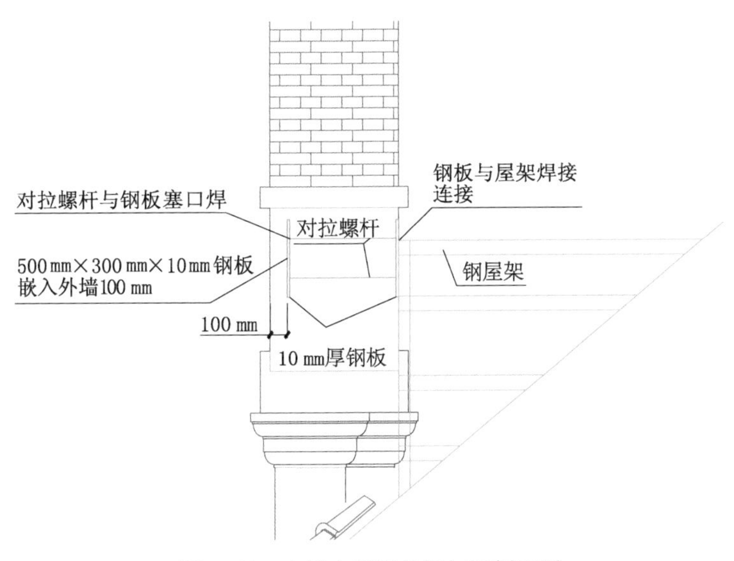

图3-14　山墙内钢板拉结加固剖面图

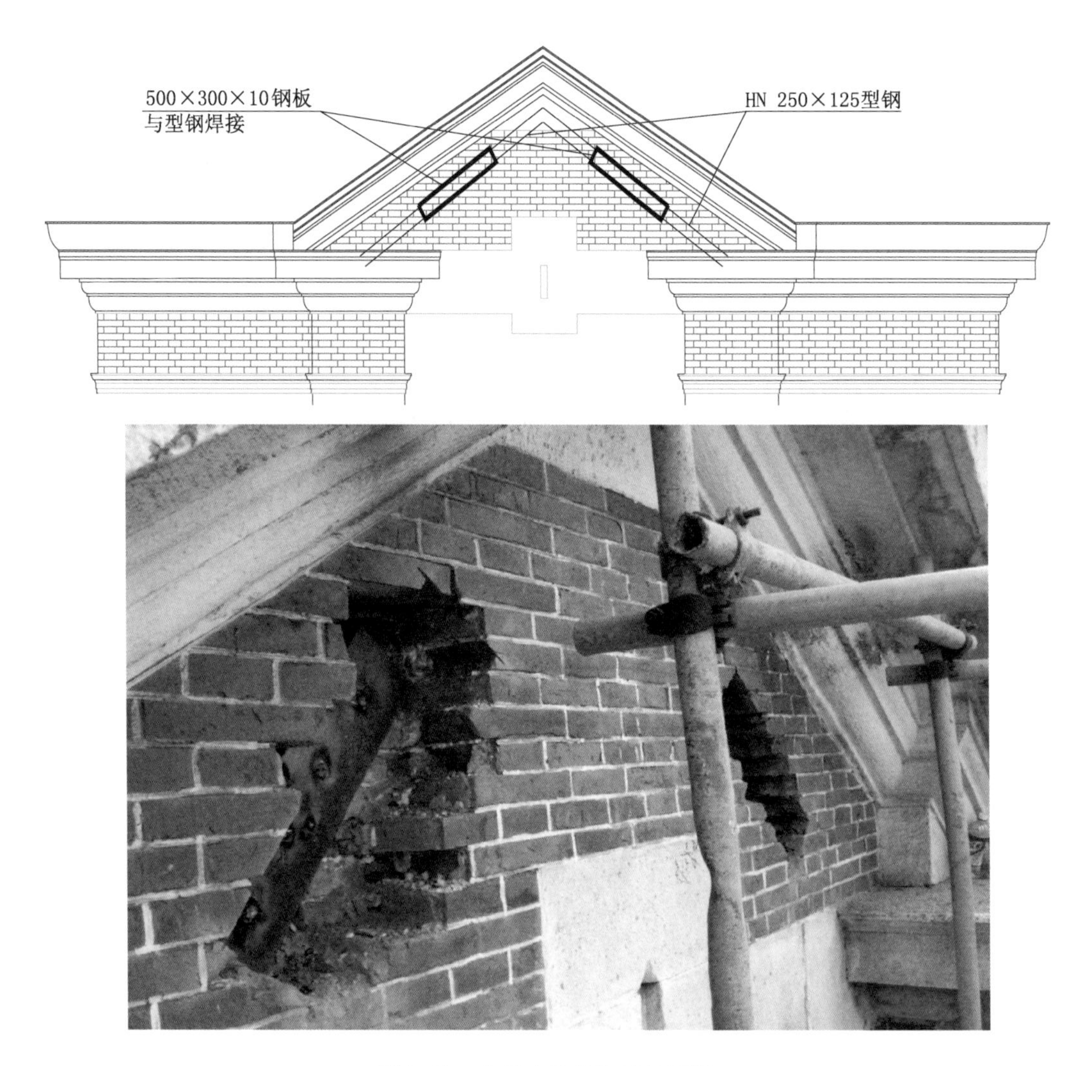

图 3-15　山墙内钢板拉结加固图

2. 老墙体与新墙体施工交界面的加固

新剪力墙施工时要对一部分影响其施工的老墙体进行拆除，为保证老墙体部分拆除后的安全性及稳定性，需对这部分老墙体进行临时加固。加固方法：在新浇剪力墙上预留埋件，然后一端通过预埋件焊接槽钢，另一端通过槽钢穿孔打入膨胀螺栓固定于老墙上，如图 3-16 所示。

3. 木龙骨拆除后的洞口加固

在剪力墙施工前，需预先在楼板相应位置根据老建筑楼板木龙骨走向进行开洞及加固处理。其加固分两种情况：

第一种是只拆除 1、2 根木龙骨，采用如图 3-7 所示的加固方法。

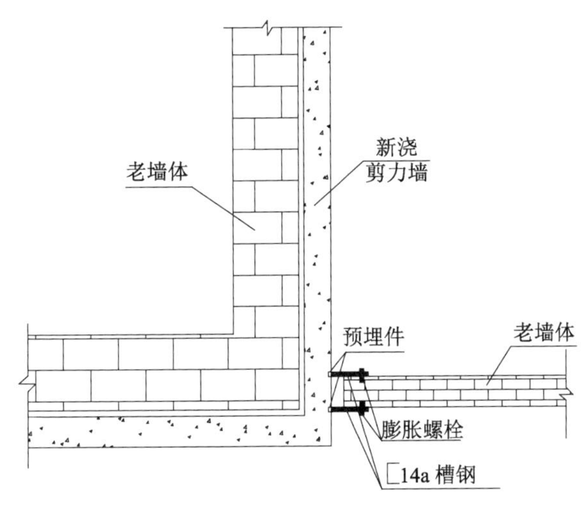

图 3-16 老墙体与新浇墙体加固平面图

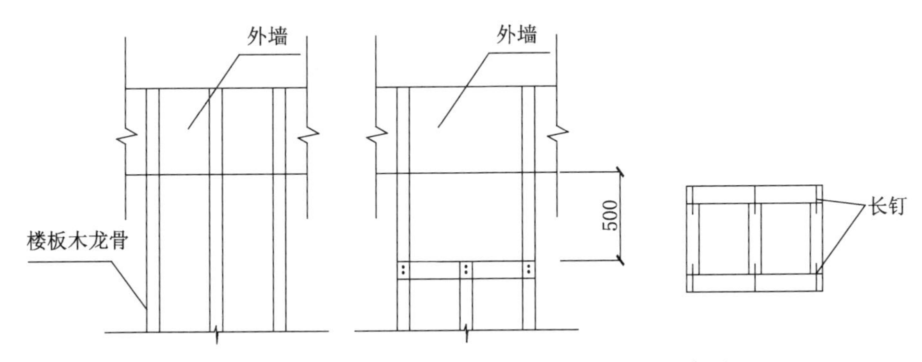

图 3-17 开洞洞口垂直于楼板木龙骨的加固示意图

第二种是拆除 3 根以上木龙骨，通常在其下部用排架顶住上部截断的木龙骨，防止因为一端下落导致砖墙一端的龙骨翘起而影响砖墙稳定性。

如果开洞洞口平行于楼板木龙骨时，则拆除阻碍开洞的木龙骨。

3.3.2 历史建筑内部结构永久加固技术

历史建筑由于原有功能丧失、设计用途改变，需要对其原本的内部结构进行改造。在爱马仕之家改造项目中，由于改造设计要求建筑具备大开间的室内风格，现存的内墙必须全部拆除。而这些砖墙多为承重墙，内墙及楼板拆除后外墙将存在极大的安全隐患，所以改造过程中受力体系转换非常重要。为了在原结构内墙及楼板拆除过程中保证结构的安全，采用以下方案进行拆除：

(1) 在楼板及内墙拆除前先紧贴着外墙内部施工一道 200 mm 厚的钢筋混凝土内衬墙，并且与老墙采用种筋方式紧密连接，使整个外墙与剪力墙成为一个整体。

(2) 拆除顺序为从上往下拆，每拆一层原结构，就在内衬墙上加设钢梁，钢梁在内部结构置换施工过程中充当临时支撑，同时也是新建永久结构的钢梁。内衬与钢梁组成的超静定结构保证了施工过程中历史建筑外墙的安全。

步骤 1：脚手架搭设和内胆加固

步骤 2：屋架置换

步骤 3：内部结构自上而下逐层拆除

步骤 4：自下而上施工楼板

步骤 5：自下而上施工内部墙体

步骤 6：屋盖施工和脚手架拆除

图 3-18　爱马仕之家内部结构置换流程

1. 内衬墙加固

由于爱马仕之家项目需拆空建筑内部楼板及墙体，只保留建筑物外立面，而保护建筑外墙已经不能满足施工及使用过程中的承载力要求，因此在保护建筑内侧增加了一幅内衬墙以提高历史建筑外墙的刚度及整体性。内胆剪力墙体系主要包括两部分,一部分是 40 mm 的聚合物砂浆,另一部分是 200 mm 的剪力墙,均与老墙通过种筋连接,如图 3-19 所示。

(1) 聚合物砂浆施工。墙体加固按设计要求采用钢筋网聚合物砂浆加固,兼顾历史建筑保护要求,在内侧进行单面加固。聚合物砂浆具体工艺流程:基层表面处理→刮糙→植筋→钢筋网绑扎固定→聚合物砂浆面层。

(2) 混凝土剪力墙施工。外墙钢筋混凝土剪力墙的模板采用单侧支模的方法进行,另一侧直接利用原建筑外墙或在外墙内安装一次性泡沫模板。在混凝土浇捣过程中产生的侧向压力均需要由原建筑外墙承担,因此钢筋混凝土剪力的一次性浇注高度受原建筑外墙实际强度制约。木板系统需要根据侧向力计算值来确定每次浇筑高度需根据老墙的抗侧向力能力确定。新浇混凝土侧压力计算公式为下式中的较小值:

$$\begin{cases} F = 0.22\,\gamma_c t\,\beta_1\,\beta_2\sqrt{V} \\ F = \gamma_c H \end{cases}$$

式中:γ_c ——混凝土的重力密度,取 24.000 kN/m³;

t ——新浇混凝土的初凝时间,无经验数据时取 $200/(T+15)$;

T ——混凝土的入模温度,取 20.0℃;

V ——混凝土的浇筑速率,取 2.500 m/h;

H ——混凝土侧压力计算位置处至新浇混凝土顶面总高度;

β_1 ——外加剂影响修正系数,取 1.000;

β_2 ——混凝土坍落度影响修正系数,取 0.850。

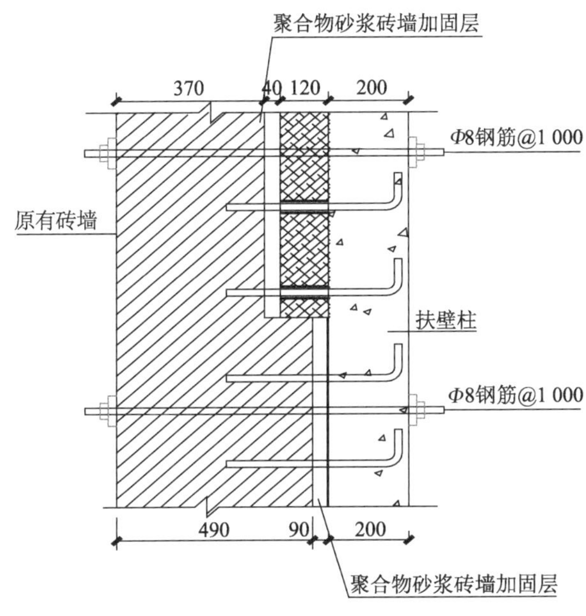

图 3-19 爱马仕之家保护建筑内衬墙

2. 柱芯加固工艺

由于改造后使用功能的需要，必须提高砖柱的承载能力，而为了满足历史建筑修旧如旧的原则，采取在砖柱内部增加劲性柱的方式来提高它的承载能力。为了保护原砖墙(柱)，采用小刀片静力切割的方法对外砖墙(柱)进行开槽。对于墙体切除影响原砖墙承重的部位，在开槽拆除之前先进行临时加固，如采用槽钢进行临时支撑，或先开槽施工一钢筋混凝土柱后再进行大面积拆除，开洞大的需要在洞口上方施工洞口过梁后再拆除下方墙体。

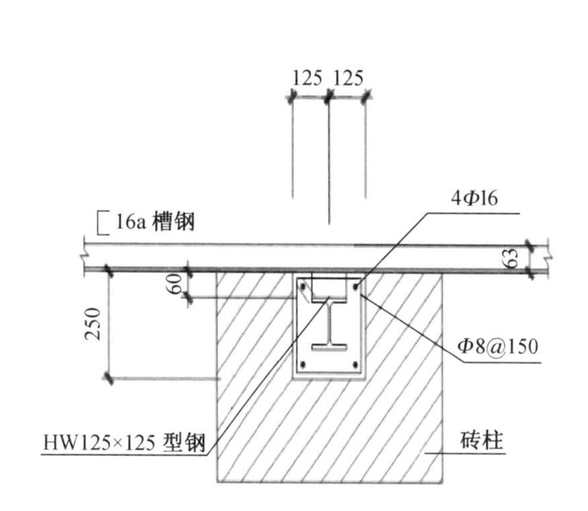

图 3-20 砖柱柱芯加固图

3. 钢梁加固

由于新老楼板在同一标高，如果先拆除老的楼板再施工新楼板则会造成历史建筑外墙在一段时间内处在无水平支撑状态。为了降低施工风险，节省施工成本，在新结构施工完成之前充分利用永久结构作为临时支撑。具体施工顺序为：首先施工钢筋混凝土内衬墙，当混凝土内衬达到强度后再从上到下依次拆除屋顶、各层楼板，每拆完一层就立即架设新结构钢梁，待全部钢梁完成便在爱马仕之家老墙内形成了类似内胆的一个混凝土钢结构框架体系。这样一来，在整个施工过程中，历史建筑无水平支撑的高度最多只有两层，这样就大大降低了施工过程中的风险，确保了历史建筑在整个施工过程中结构体系牢固可靠。

爱马仕之家项目采用蜂窝钢梁作为整个体系的支撑结构。蜂窝梁被广泛应用于工业厂房、体育馆、展览馆等大跨度结构中，它是工字钢或 H 型钢腹板上按一定的线形进行切割后错位重新焊接组合而形成的新型钢梁，其腹板上开孔形状一般为六边形或圆形，具有节省材料、便于铺设管道、平面内刚度大、自重轻、承载能力高等特点。

图 3-21 现场钢梁支撑图

3.4 地铁隧道上方的历史建筑砖基础托换技术

由于历史建筑大多为浅基础，其抗沉降性能较差，很容易受到周边基坑开挖的影响。为了减小地下空间施工对历史建筑的影响，需要对历史建筑的基础进行加固和托换，其主要思路为：通过桩以及地梁使房屋整体的荷载由浅层土转移到相对稳定的深层持力土层上，从而解决房屋由于基础不均匀沉降而造成墙体开裂、结构构件破坏的问题。

随着城市公共交通的不断发展，城市建筑物下方地铁的密度越来越大，而历史建筑往往建造在城市的中心地区，历史建筑基础托换不可避免地要在地铁隧道附近打桩。临近地铁的工程桩施工受制于地铁通行的要求以及地铁监测部门的限制而不能用常规施工工艺，因此需要采用先进的桩基施工工艺。

3.4.1 低净空、低扰动快速成桩技术

爱马仕之家项目中地铁从历史建筑正下方 13.5 m 处通过，为了避免桩基施工产生的挤土效应，基础托换采用钻孔灌注桩加地梁的形式。然而，在这种情况下选择钻孔灌注桩面临两个问题和难点：①临近地铁 1.5 m 范围内打桩，地铁运营和桩基施工之间将互相影响，地铁营运的震动可能导致桩孔坍孔，同时桩基施工产生的土体扰动也将对地铁隧道产生影响；②常规的钻孔灌注桩的桩架有一定的高度，难以在室内进行桩基施工。

针对以上钻孔灌注桩遇到的问题，提出以下解决方案：①选择合理的施工方式，在地铁夜间停运的 7 h 内完成工程桩的施工，从而解决地铁运营与桩基施工之间的互相影响问题；②对常规桩架进行改造，降低桩架的高度，从而让桩架能在室内施工。

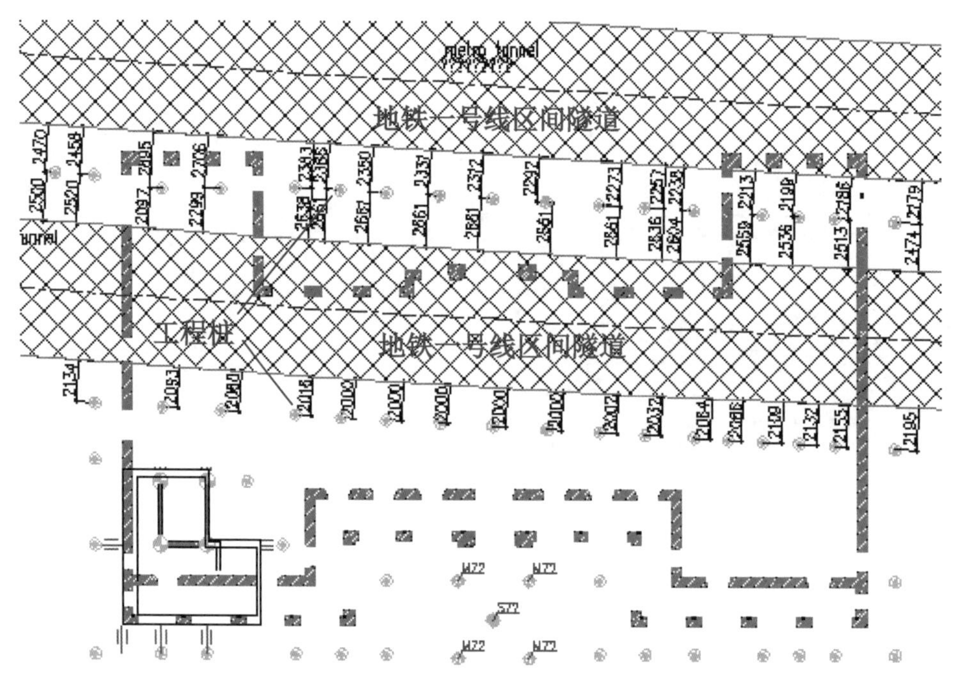

图 3-22　爱马仕之家项目桩位与地铁关系图

项目团队针对本项目的钻孔灌注桩提出两种常规施工工艺，主要有旋挖法和套管法，其优缺点见表 3-3。

表 3-3　成桩工艺优缺点

方案	优点	缺点
旋挖法	下钻提钻速度快； 垂直度通过电子监测元件控制，可直接读取	钻孔直径 1～3 m，桩径较小则难以施工； 机械要比普通桩架大，狭小场地难以展开
套管法	工艺较成熟，各个环节时间的控制有把握	施工时间较长，影响工期； 直径超过 600 mm 的护壁钢套管难以埋设，且造价较高

结合本项目的实际情况，以上两种施工方案都不适合。经过反复的试验和比选，采用新型泵吸反循环法，利用大功率泥浆泵吸走底部的残渣，加快成孔时排渣的速度。反循环桩机可改变高度，便于在室内打桩施工。实际操作时，还根据现场土质对钻头刀片、吸浆管坡口角度、泵管及动力装置进行了改良。

1. 泵吸反循环施工工艺

相比传统桩正循环施工工艺，反循环施工工艺单根桩能在 7 h 内完成（成孔、清孔、下放钢筋笼、二次清孔、浇筑混凝土至隧道中心标高以上）。其快速成孔技术主要通过对钻孔桩机钻杆类型、动力装置进行改造，增加切削成孔刀头切削桩孔的泥土量，采用泵吸反循环工艺直接抽取桩孔内泥块，达到每小时成孔 25 m 的施工速度。

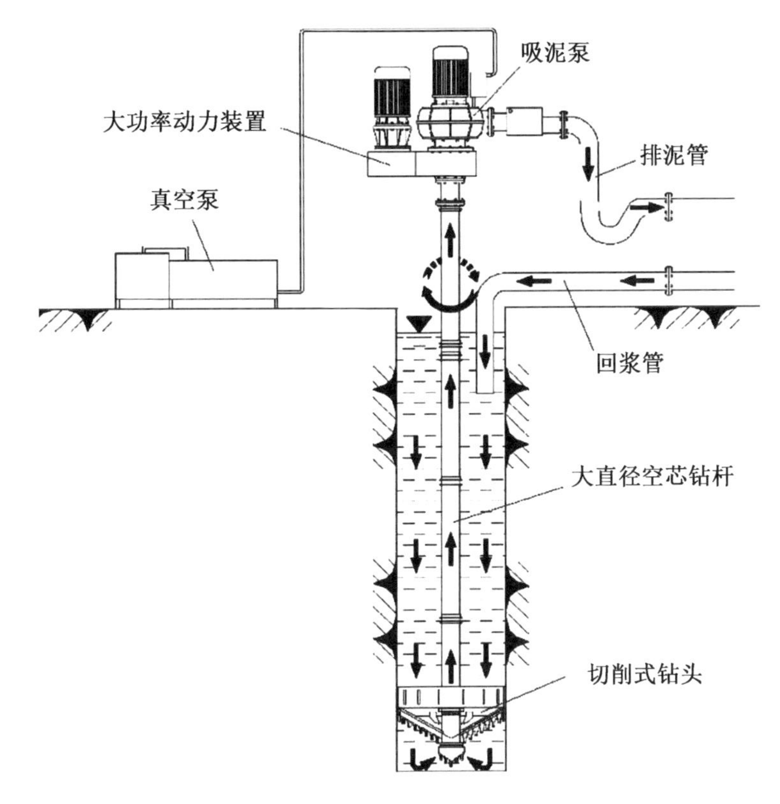

图 3-23 泵吸反循环法

(1) 试桩。为了保证临近地铁工程桩的施工安全，必须进行试桩，以验证施工方案可行。通过 3 根工程桩的试验，验证了本方案的可行性。在施工前，先对杂土层部分进行预钻孔并且清理土层中的石块，避免机器被石块卡住的情况发生；为了提高施工效率，可以采取加快钢筋笼下放速度、钢筋笼连接采用焊接、减少钢筋笼分节以及提前通知混凝土搅拌站等措施。

(2) 成孔质量。为了减小桩基施工对地铁的影响，需保证成孔的质量。除采用常规的施工措施外，针对各个土层制定相对应的措施，根据需要确定相应的泥浆指标：对于粉质黏土、淤泥质黏土层，采用轻压大泵量快速穿过；对于灰色粉质黏土层，由于其造浆性能好，可以造优质成孔泥浆，但由于本层易缩径，故应低速勤扫通过成孔；因局部地层自然造浆性能差，极易坍塌孔，应自行调配优质泥浆进行施工。

(3) 时间控制。地铁附近的桩基必须在地铁夜间停运期间施工，对成桩时间有严格的限制，因此应制定出详细、可行的分工序施工时间控制标准，见表 3-4。

表 3-4 单桩施工时间控制表

序号	工序	时间安排	时间
1	钻架就位	19:00—22:30	3.5 h
2	成孔	22:30—次日 1:00	2.5 h
3	提钻杆	1:15—2:00	1 h
4	下放钢筋笼	2:00—3:30	1.5 h
5	下放浇捣管并二次清孔	3:30—4:30	1 h
6	浇筑混凝土至钢护筒底面	4:30—6:30(地铁早高峰到来前完成)	0.5 h
7	混凝土继续浇筑至设计标高	6:30—8:30	0.5 h

注：如果 5:30 还未完成二次清孔，需立即用混凝土灌入钻孔，再另找合适的位置补桩。

(4) 成孔效果。桩基施工前，在距工程桩 2 m 左右布置测斜管，进行实时监测，数据表明此次桩基施工成孔效果良好，如图 3-24 所示。

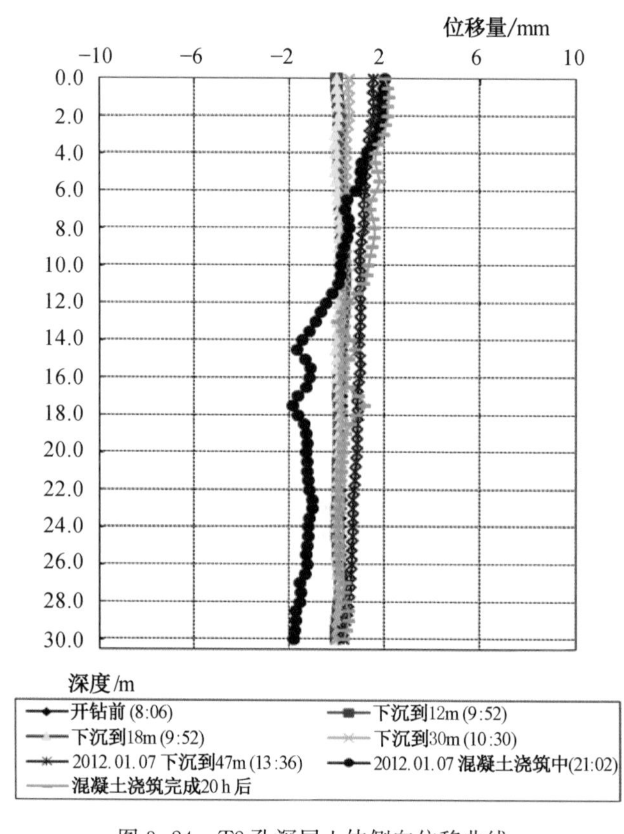

图 3-24 T2 孔深层土体侧向位移曲线

(5) 地铁隧道的影响。在桩基施工过程中，地铁监护公司对地铁隧道进行同步检测，如图 3-25 所示，地铁隧道的位移都保持在 1 mm 左右，在受控范围内。

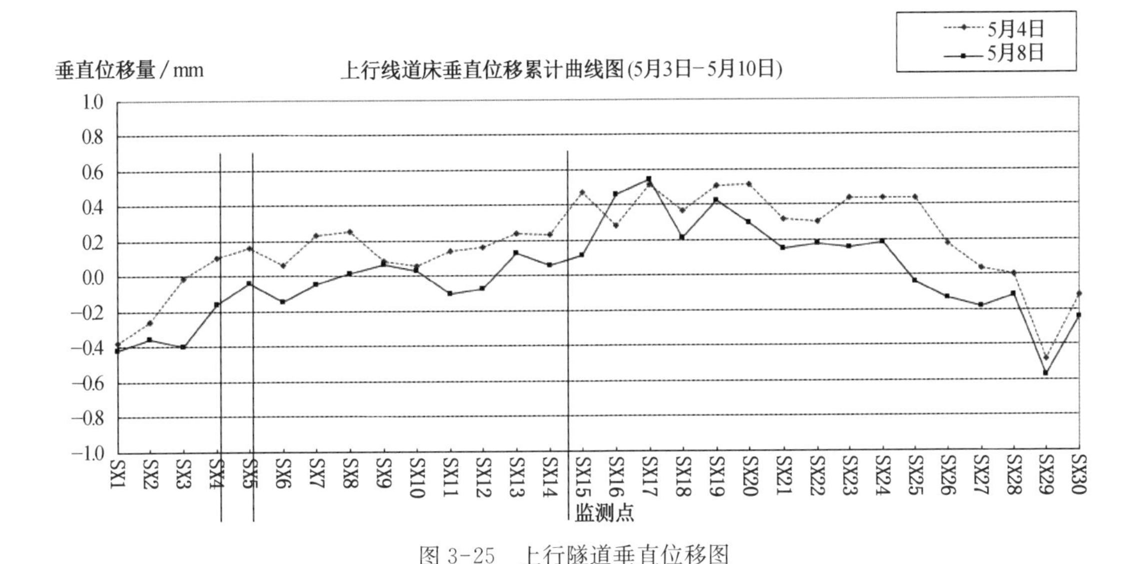

图 3-25　上行隧道垂直位移图

2. 低净空桩架设备

通过改造桩机配件，加快钻孔灌注桩施工速度。改造桩架高度，方便进入室内低净空环境。在室内净高高度在 7 m 以内施工中，受层高限制，为了方便桩架进入室内进行桩施工，特别对桩架的高度进行了改造，采用分节拆卸式桩架，通过将桩架一节一节地拆卸来改变桩架整体高度，满足现场室内 7 m 高度条件下的低净空桩基施工要求；在桩架底盘上增加液压装置来满足桩架在没有起吊设备的室内环境下进行安装，使桩架顺利进入室内并且能够正常施工(图 3-26)。

图 3-26　现场施工图

3.4.2 既有建筑的基础劲性托换技术

由于地铁 1 号线位于爱马仕之家项目历史建筑墙体的正下方，该位置无法施工工程桩，因此本项目的基础托换采用劲性托换技术，通过穿墙型钢提高穿墙梁的刚度，并以穿墙梁悬挑的形式，将历史建筑墙体的荷载传至邻近的托换桩。具体加固形式如图 3-27 所示。

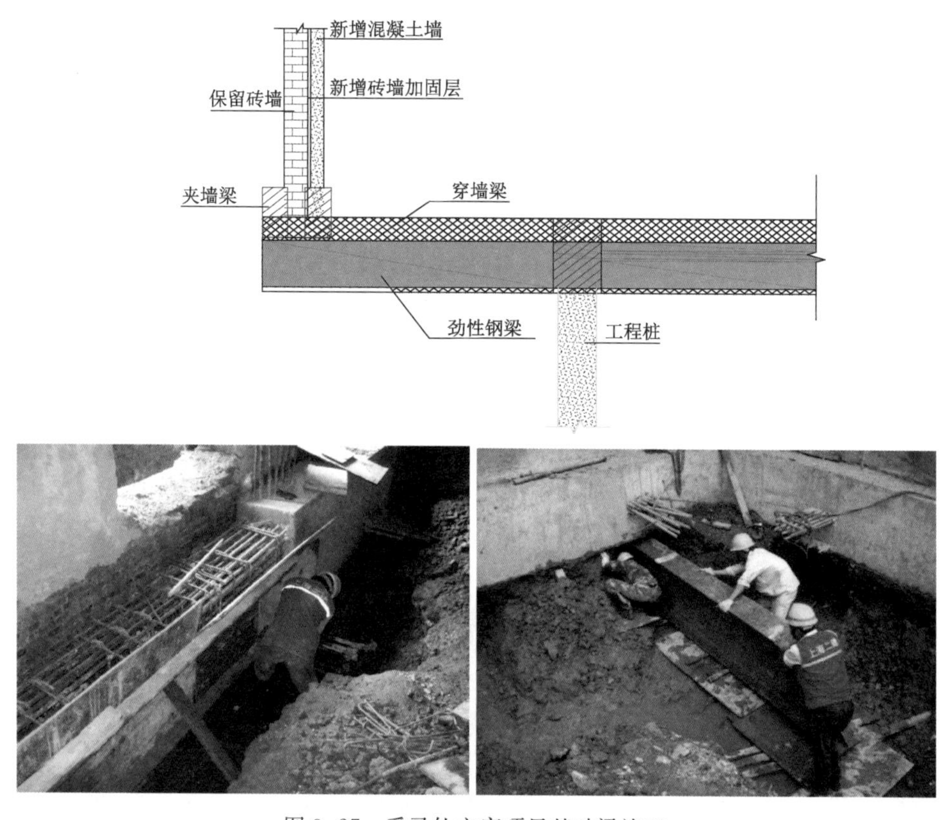

图 3-27 爱马仕之家项目基础梁施工

该项目基础加固由夹墙梁、穿墙梁、桩等组成。该体系的荷载传递路线为：历史建筑外墙→夹墙梁→穿墙梁→工程桩。由于历史保护建筑基础梁跨度较大，基础下开挖深度较深，而且不能降水，施工风险极大。为了降低风险，采取如下措施：

(1) 对建筑物基础下、地铁隧道上方的土体进行压密注浆土体加固，减小挖土放坡，减少挖土方量。

(2) 基础托换梁施工采用分段、分区施工的原则，每段长度控制在 6 m 以内，每段基础梁从开挖到混凝土浇筑完成时间控制在 6 h 内，避免一次性开挖过深、开挖范围过大对老建筑的整体稳定性产生不利影响。

(3) 对于不同梁交界处采用分层法施工，首先施工夹墙梁保证建筑整体性，减少不均匀沉降，待夹墙梁达到设计强度后再分段施工剩余的穿墙梁。同时开挖的基础梁相邻间距控制在 8 m 以上，减小叠加效应。

(4) 土方均匀堆放在基础梁两侧，堆高控制在 200 mm，进一步减小开挖的卸载效应。

1. 夹墙梁施工

夹墙梁截面为 500 mm×1 200 mm，400 mm×900 mm 两种，夹墙梁分段施工，分段长度在保证安全的前提下尽量保证施工达到最高的效率。夹墙梁分段图如图 3-28 所示。

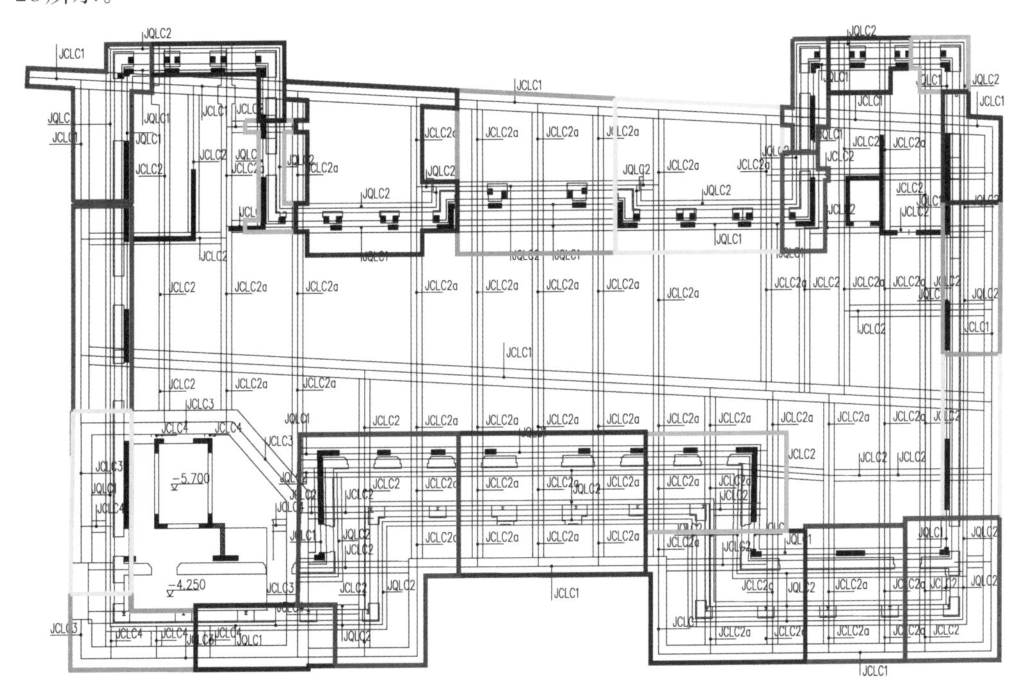

图 3-28　夹墙梁分段图

施工流程：挖土→墙体开洞→放置小穿墙梁型钢(或绑扎钢筋)→垫层施工→钢筋绑扎→模板砌筑→土体回填→浇筑混凝土。

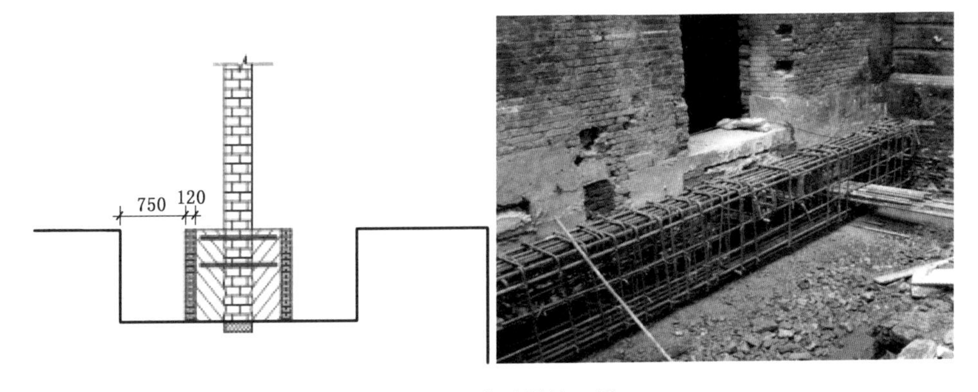

图 3-29　夹墙梁施工图

2. 穿墙梁施工

穿墙梁截面为 500 mm×1 400 mm，部分开挖深度超过了 2 m，且需要穿过 A3

的外墙基础，施工危险性非常高，一旦土体失稳将导致历史建筑失稳开裂甚至倒塌。因此，在基础梁施工之前对穿墙梁局域进行二次压密注浆土体加固，穿墙梁穿越承重墙时在两侧加固土体中插入型钢，控制承重墙两侧土体不塌方。

穿墙梁分段具体为：第一部分施工的穿墙梁是夹墙梁与穿墙梁交界处，这部分连同夹墙梁同时施工，穿墙梁中的型钢穿在夹墙梁底到穿墙梁底之间；第二部分穿墙梁为外墙以内 1 m 以外的穿墙梁，这部分穿墙梁在夹墙梁完成后施工，室内部分在室内桩基施工完毕后进行。

施工流程：压密注浆→墙体槽钢加固→土方开挖→墙体开洞→垫层施工→一侧砖模板砌筑→钢筋绑扎→另一侧模板砌筑→土体回填→浇筑混凝土。

图 3-30　穿墙梁施工图

3. 细部节点

(1) 梁与梁交接。由于要在穿墙梁底内插工字型钢，这给梁与梁交叉点钢筋绑扎施工带来了很大的困难。经过考虑，梁与梁交叉点做法为穿墙梁工字型钢开洞，夹墙梁主筋穿越。

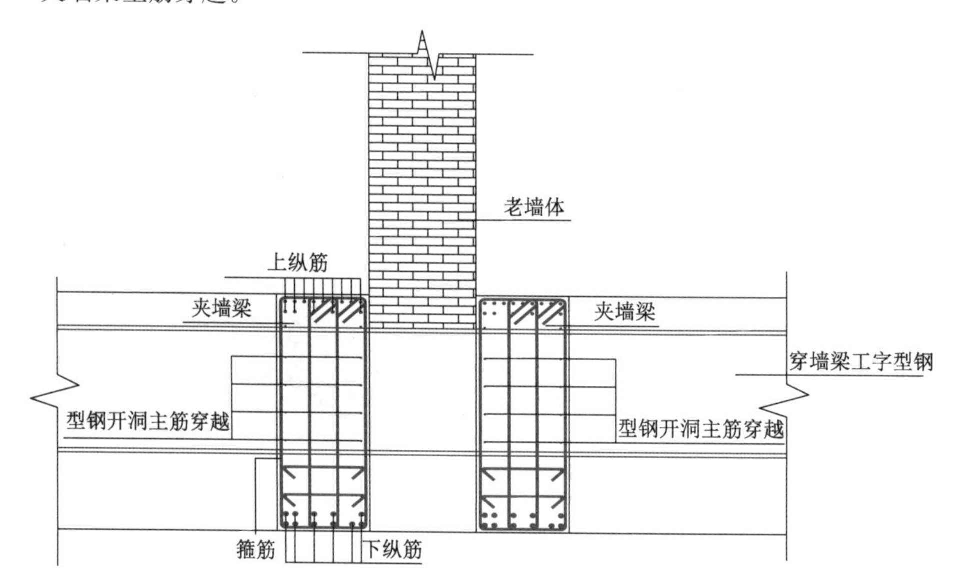

图 3-31　夹墙梁穿墙梁交点详图

3.5 临近地铁区间段的深基坑保护性建造技术

3.5.1 临近地铁和历史建筑的深基坑施工技术

爱马仕之家项目基坑北面下方有正在运营的地铁 1 号线黄陂南路站至人民广场站区间隧道，两条隧道走向平行于淮海中路，隧道与隧道中心间距为 12 m，隧道直径为 7 m，两隧道之间净距为 5 m，其中南侧隧道距离地下连续墙净距为 4.8 m。不仅历史建筑原位及临近区域地下室开发风险大，同时相关部门对地铁的保护要求限制高，地下空间施工时必须对地铁采取保护措施。

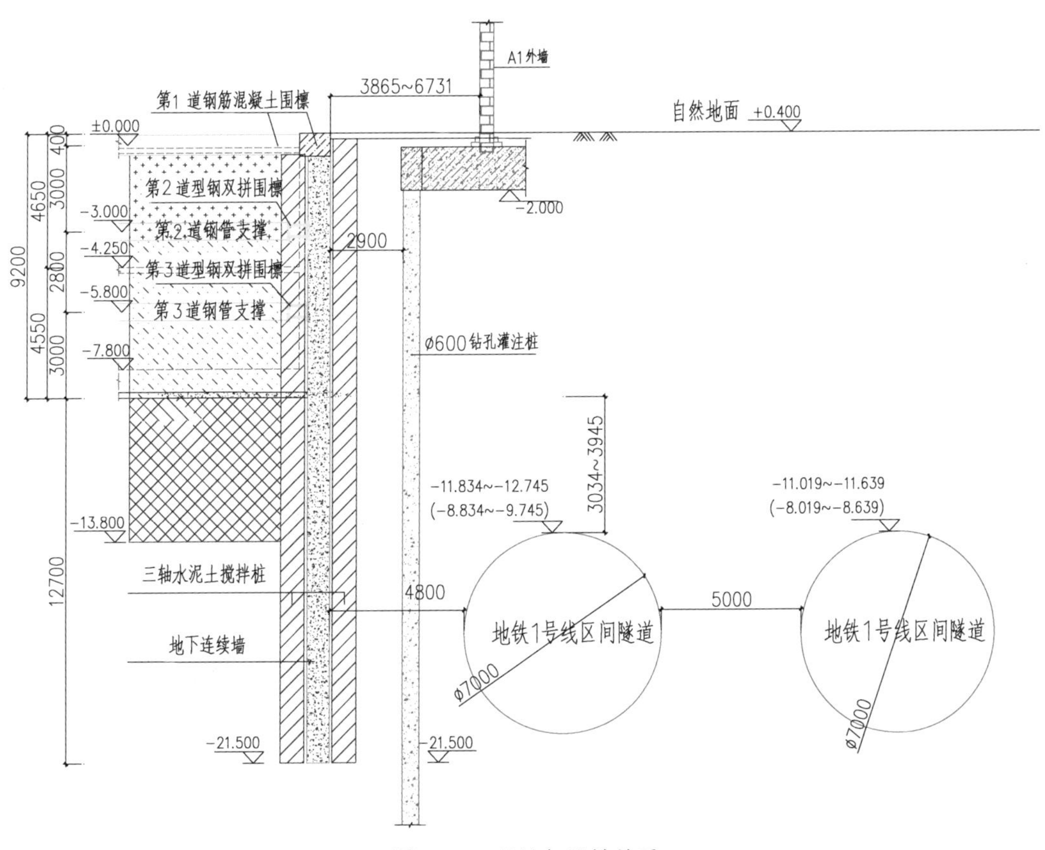

图 3-32 基坑与地铁关系

1. 临近地铁基坑设计措施

由于爱马仕之家项目基坑距离地铁比较近，项目对基坑施工进行了严格的设计。首先，A2 采用 800 mm 厚地下连续墙，深 21.9 m，插入比为 1.38，增加围护墙的刚度，减小坑底隆起。地下连续墙施工采用槽壁加固的工艺，确保地下连续墙成槽的稳定性；基坑支撑方面，采用一道钢筋混凝土支撑＋两道预应力自动复加伺服系统钢支撑，减小支撑间的距离，减小围护墙在开挖过程中的变形；土体加固方面，坑内采用三轴水泥土搅拌桩满堂加固，增强主动区与被动区土体强度，提高被动区土体抵抗变形能力，最大限度地减小基坑开挖产生的变形，保护地铁区间隧道安全。坑内满堂加固和地下连续墙隔断潜水的渗流路径，在基坑开挖期间不进行坑内外的降水，消除因降水引起土体固结变形。A2 基坑施工过程计算简图如图 3-33 所示，基坑围护施工图如图 3-34 所示。

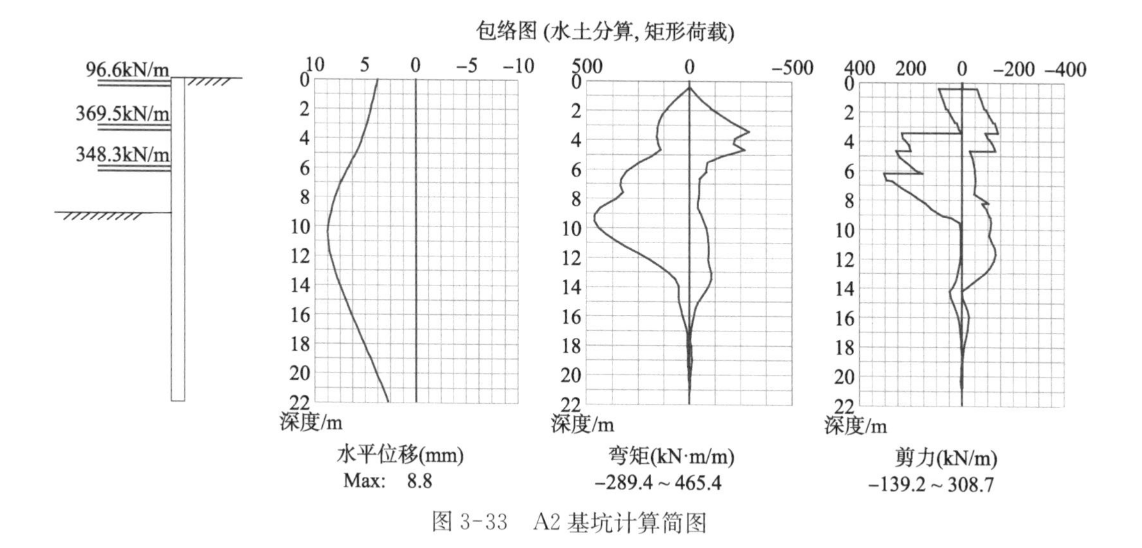

图 3-33　A2 基坑计算简图

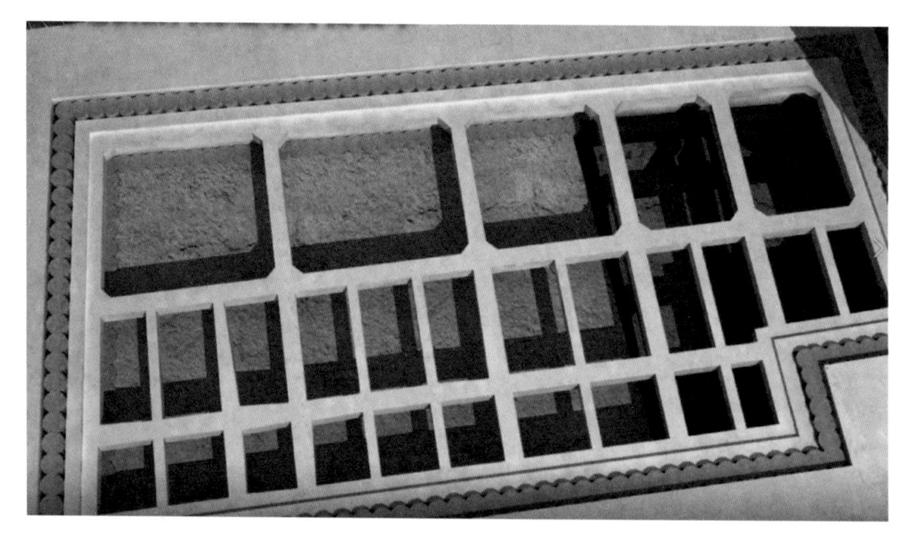

图 3-34　基坑围护施工图

2. 临近地铁基坑施工措施

在基坑施工过程中，从工艺搭接上减小各项施工对地铁隧道的叠加影响，A2 的槽壁加固和坑内满堂加固采用三轴水泥土搅拌桩，必须分两次进场施工，地下连续墙封闭后方可进行坑内满堂加固，减小大面积土体加固对周边环境的影响。

(1) 基坑槽壁加固施工。槽壁加固采用三轴水泥土搅拌桩，地铁一侧的槽壁加固距离地铁隧道区间段为 3.95 m。在进行地铁一侧的槽壁加固施工前，先在远离地铁一侧进行试验，每组三轴水泥土搅拌桩外均设置测斜管 1 组，测斜管深 30 m，直至确定合理的施工参数后方可进行地铁一侧的水泥土搅拌桩槽壁加固的施工，测斜管与水泥土搅拌桩的净距为 3 m。地铁一侧槽壁加固跳帮施工(图 3-35)，且在地铁停运期间进行，每个晚上只施工 2 根三轴水泥土搅拌桩。施工顺序为 1→5→9→13→17→2→6→10→14→18→3→7→11→15→19→4→8→12→16，相邻搅拌桩施工间隔 2 d，白天施工远离地铁一侧的三轴水泥土搅拌桩。搅拌桩施工时间控制详见表 3-5。在搅拌桩和地铁区间隧道之间设置 5 根测斜管，测斜管深 30 m。

表 3-5　搅拌桩施工时间控制表

桩编号	开始时间	完成时间	桩编号	开始时间	完成时间
1	23:00	0:50	3	23:00	0:50
5	1:30	3:20	7	1:30	3:20
9	23:00	0:50	11	23:00	0:50
13	1:30	3:20	15	1:30	3:20
17	23:00	0:50	19	23:00	0:50
2	1:30	3:20	4	1:30	3:20
6	23:00	0:50	8	23:00	0:50
10	1:30	3:20	12	1:30	3:20
14	23:00	0:50	16	23:00	0:50
18	1:30	3:20	—	—	—

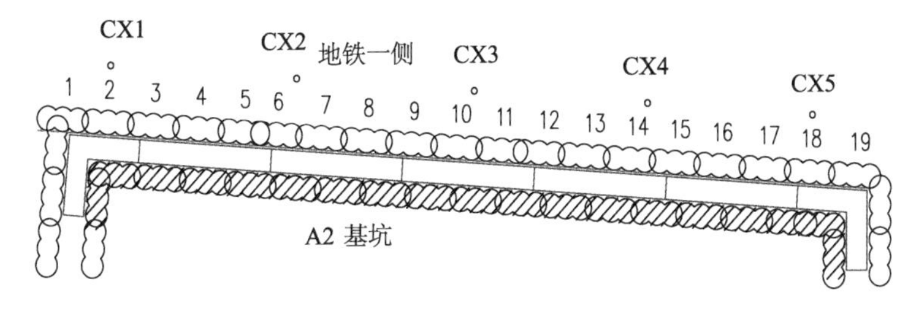

图 3-35　地铁一侧槽壁加固跳帮施工示意图

(2) A2 地下连续墙施工。地下连续墙距离地铁隧道为 4.8 m，近地铁一侧的地下连续墙施工时槽段宽度控制在 4.5 m(二抓成槽)以内，减少槽段成槽时间。地下连续墙成槽不流水施工，待先期槽段完成混凝土浇筑后，方可进行下一幅槽段的成槽，一天完成一幅地下连续墙，地下连续墙“做一跳四”施工如图 3-36 所示，单幅地墙施工时间控制在 12 h 内(从成槽至混凝土浇筑完成)。单幅地下连续墙施工时间控制详见表 3-6。

表 3-6　单幅地下连续墙施工时间控制表

序号	工序	时间安排
1	成槽(二抓)	19:00—次日 0:00
2	锁口管下放	0:00—1:00
3	下放钢筋笼	1:00—2:00
4	换浆/清孔	2:00—2:45
5	浇筑混凝土(78 m^3)	2:45—5:45
6	锁口管拔除	5:00—10:00

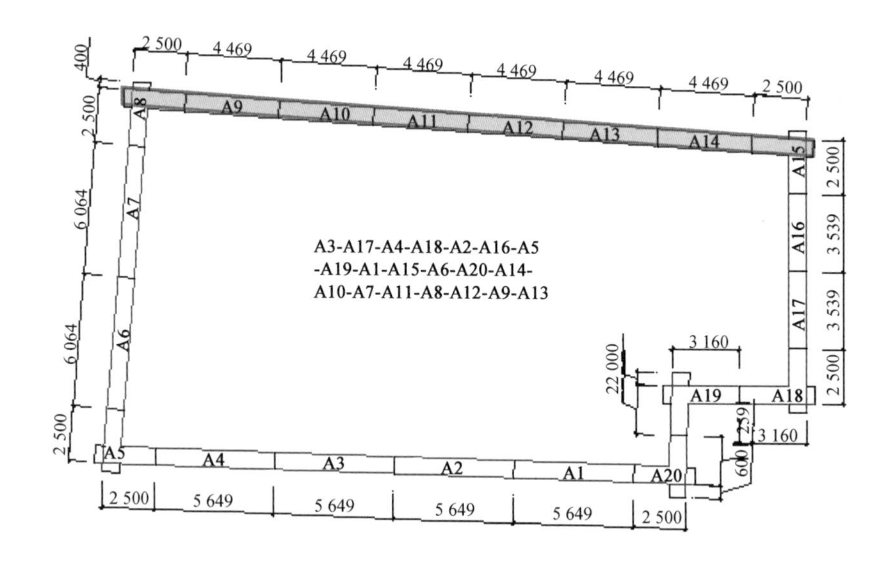

图 3-36　地下连续墙“做一跳四”施工示意图

3.5.2　既有建筑原位地下空间开发技术

爱马仕之家项目由于使用功能的需要，需在 A3 建筑西南角局部进行原位地下空间开发，与 A2 连通，开挖面积为 77 m^2，周长 35 m，基坑深 5.1 m。历史保护建筑下方原位开发属于风险性极大的创新工程，施工时要克服很多技术难点，比如如何在室内进行地下室围护施工、地下室开挖阶段历史保护建筑外墙保护等，目前为止在上海地区尚无先例可以借鉴，且本工程紧贴地铁，施工中存在许多不可预见的风险。

既有建筑原位地下空间开发流程如下：夹墙梁、穿墙梁施工——基础加固托换——桩基围护施工、MJS止水帷幕施工——施工地下室B0板——逆作法基坑及地下结构施工——结构回筑。主要技术点如下：

(1) 基坑围护体系主要考虑采用置换土体的施工工艺，避免对老墙基础及地铁造成挤压破坏；在基坑开挖前用钢筋混凝土承台结构替换老墙基础，保证开挖及结构施工时外墙的安全。

(2) 围护结构采用直径850 mm钻孔灌注桩+半径1 200 mm MJS止水帷幕，全部施工设备根据室内高度改装。

(3) 采用小截面劲性梁代替老墙基础，劲性梁与老墙垂直，且密集布置。

(4) 劲性梁间预留浇捣孔，保证混凝土结构与老墙紧密连接。

(5) 限时挖土，减少基坑变形。

目前，临近历史保护建筑的地下空间开发技术已日趋成熟，而原位地下空间开发仍在探索阶段。爱马仕之家项目是既有建筑原位地下空间开发的一次成功探索，未来需要更多的是对历史保护建筑原位多层、深层地下空间开发，并使其设计与施工更具实用性和可操作性。

图3-37 桩基围护及止水帷幕

1. 支撑设计与施工

历史建筑墙角托换思路是通过托换梁及夹墙梁将整个墙角的荷载传到桩上，具体流程为：

(1) 在基坑范围内的保护建筑老墙下密布劲性托换梁，使墙全部的荷载传到劲性托换梁上。

(2) 在托换梁两边设置夹墙梁，使老墙的荷载通过托换梁传到夹墙梁上。

(3) 夹墙梁搁置于围护桩上的顶圈梁，使老墙的荷载最终传到围护桩上。

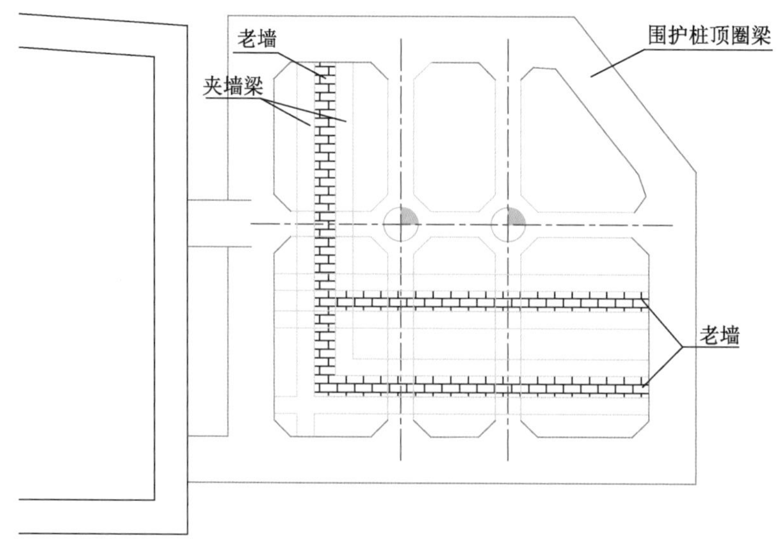

图 3-38　基坑支撑平面图

2. 基坑围护设计措施

A3 建筑下方的原位地下空间开发中，基坑开挖 5.45 m，局部落深 1.5 m，基坑围护桩中心距离隧道 4.5 m。设计采用 Φ850@1050 钻孔灌注桩，深 15.5 m，作为围护墙，插入比为 1.84，增加围护桩刚度，减小坑底隆起；设置一道 600 mm×1 200 mm 钢筋混凝土支撑，支撑顶到自然标高为 900 mm，减小围护桩的悬臂高度以及支撑以下开挖高度，减小围护桩变形；止水帷幕采用半圆 2400@1700MJS 高压旋喷桩，MJS 高压旋喷桩施工扰动小，止水效果好且刚度大；坑内土体进行了压密注浆满堂加固，增强主动区与被动区土体强度，提高被动区土体抵抗变形能力，最大限度地减小基坑开挖产生的变形，保护地铁区间隧道安全。在基坑施工过程中，设计计算结果如图 3-39 所示。

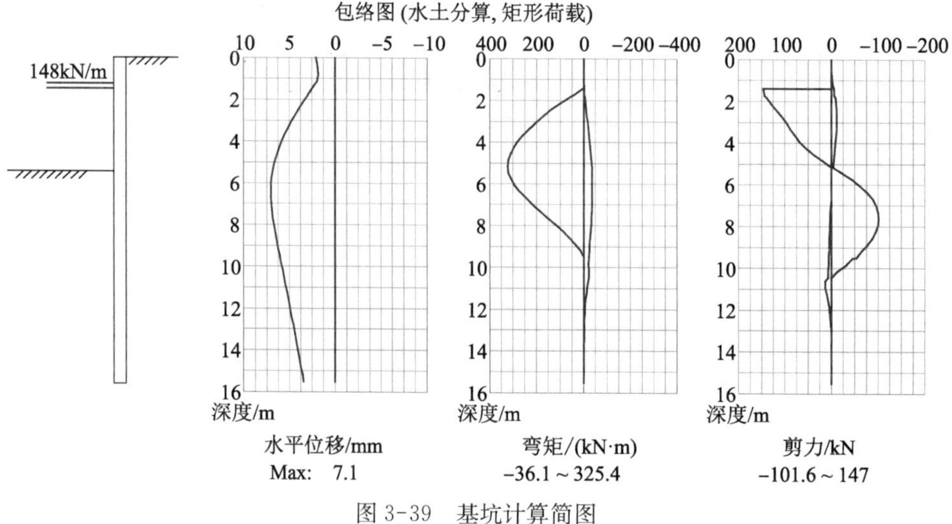

图 3-39　基坑计算简图

3. 原位地下空间开挖及回筑

在挖土之前，所有托换梁以及上部新增钢筋混凝土剪力墙已经完成，并形成了整体。开挖过程中加密上部墙体的倾斜、沉降等监测频率。基坑在已有保护建筑的内部，受室内空间的限制，土方开挖只能采用 0.25 m^3 的小型挖机和人力翻运的方法进行。采用分皮开挖的原则，每皮土的厚度控制在 1 m，挖土高差不超过 0.5 m。垫层施工采用预制混凝土块，随后 6 h 内完成底板钢筋绑扎和混凝土的浇筑。

3.6 毗邻地铁区间段的历史建筑地下空间开发监测技术

3.6.1 监测项目

依据设计要求、监测目的、支护结构形式、周边环境及施工工艺等情况，本工程监测内容包括地下管线沉降及水平位移、围护墙顶垂直及水平位移、围护墙和土体倾斜、施工建筑物垂直位移、临近建筑物沉降、地铁沉降及水平位移、立柱沉降位移和应力、梁板应力、坑外地下水位等内容，其中重点关注地铁沉降变形、施工建筑物垂直位移和周边建筑物垂直位移。

3.6.2 监测频率及报警值

按照设计施工技术规范设置相应报警值和布设监测点，在监测过程中当监测数据达到或超过报警值时，第一时间通知各有关方面，随后发出书面报警通知单，以引起各方重视。

监测频率为基坑开挖期间 1 次/1 d；底板浇筑后 1 次/2 d；地下室施工回筑期间 1 次/(3～7 d)。

表 3-7 各监测项目报警值

序号	监测项目	日变形限值/mm	累计变形限值/mm
1	地铁沉降变形	—	±2
2	施工建筑物垂直位移	±2	±10
3	周边建筑物垂直位移	±2	±10

3.6.3 监测数据分析

1. 地铁沉降变形监测

爱马仕之家项目中需要重点监测地铁线的沉降变形(图 3-40)，图 3-41 展示了地铁上行线道床垂直位移累计曲线图。从图中可以看出，基坑施工过程中地铁线呈向下变形的趋势，前期由于基坑开挖土方卸载导致坑底土体的回弹，地铁线发生了一定的向上位移。整个过程中地铁沉降变形最大值为 2.08 mm，不超过地铁变形限制要求(1 cm)，沉降在可控范围内。

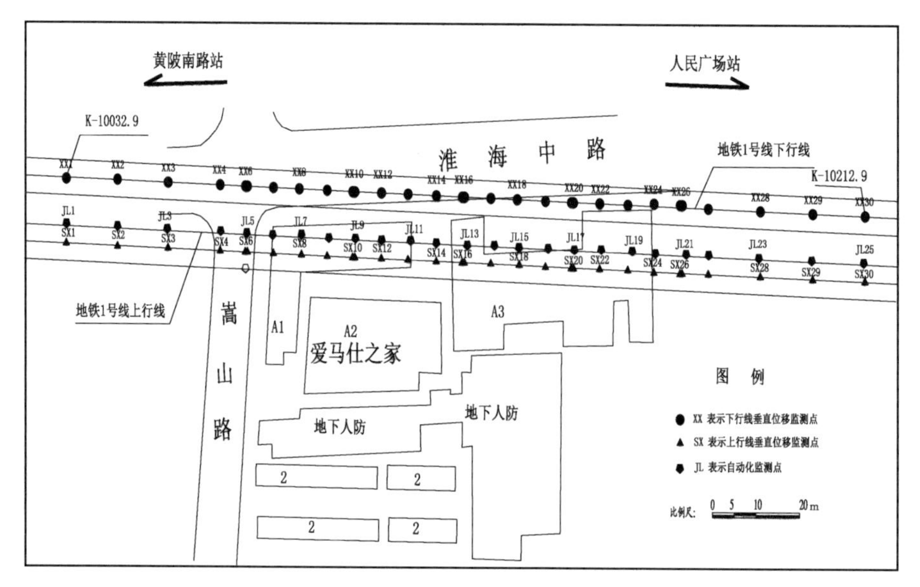

图 3-40 地铁变形监测点位图

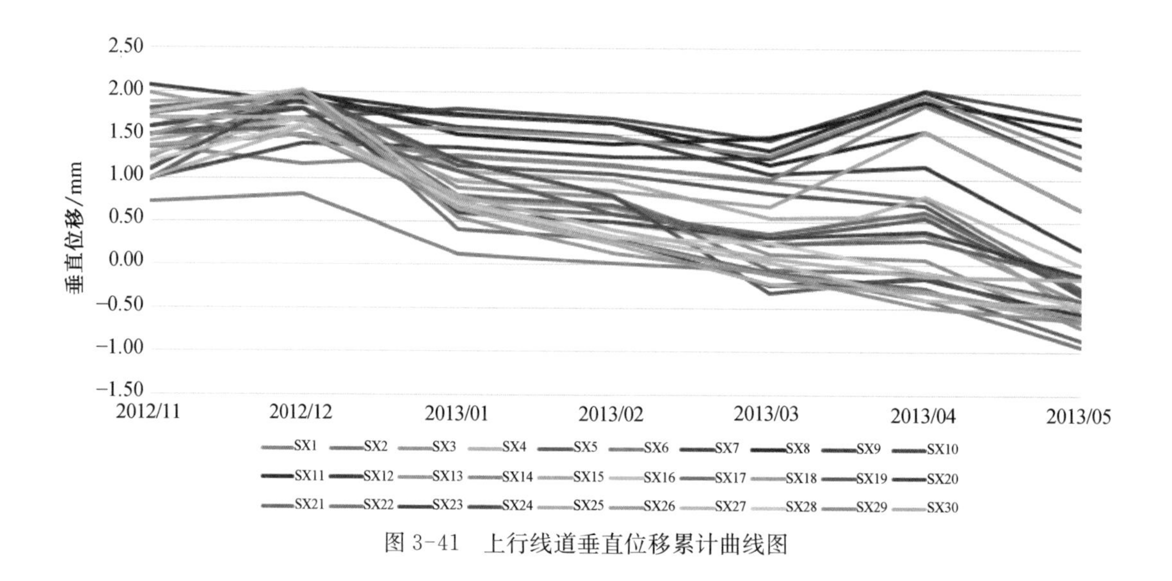

图 3-41 上行线道垂直位移累计曲线图

2. 施工建筑物垂直位移监测

基坑开挖施工过程中建筑物垂直位移监测点位如图 3-42 所示，施工建筑物沉降随时间的变化呈下降趋势，施工后期沉降趋于平缓。本工程对施工场地内建筑物变形的影响较小，其中最大累计值为 14.9 mm，不超过报警值(20 mm)，沉降在可控范围内，如图 3-43 所示。

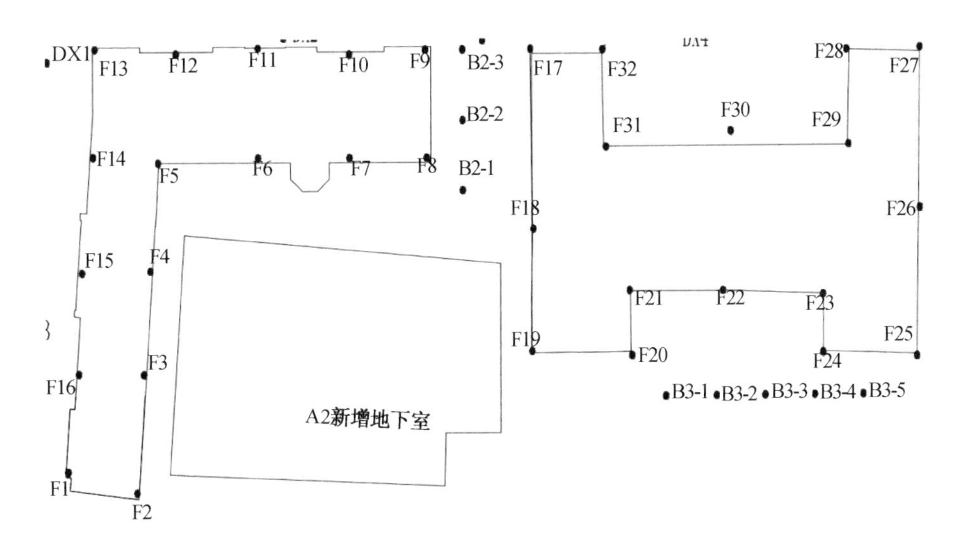

图 3-42 施工建筑物垂直位移监测点位图

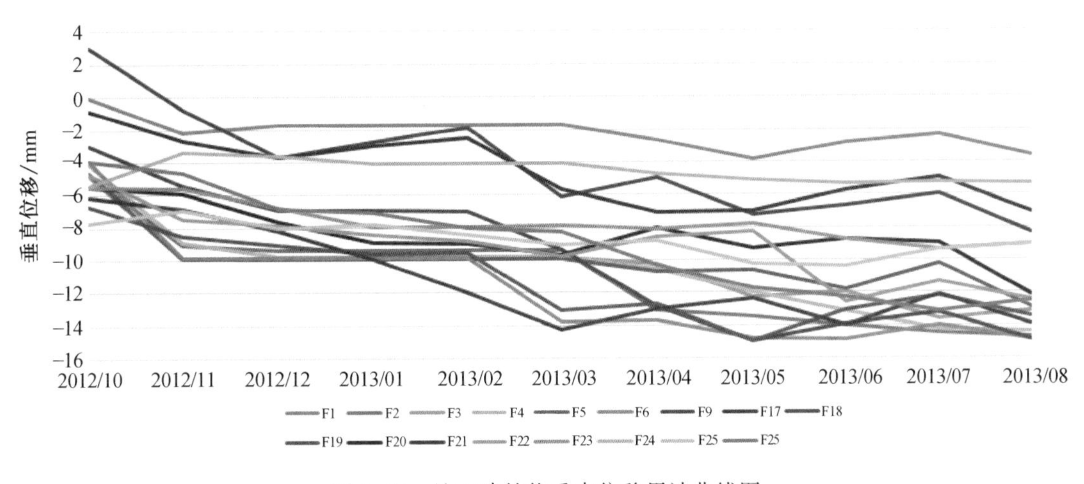

图 3-43 施工建筑物垂直位移累计曲线图

3. 周边建筑物垂直位移监测

在基坑开挖施工过程中，周边建筑物垂直位移监测点位如图 3-44 所示，建筑物沉降随时间的变化呈下降趋势，其中大部分测点后期位移很小，几乎不再发生沉降变形，少部分靠近基坑的测点后期位移有所增加。本工程对周边建筑变形影响较小，周边建筑物垂直位移最大累计值为 6.6 mm，所有测点均未超过报警值(10 mm)，如图 3-45 所示。

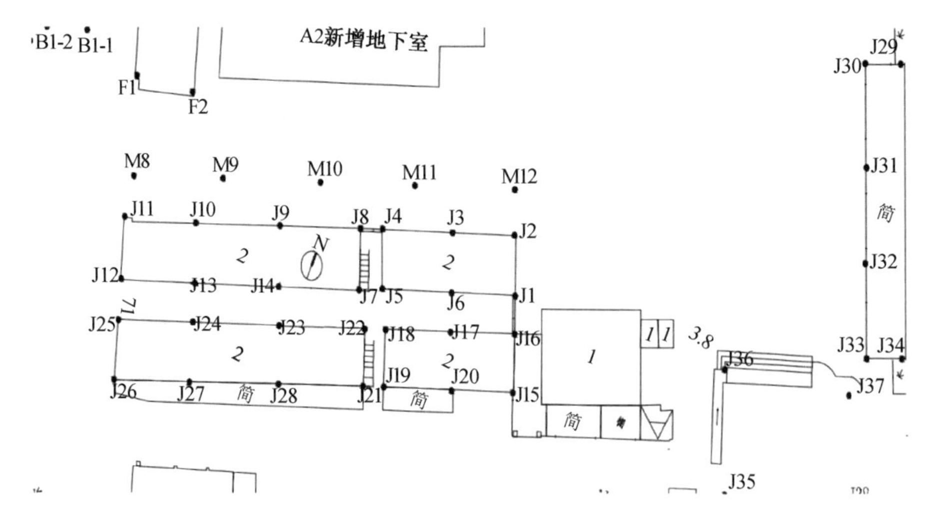

图 3-44　周边建筑物垂直位移监测点位图

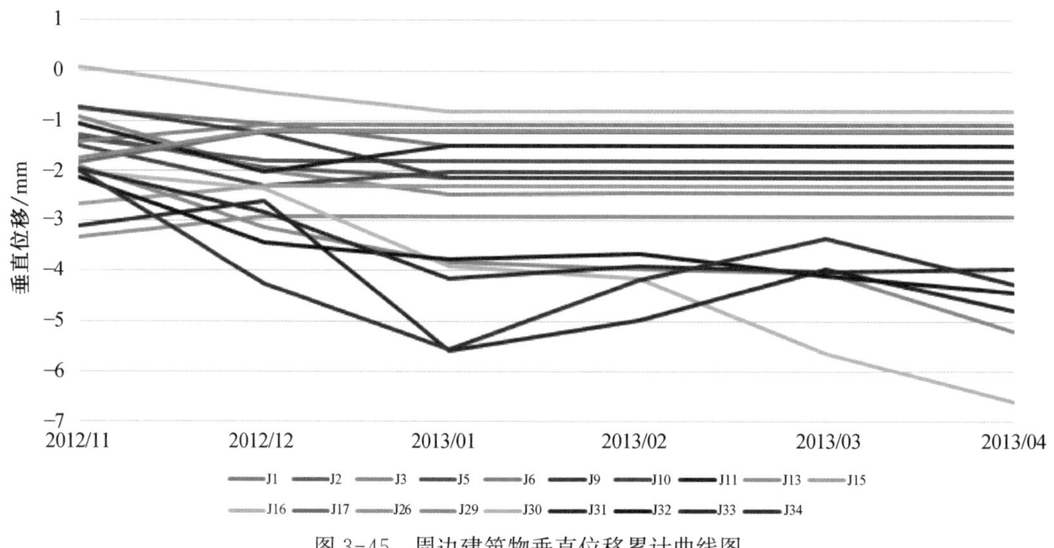

图 3-45　周边建筑物垂直位移累计曲线图

3.7　改造后的爱马仕之家

此次对爱马仕之家的修缮，不仅保留了建筑物原有的风格，同时又融入爱马仕优雅奢华的现代元素，实现古典与现代的完美融合。让人们感受到某些过往的印记，达到传承和演化发展的目的。同时，在爱马仕之家工程中采用的临近历史保护建筑地下空间开发及原位地下空间开发技术得到了成功实践，也积累了许多的经验，为以后类似的历史保护建筑改扩建提供了科学依据和实践经验(图 3-46—图 3-48)。

图 3-46　爱马仕之家外景

图 3-47　爱马仕之家橱窗

图 3-48　爱马仕之家内饰

3.7.1 经济效益

1. 低净空快速成桩桩架

由于临近地铁施工，在爱马仕的工程桩施工过程中根据现场情况对桩机进行改造以达到地铁监护单位对地铁附近桩的施工要求。通过桩机钻头的改造，大大节约了工程桩的成桩时间，减少了相关不必要的费用。此外，桩架净高的改造帮助桩机能够顺利进入限高的建筑室内空间，从而侧面节约了施工时间成本。

2. 热水瓶换胆技术

爱马仕之家项目的内部结构置换采用自上而下拆除，拆一层原结构支一层钢梁，并自下而上建立新的结构。该方案施工流程清晰，钢梁在内部结构置换施工过程中既充当临时支撑，同时也是新建永久结构的钢梁，大大节约了施工过程中不必要的支撑浪费，节约了成本。

3. 地下空间开发技术

工程采用顺作法施工工艺，在地铁超敏感区域，采用钻削快速成桩技术可以保证成桩时间、成孔效果、对地铁影响较小，相较传统桩基施工工艺可以缩短工期，降低成本。

项目原址内存在许多木桩，在地基施工过程中需进行大量清除，采用新型震动套环拔桩技术大大节省了拔桩的施工时间，并且相比传统的钢套管式拔桩技术节约了施工成本。

通过对高度 1 400 mm，埋深 2 m 左右的基础梁进行分段施工，避免了大面积开挖阶段对老建筑的结构安全产生隐患，从而使得整个建筑基础梁施工之前省去了建筑内土体加固这一环节，因此节约了该部分成本。

3.7.2 社会效益

爱马仕之家改建项目位于地铁隧道上方，在这一敏感区域内进行桩基施工以及地下空间的开发，需要相当成熟的施工工艺和具有针对性的施工措施。此工程无疑在这两点上都达到了要求。通过地铁监护公司的信息反馈，此次工程对地铁隧道几乎没有影响，并且相关监测数据都在控制范围内。

工程对于老建筑的使用功能进行了大幅度的提升，保证了建筑的日常化运转，提升了建筑的使用年限，并且把原来分隔式的建筑布局变为了敞开式大空间布局。同时在原建筑局部正下方以及临近区域开发了地下室，合理利用了土地资源。在城市交通飞速发展的当今社会，此类工程将会很多，爱马仕之家工程在这个新的领域进行了一次成功的探索，也无疑将对以后类似的工程具有借鉴的作用。

4　城市核心区医院改扩建的“微创”施工技术——上海市第一人民医院项目

4.1 上海市第一人民医院历史前沿

4.1.1 百年走来的公济医院

上海市第一人民医院(原名 Shanghai General Hospital)始建于 1864 年 3 月1 日,为全国当时规模最大的西医医院,也是全国建院最早的综合性百年老院之一。上海的西式医院始于 19 世纪中叶,其兴起和发展与洋教传播密切相关,教会和传教士在其中扮演了重要的角色,到了 1949 年上海先后出现西式医院近 300 家,其中绝大多数为教会所办或有教会背景。

租界对于西式医院的发展也起到了推波助澜的作用。当年租界自办的西式医院有工部局医院、警察医院等;与教会合作并给予财政支持而开办的有公济医院等。除此租界当局还颁布法令、制定章程对开业医生和医疗机构进行注册登记、核发执照、征收税金等,用行政手段加以管理。租界的这些举措对于上海经济社会的发展和城市走向近代化在客观上确实起到了推动促进作用。

上海市第一人民医院于 1877 年更名为公济医院,图 4-1 为悬于北苏州路190 号大门口的公济医院院名标牌。1981 年挂牌上海市红十字医院,1992 年率先成为全国首批三级甲等综合性医院,2002 年加冠上海交通大学附属第一人民医院。医院自 1864 年以来,在不同阶段有不同的发展面貌,图 4-2—图 4-8 分别展示了上海市第一人民医院在某些重要时间节点的面貌。

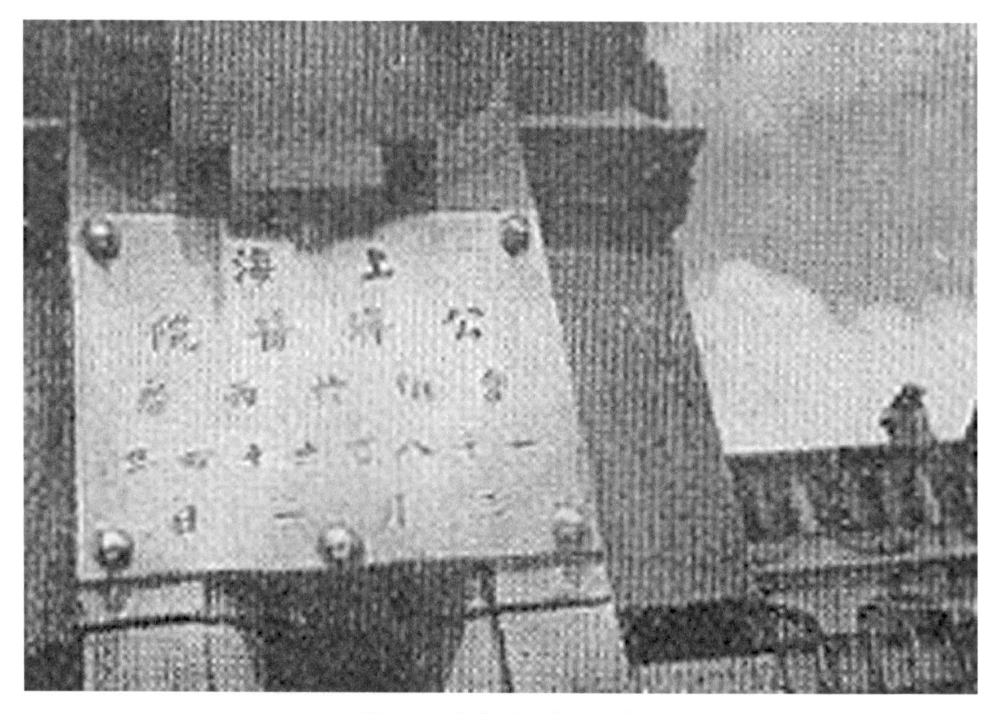

图 4-1 公济医院院名标牌

图 4-2　公济医院 1877—1996 年的院舍，摄于 20 世纪 20 年代

图 4-3　左侧两栋大楼为公济医院旧址全景，摄于 20 世纪 20 年代初

图 4-4 修士院——原北苏州路 190 号公济医院职工宿舍

图 4-5 1963 年北苏州路 190 号医院大门

图 4-6 1990 年上海市第一人民医院北苏州路 190 号院舍

图 4-7 2007 年盘整后的医院虹口北部

图 4-8　北部海宁路医院大门

4.1.2　改造需求和改造理念

上海市第一人民医院位于上海市繁华地段，周边交通环境复杂，建筑密集、人流量大。随着现代医疗体系的不断发展，诊疗规模的日益扩大，医院基础设施体系出现了总量性、结构性和功能性欠缺的问题，原有的医疗和配套设施陈旧、医疗空间布局落后，已不能满足现代医疗体系的需求。同时院区内无地下停车库，地面机动车停车位数量有限，而医院日均车流量已远远超过现有停车位数量的承载力，因此迫切需要对第一人民医院进行改扩建。

由于中心城市土地资源稀缺，成片建造的可能几乎为零，在既有医院内部进行改扩建、充分优化利用有限的土地资源以及开发地下空间无疑是一项明智之举。第一人民医院原有院区基地面积过小，且建筑密度较高，总体布局分散零乱，平面铺张，土地利用率较低，绿化、道路等公共空间场地偏小，预留发展空间较少，这成了制约医院扩展的最大瓶颈。受建筑结构形式限制，建筑内部空间狭小，内外部布局难以合理改造。同时，作为改扩建项目，既要建设新的建筑，又要对已有建筑进行改造，协调难度大。

针对第一人民医院改造项目，院方提出以下改造理念：

(1) 绿色医院：采用各种节能减排措施，合理选用建材及设备，降低建筑运行能耗。

(2) 人文医院：通过对保留建筑历史风貌的修缮和功能的提升，营造独特的城市中心历史街区的医院形象，倡导人文精神，延续城市历史文脉。

(3) 现代化医院：合理布局，充分考虑各功能区与周边环境因素之间的关系，达到资源配置的最优化；建设医院信息系统和综合布线系统，实现就诊的信息化。

(4) 人性化医院：营造方便舒适的公共空间，注重近人尺度的细节设计，将人性化的设计贯彻始终。

为了实现医院改扩建全过程的人性化施工，紧邻医院既有建筑的地下空间开发采用了被誉为“微创”施工的逆作法施工技术，安全高效地完成地下空间开发，同时也营造了文明良好的医院内部施工环境。

4.2 上海市第一人民医院改造方案

4.2.1 项目基本介绍

上海市第一人民医院改扩建项目，位于虹口区武进路 86 号地块，项目建设用地面积 8 320 m^2。项目总建筑面积 48 852 m^2，其中地上建筑面积 35 352 m^2（含改建保留建筑面积 5 903 m^2），地下建筑面积 13 500 m^2（地下三层属深基坑）。主要建设内容包括：

(1) 保留建筑 4 层，建筑高度 16.4 m，即图 4-9 中的 B 楼，改造成急诊中心诊室及行政办公用房。

(2) 紧邻保留建筑 B 楼新建一幢综合医疗建筑，即图 4-9 中 A 楼，包括地下 3 层、地上 15 层，建筑高度 61.6 m，裙房 5 层，建筑高度 22 m。其中包括急诊急救中心、老年科门诊、手术中心、中心供应室、功能检查、病房等功能。

(3) 在 A 楼和 B 楼之间建设一层连接体，并在武进路上空建设 2 个过街连廊与医院的南院区连通，使新楼与既有医院南院连成一体(图 4-10)。

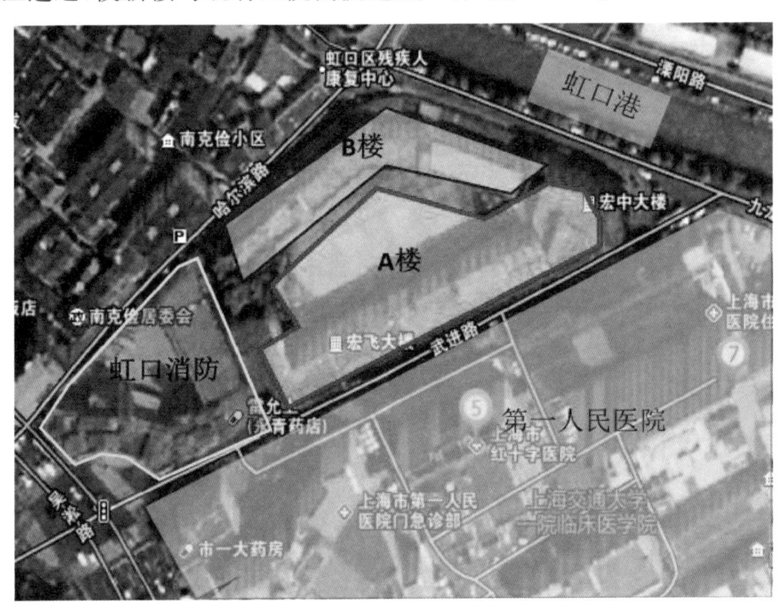

图 4-9 地理位置卫星图

图 4-10　效果图

4.2.2　项目改造技术难点

1. 周围保护建筑多、环境敏感

基坑北面紧邻一座四层框架结构的保留建筑，距基坑边缘仅 3.07 m，该建筑东半部为钢筋混凝土条形基础（条形基础下设短桩及砂石垫层），西半部为砌体结构，砖砌大放脚基础。

武进路以南为第一人民医院原有的高层建筑，距基坑边最近为 7 层框架结构的门诊楼，无桩基础，距基坑边缘仅 25.46 m。

基坑西侧为上海消防局五支队虹口中队用房，该建筑为优秀历史保护建筑，地上 3 层，推测为天然地基，上述建筑与本工程地下室的最近距离约为 7.6 m。该建筑是本工程基坑开挖阶段需重点保护的对象之一。

基坑周围邻近的各幢老建筑和保护建筑由于年代较早，基础形式差，保护难度极大。且由于距离基坑净距太小，本工程的地下连续墙施工、挖土施工可能会对周边建筑产生较大的影响，如何将邻近的各幢保护建筑的变形和沉降控制在最小范围内，是本工程关注的重点（图 4-11）。

2. 场地狭小、交通组织困难

新工程在老建筑包围中施工，且地下结构几乎占满了红线范围，施工场地极其狭小，土方施工期间不具备临时堆土场地，结构施工阶段坑边不具备材料堆场。另外，基坑周边几乎没有贯通的行车通道，本工程两侧大门均为单行道，早晚高峰时间段非常拥堵，并且武进路一侧是第一人民医院车辆的一个出入口，道路宽度较小，大型车辆进出极不方便。这些因素均对基坑施工产生了较大影响。

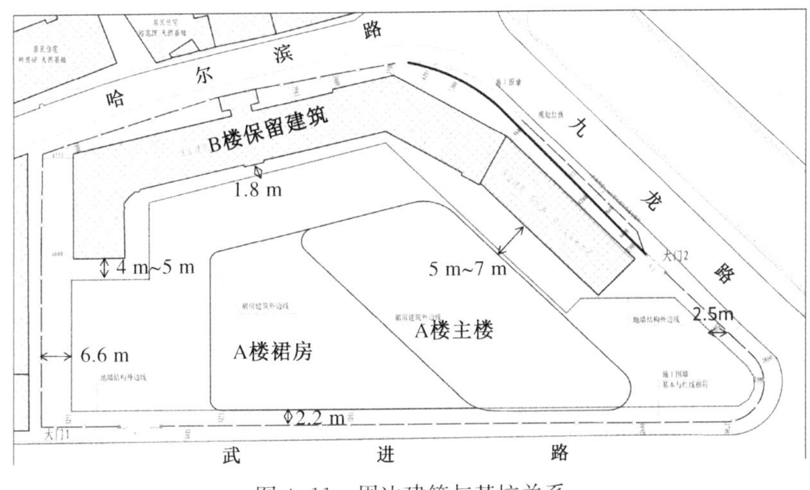

图 4-11　周边建筑与基坑关系

3. 场地标高差异大、地下清障难度大

本工程±0.000 相当于绝对标高+3.6 m。原有场地结构标高有+3.500 m，+3.700 m，+3.160 m，3.840 m 等，场地内高低处最大相差约 0.8 m，并且场地的地表层为遗留建筑垃圾，建筑垃圾下存在大量的混凝土结构，严重影响搅拌桩、桩基及基坑的施工。由于建筑年代久远，地下结构图纸不详，只能通过探挖的方式探明地下结构形式，在不影响周边情况下才能完成拆除工作。对安全和总工期影响较大。

4. 逆作法施工要求高

工程的基坑和地下结构采用逆作法施工工艺。逆作法施工要兼顾医院文明施工(扰动、噪声、粉尘)、场地内外交通组织(场地内部狭小、外部单行道)、逆作法施工质量(一柱一桩垂直度、梁柱节点穿越、逆作法高效施工)、工程进度等多方面制约因素。

由于在施工过程中第一人民医院仍保持正常运转，要求尽量减小施工过程中的扰动、噪声、粉尘，以免对医院的正常运营环境造成干扰，影响医疗人员和病患的身心健康。

本工程处于交通繁杂的闹市区，施工场地狭小，施工作业面布置、大型机械的布置、材料堆场的布置、临时堆土场地的布置均较困难。同时，外部道路单行道较多，难以形成环路，道路日常拥堵严重，场外交通组织与场内施工进度的衔接、配合尤为重要。

工程逆作法采用一柱一桩的施工方法，由于先期施工的钢立柱将作为以后的地下室永久柱结构，故如果钢立柱的垂直度得不到保证，将会对后期柱子的施工带来很大影响，且会对楼板产生较大的应力重分布，因此钢立柱的垂直度需达到 1/400 的高要求。

工程在地下室施工时采用顺逆结合的做法，即东西两侧车库采用顺作法，其余采用逆作法施工。逆作法施工原本就存在较多需处理的梁柱节点，加之顺作部分与逆作部分交界处预留节点处理，导致本工程施工节点形式多样、结构受力体系转换复杂，给设计与施工带来了一定的难度。

针对以上难点，工程采用逆作法“微创”施工技术，保障地下室逆作施工效率和质量的同时，有效控制了基坑及周边环境变形，不仅节约了工期，还解决了场地狭小的问题。有效控制了声、光、尘对周边环境的影响，最大限度地减少施工扰民，做到了文明绿色施工。

4.2.3 大型基坑施工的“微创”逆作法方案设计

基坑施工通常有顺作法和逆作法两种方案。顺作法从上往下逐层开挖土方并设立支撑结构，开挖到位后再从下往上逐层施工主体结构并拆除支撑，挖土和地下结构施工的作业面始终暴露在外。逆作法以地下室主体结构代替基坑支撑，从上往下开挖土方，开挖一层后立即施工主体结构，只在楼板上预留出取土口，方便下一层土方开挖和主体结构施工，除地下室顶板建造以外，其余挖土和结构作业均在地下室顶板以下。

与医疗系统中手术相类比，顺作法相当于“开膛手术”，创伤大，对病人造成的影响大；而逆作法相当于“微创手术”，创伤小，恢复快，并可增加基坑阶段人们的视觉安全感。由于工程场地狭小，周边环境复杂，对基坑变形控制要求高，同时医院内部文明施工、绿色环保施工要求高，因此本工程优先选用逆作法进行地下空间施工。

本工程共新增三层地下室，总体开挖深度 16.5 m，基坑面积 4 920 m^2，外围周长约 350 m。

由于工程基坑形状不规则，如图 4-12 所示，工程东西两端均为地下车道区域，结构梁板在逆作阶段难以形成有效的支撑，因此逆作法选用部分逆作的形式：在东西两端部位采用顺作，中部区域采用逆作，总体采用顺逆结合，以逆作法为主的方案。

由于工程场地狭小，为保持地下施工的便利性，解决基坑阶段狭小场地的施工布局问题，B0 板部分区域经结构加固设计后作为施工挖土平台及车辆运输通道，在完成地下结构施工后，顺作上部结构，不采用上下同步施工的逆作方式。

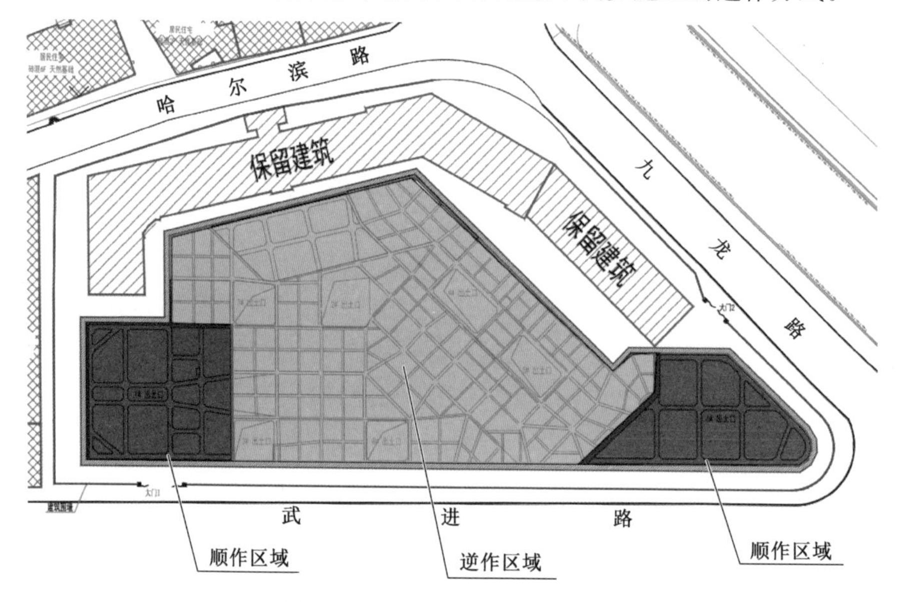

图 4-12 顺作区域、逆作区域划分

1. 围护体系概述

工程地下连续墙的槽壁加固采用五轴搅拌桩施工工艺，桩径 800 mm，搭接 300 mm，加固外圈深度统一为 24 m，内圈则统一为 22 m。地下连续墙采用锁口管柔性接头，厚度 1 000 mm，深度 32.8 m，最深两幅 39.02 m。坑边土体采用高压旋喷加固桩径 800 mm，搭接 200 mm，采用硅酸盐 PO.42.5 水泥，掺量 20%，顶标高 −10.510 m，桩长 12 m，坑底以下 7 m，基坑底上部土体掺量为 8%。对于电梯井、集水井等局部落深区旋喷桩满堂加固。

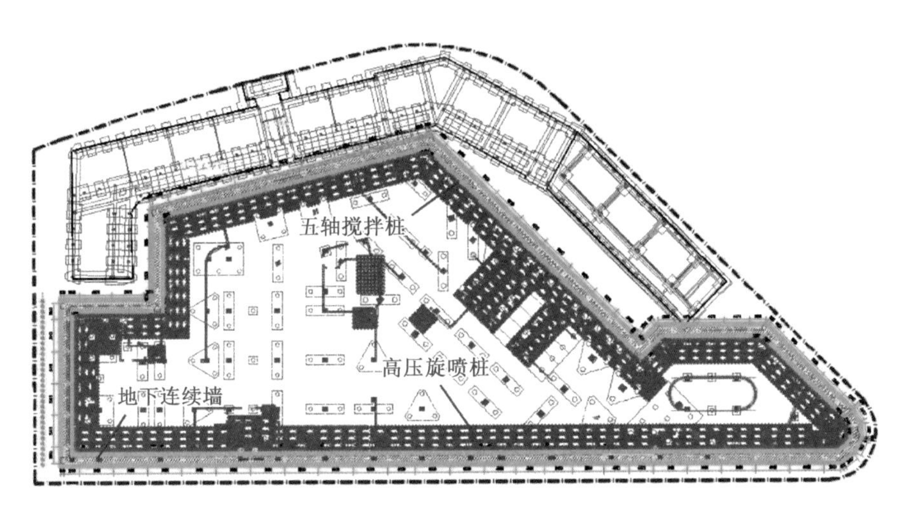

图 4-13　围护平面布置图

2. “两墙合一”地下连续墙设计

采用“两墙合一”地下连续墙作为围护结构，地下连续墙既作为基坑开挖阶段的挡土止水围护结构，同时作为地下室结构外墙。

(1) 地下连续墙厚度：项目地下三层区域设置 1 000 mm 厚“两墙合一”地下连续墙，地下室外墙采用膨润土防水毯＋内衬墙工艺，可满足基坑支护变形控制要求及邻近优秀历史保护建筑的保护要求。

(2) 地下连续墙插入深度：地下连续墙的插入深度由基坑围护结构的各项稳定性计算要求确定，其中基坑抗隆起是关键控制指标，根据计算，插入比采用 1∶1.2，墙深根据挖深取 32 m 和 35 m。

(3) 地下连续墙槽段接头设计：工程中地下连续墙墙底深度为 32.8 m，采用地下连续墙锁口管接头。

(4) 地下连续墙槽底后注浆：为控制“两墙合一”地下连续墙的沉降量、协调地下连续墙槽段间和地下连续墙与桩基的差异沉降，采用地下连续墙槽底注浆。在地下连续墙每幅槽段内设置两根注浆管，间距不大于 3 m，管底位于槽底(含沉渣厚度)以下不小于 300 mm，墙身混凝土达到设计强度等级后注浆，注浆压力必须大于注浆深度处土层压力，每幅地下连续墙注浆量 3 t。

3. 逆作法“一柱一桩”设计

本工程逆作法地下室竖向支承系统采用形式一柱一桩，地下室底板以下为桩基础，地下室范围内为结构柱，地下室结构柱分为 Φ550×20 钢管内灌 C60 混凝土柱以及 480×480 格构柱两种形式，钢管混凝土柱及格构柱待逆作法完成后外包钢筋混凝土形成主体结构柱。其余临时格构柱待地下室形成并达到强度后割除。

立柱桩采用 Φ850 钻孔灌注桩，顶部扩孔至 Φ1 000。所有钢立柱（钢管及格构柱）中心偏差不得大于 10 mm，垂直度要求为 1/400。钢管混凝土柱，立柱钢管采用 Φ550×20，钢材设计强度为 Q345B，钢管底部插入工程桩桩身 4 m，并在端部设置封头环板。内填混凝土，其设计强度等级 C60，并浇筑至钢管底部以下 3 m。钢格构柱采用 4∟180×18，缀板为 460×300×14，钢材设计强度 Q345B，永久柱位置钢格柱逆作施工结束后外包混凝土作为主体结构，中心偏差不得大于 10 mm，垂直度要求为1/400，其余钢构柱立柱中心偏差不得大于 50 mm，垂直度要求为 1/400。

4. 地基加固设计

根据计算分析，为达到周边保留房屋及道路管线的保护要求，坑内采用高压旋喷桩对被动区土体进行加固，加固宽度为 5 m。对于坑内电梯井等局部落深区，全部采用旋喷桩在落深区满堂加固形成挡墙及封底，如图 4-14 所示。

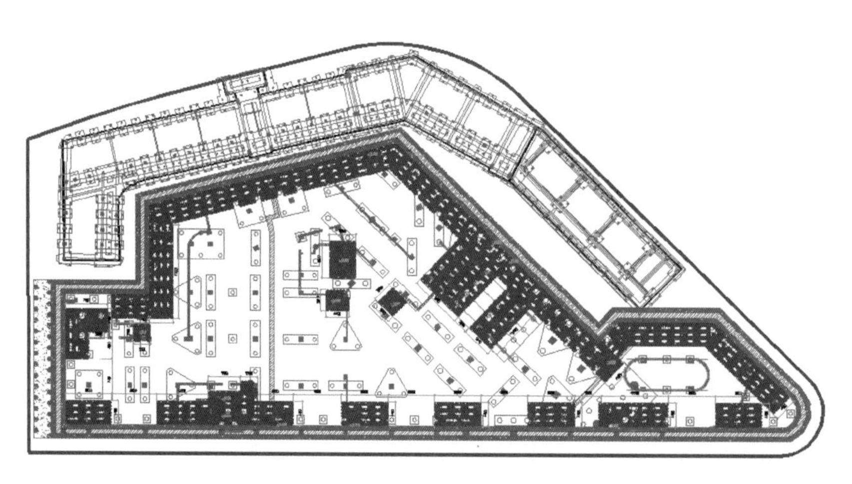

图 4-14　坑内加固区域示意图

5. 逆作法取土口设置

由于逆作法是先施工上一层结构梁板再进行下一层土方开挖，因此暗挖土方的出土效率对逆作施工的影响较大。根据本工程场地条件及工程特点，在武进路和九龙路各设置一个大门，利用 B0 板作为施工场地，现场总计布置 8 个取土口，如图 4-15 所示，开口率约占 B0 板总面积的 22%。取土口同时作为施工材料的垂直运输通道，取土口布置间距＜30 m，减少了板下土方水平运输距离，保证了土方开挖进度，减少了基坑暴露时间，有利于加快施工进度，节约工期。

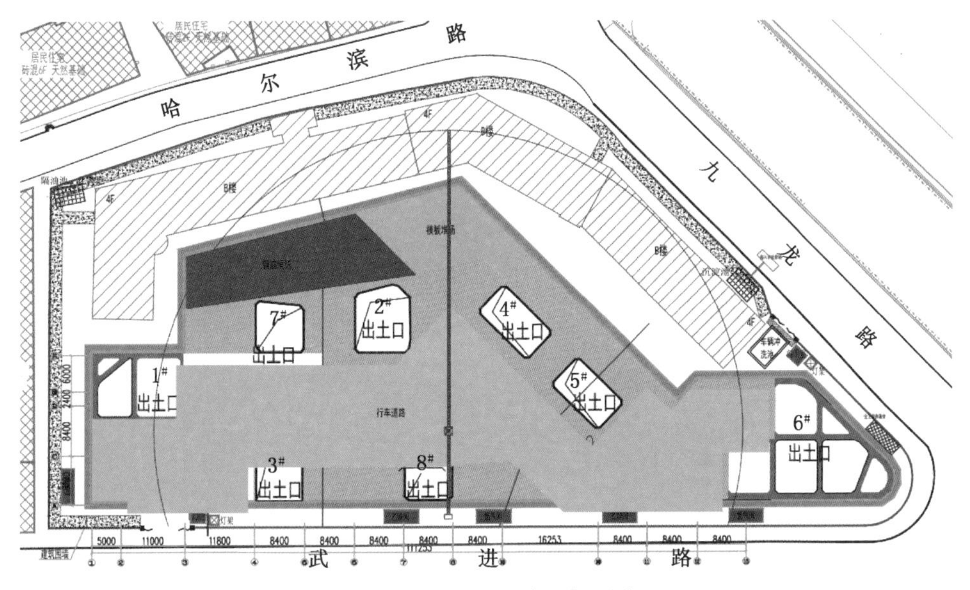

图 4-15 取土口平面布置图

4.3 周边重要建筑物的保护措施

4.3.1 基坑西侧虹口消防站保护措施

虹口消防站如图 4-16 所示，位于本工程西侧，距离基坑 8 m 左右，为优秀历史保护建筑。该建筑为 3 层砖混结构，始建于 1886 年，于 2007 年进行过修缮，该建筑为本工程重点保护对象之一(图 4-17)。

为了保证地墙成槽及基坑施工阶段有效控制保护建筑的变形及沉降，在基坑西侧打设双排直径 800@2000 钻孔灌注桩，桩长 22 m，桩顶采用 200 mm 厚配筋混凝土压顶梁，用来加强对该建筑的保护(图 4-18、图 4-19)。

图 4-16 虹口消防站

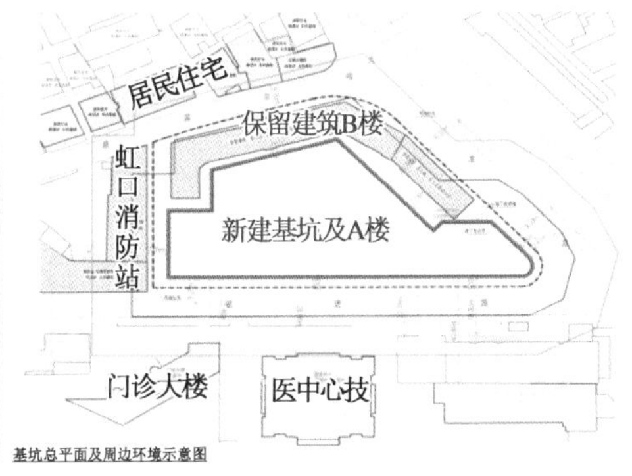

图 4-17 虹口消防站与本工程位置关系

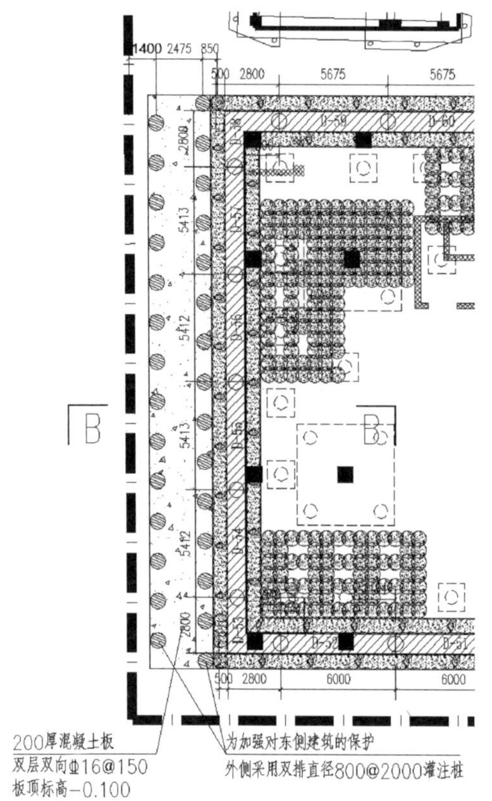

图 4-18　双排钻孔灌注桩平面示意图

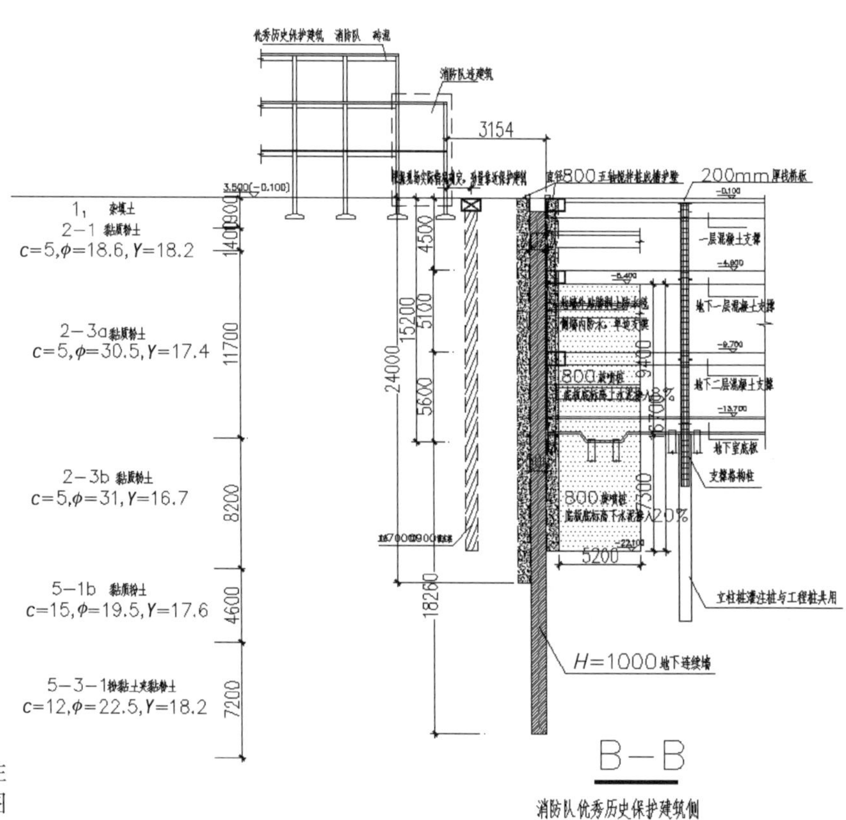

图 4-19　双排钻孔灌注桩剖面示意图

4.3.2 保留建筑B楼的保护及改造措施

保留建筑B楼共有4层,建筑高度16.4 m,位于基坑北侧,距离基坑最近距离仅1.8 m(图4-20)。该建筑为原虹口中学教学楼,于1928—1940年逐步建成,其中西侧为条形基础,框架4层,东侧为砖砌放脚基础,砖混4层(图4-21)。该建筑改造成急诊中心诊室及行政办公用房。

图4-20 保留建筑B楼

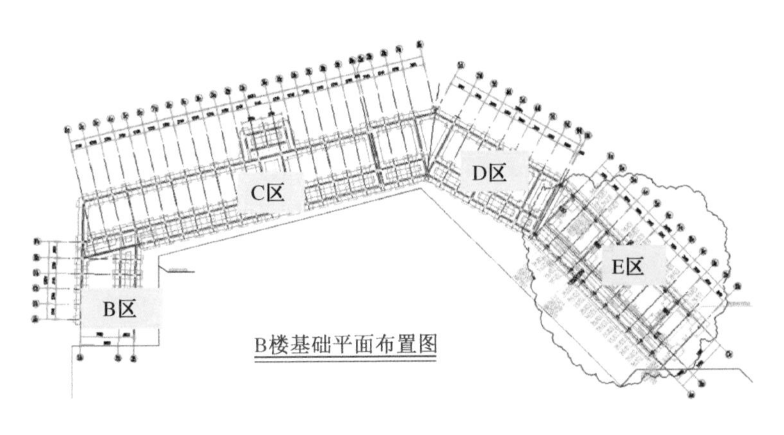

图4-21 保留建筑B楼基础平面布置图

按照建筑转角位置将该建筑分为B,C,D,E区,除E区外均为混凝土条形基础+混凝土框架结构形式,E区为砖砌条形基础+砖混结构。基坑施工前需对该建筑进行加固,其中B,C,D区在原有条形混凝土基础前提下,在十字地梁交叉位置新增承台64个,承台施工完成后进行静压锚杆桩施工,共设置288根锚杆桩,以此来提高承台承载力,有效控制地墙及基坑施工阶段建筑的整体沉降导致的建筑变形。

E 区采用托换梁及夹墙梁对砖基础进行托换，并采用扶壁柱及圈梁对建筑外框架进行加固，新增基础承台并设钢立柱，最后利用钢结构内胆替换现有砖混结构，保留外墙。

1. 基础承台施工

本次基础加固中的承台多为 5 370 mm×1 550 mm 和 2 570 mm×1 500 mm 的矩形面承台。施工流程为：首先地坪破碎、土方开挖，暴露出原有条形基础；支模，浇筑混凝土垫层；在原有基础梁上钻孔植筋；在基础梁处进行钢筋对穿并焊接；在基础梁对穿的钢筋上焊接横向钢筋形成钢筋网，预留静压锚杆桩桩位（钢筋网只布置在承台底部）；搭设承台模板并绑扎钢筋完成；柱增大截面钢筋预留；浇筑 C35 混凝土并进行混凝土养护；最后拆模（图 4-22）。

图 4-22 基础托换和承台施工

2. 静压锚杆桩低净空施工

锚杆静压钢管桩，直径×壁厚为 245 mm×10 mm 的钢管桩，桩长 33 m，材质为 Q235B。桩段长度 2～3 m，首节桩选用十字钢板桩，接桩时相接的钢管之间采用内衬管焊接连接。新增锚杆静压钢管桩抗压承载力设计值 $R_d=500$ kN，单桩竖向抗压极限承载力为1 000 kN。施工流程为安装千斤顶、反力梁，并进行压柱施工；焊接十字交叉钢筋；切割掉高出封桩高度的锚杆；混凝土浇筑完成；完成封桩（图 4-23）。

图 4-23 静压锚杆桩施工

4.4 既有医疗建筑"微创"逆作法施工增设地下室技术

4.4.1 总体实施流程

地下室整个施工流程分为以下部分，总体流程图如图 4-24 所示。

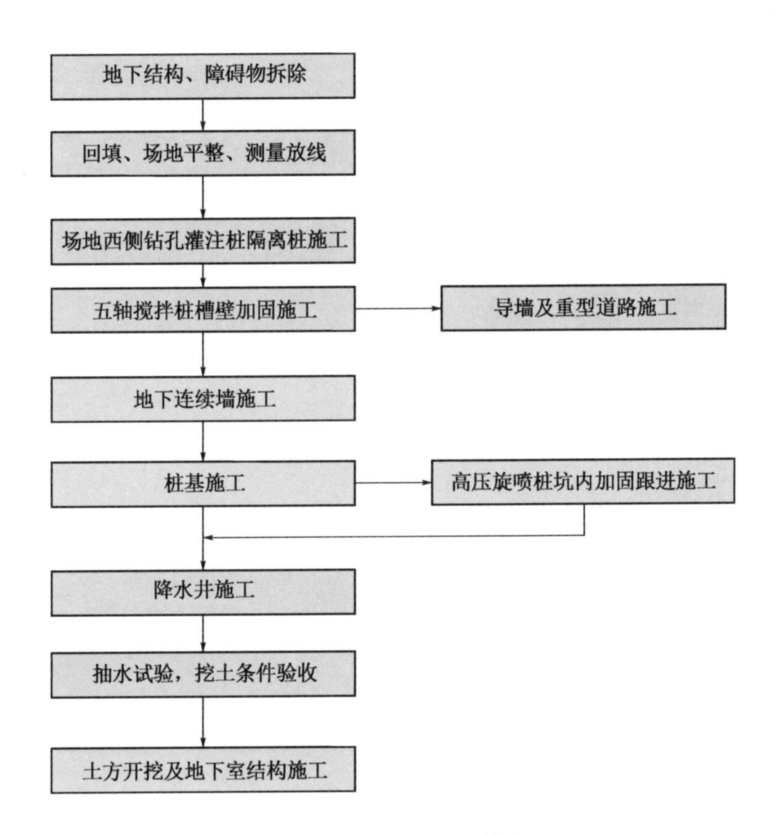

图 4-24　地下室施工总体流程

(1) 地下障碍物清除，场地平整。

(2) 五轴搅拌桩施工，分别逆时针完成地墙外侧及内侧槽壁加固施工。

(3) 导墙及重型车道跟进五轴搅拌桩施工。

(4) 地下连续墙施工。

(5) 桩基施工。

(6) 坑内裙边及局部落深区域旋喷桩加固施工。

(7) 降水井施工穿插进行。

(8) 塔吊安装完成。

(9) 挖土及地下室结构施工，除地下车库坡道外的其他区域采用逆作法施工，利用梁板构成水平支撑体系，车库坡道区域采用顺作法施工，利用现浇混凝土梁构成水平支撑体系。

(10) 下行施工至底板完成，主楼局部落深处(底板厚度 2.5 m)暂不施工，待整体底板施工完成后，局部开挖深坑，底板补全。

(11) 顺作区域由下向上逐道支撑拆除，结构顺作补全；逆作区域回筑柱及剪力墙。

关键步骤施工流程图如图 4-25 所示。

步骤 1　地下连续墙施工

步骤 2　桩基施工

步骤 3　首层土方开挖及 B0 板施工

步骤 4　逐层开挖土方并施工楼板

步骤 5　地下室底板施工完成

步骤 6　地下室结构完成

图 4-25　关键步骤施工流程图

4.4.2 地下结构拆除及深坑回填

1. 原地下结构无支护拆除

本工程进场后需对原有一处地下停车库和人防通道进行拆除，地下障碍物拆除分两个阶段进行，第一阶段主要针对场地西侧、南侧、东侧地上建筑的地下室及基础，第二阶段主要是对场地中部地下人防通道的拆除。原地下车库净高 3 m，顶板标高－0.1 m，筏板基础厚度 600 mm，基础底板下翻主梁高 1 200 mm，开挖深度约 4.5 m，如图 4-26 所示，该地下室拆除阶段，合理安排拆除流程，采用分仓间隔施工、及时回填的方案，分仓间距不大于 6 m，拆除一仓、回填一仓，再拆除下一仓。拆除过程中未对周边建筑及地下管线造成影响，在无支护的情况下完成地下室的拆除。

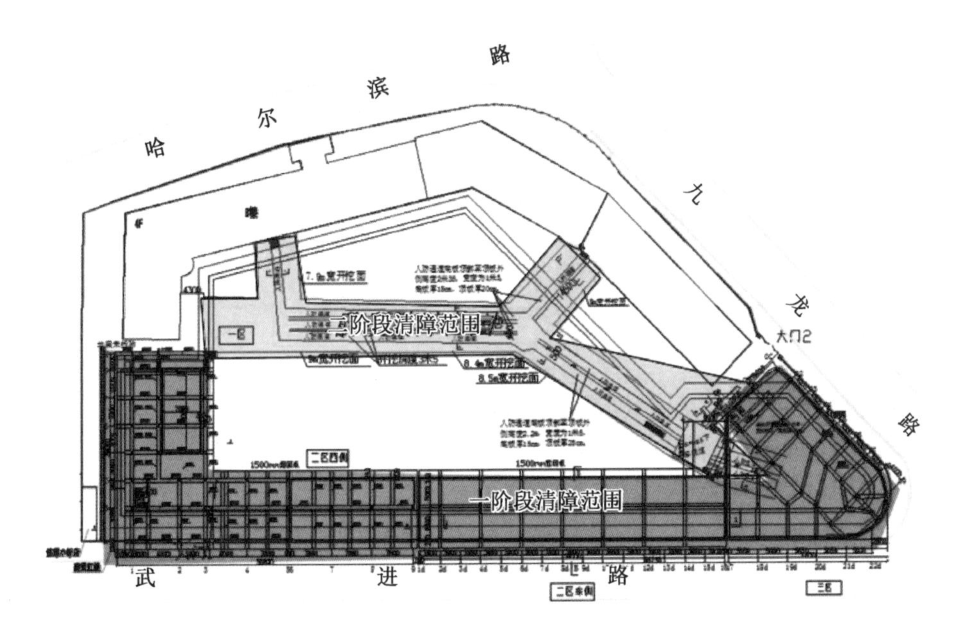

(a) 地下清障

(b) 分仓间隔施工

图 4-26 合理拆除清障及施工

2. 原地下结构拆除后的深坑回填

地下室拆除后，回填高度约 4.5 m。回填方面，考虑到后期五轴设备总装备重量超过 300 t 的实际施工需求，并要满足后期桩基施工的土质要求，因此不能单一采用土或级配砂石回填。经过研究对比，选用土＋级配砂石＋干拌 5%水泥预加固的方法，每 50 cm 分层碾压，表层采用 50 cm 厚道渣满铺，以此来满足后期施工地基承载力的要求。对于原地下室下方的搅拌桩基，在围护墙施工槽壁加固时，采用在原五轴钻头上加焊钨钢刀片，直接将原有搅拌桩切碎，保证了后期地墙的顺利施工(图 4-27、图 4-28)。

图 4-27　压路机分层碾压

图 4-28　五轴机在回填土上施工

4.4.3　地下连续墙槽壁加固施工

由于工程②层粉质土较厚，砂性较重，且场地内存在大量的地下障碍物，清障深度可达 5 m 以上，地墙施工时易产生坍孔现象，在地墙施工前进行槽壁加固处理。由于本工程位于闹市，周围保护建筑众多，逆作法地墙围护施工时对周边环境影响很大，需采用槽壁加固措施来保证地墙的成槽质量。为控制槽壁加固对周围建筑物的扰动，经过比对，采用五轴桩机结合 FCW-A(低扰动低置换)工法。

五轴搅拌桩 FCW-A 工法是在已有 FCW 工法的基础上，经过现场实践应用研究，创造性形成的一种新型搅拌桩施工工法。该工法机械在钻进过程中根据喷浆量的大小，采用特种取土钻杆向地面提升适量土体，以达到桩内土体压力平衡，减少对周边环境的影响。五轴搅拌桩施工流程如图 4-29—图 4-31 所示。

与传统二轴及三轴施工工艺相比，该工法具有扰动小、施工速度快、垂直度好、成型抗渗性好、成本低的优点。

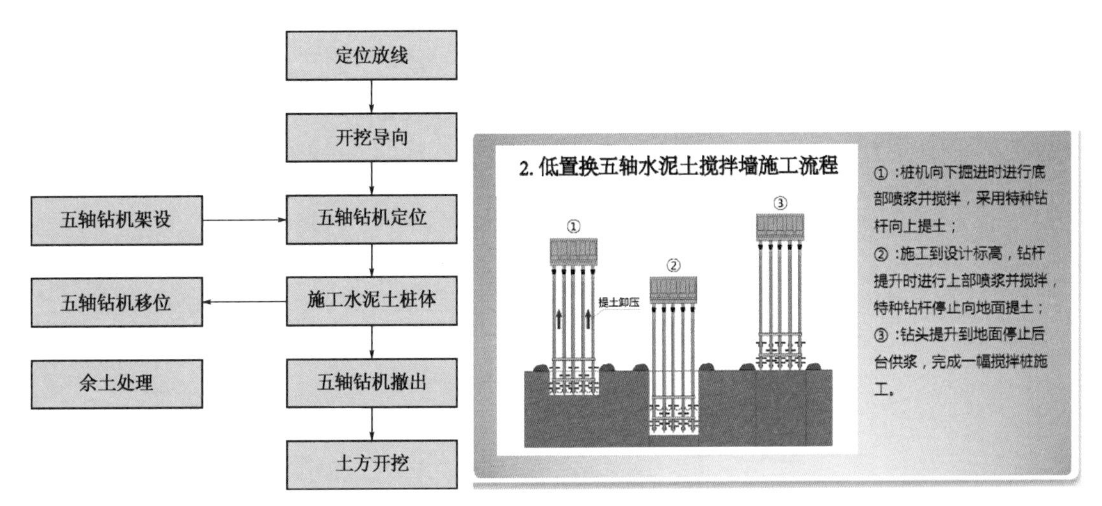

图 4-29　五轴水泥土搅拌墙工法流程示意图

图 4-30　FCW-A 施工流程

图 4-31　五轴钻杆布置

围护体系采用 1 000 mm 厚地下连续墙，柔性锁口管接头，墙深 32 m、35 m，如图4-32 所示，在两侧设置五轴水泥土搅拌桩 Φ800，搭接 300 mm（北侧靠近 B 楼一边，采用 Φ700，搭接 250 mm），进行槽壁加固处理，打穿②-3b 层，进入⑤-1b 层，槽壁加固深度统一为 24 m。一般区域水泥搅拌桩水泥掺量 13%，回填区域水泥掺量提高至 15%。

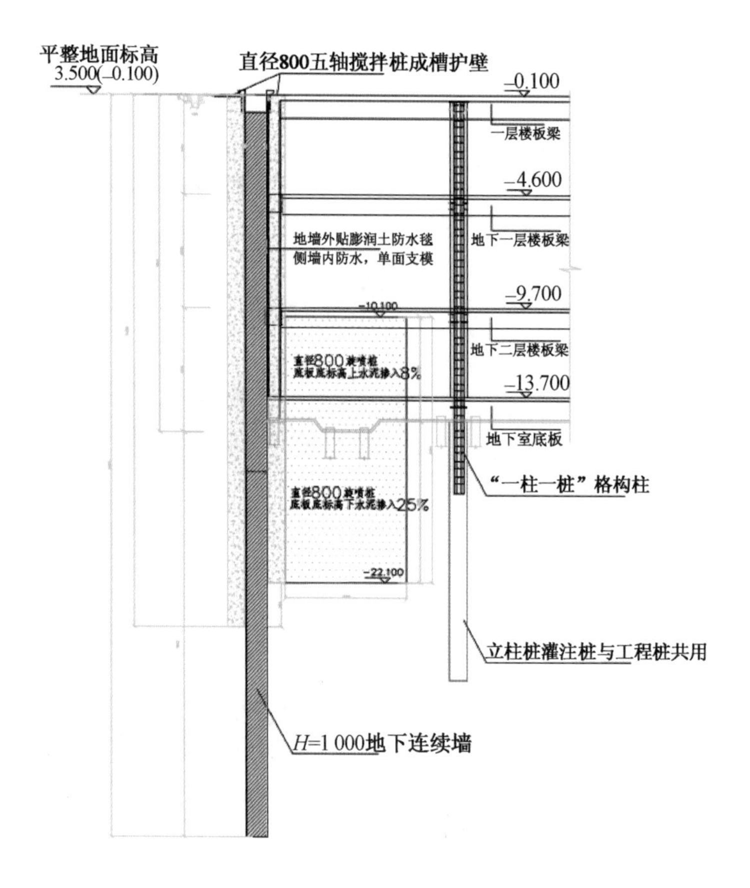

图 4-32　围护体系剖面图

4.4.4　地下连续墙施工

围护墙体采用地下连续墙结构形式，并利用其作为地下主体结构的外墙。地下连续墙墙体厚 1 000 mm，墙底埋深 32.8 m，局部落深 35.5 m。地下连续墙作为地下室外墙结构的一部分，采用自防水混凝土，槽段之间采用锁口管柔性接头，槽段接缝处外侧围护桩内套打旋喷桩止水。

1. 施工要点

地墙的施工配备 1 台成槽机施工，标准槽段宽度不大于 6 m，基坑延长米为350，共分 64 幅，地墙含钢量 120 kg/m^3，单幅地墙重量不大于 24 t，根据此实际情况，配备 1 台 150 T、1 台 100 T 履带吊配合地墙钢筋笼和劲性柱的施工。在地墙施工期间设置 200 m^3，150 m^3大小的泥浆池，设置在场地中间。

2. 施工流程

施工流程图如图 4-33 所示。

3. 成槽施工

（1）槽段划分：本工程地下连续墙分幅不大于 6 m，转角处为异型幅。

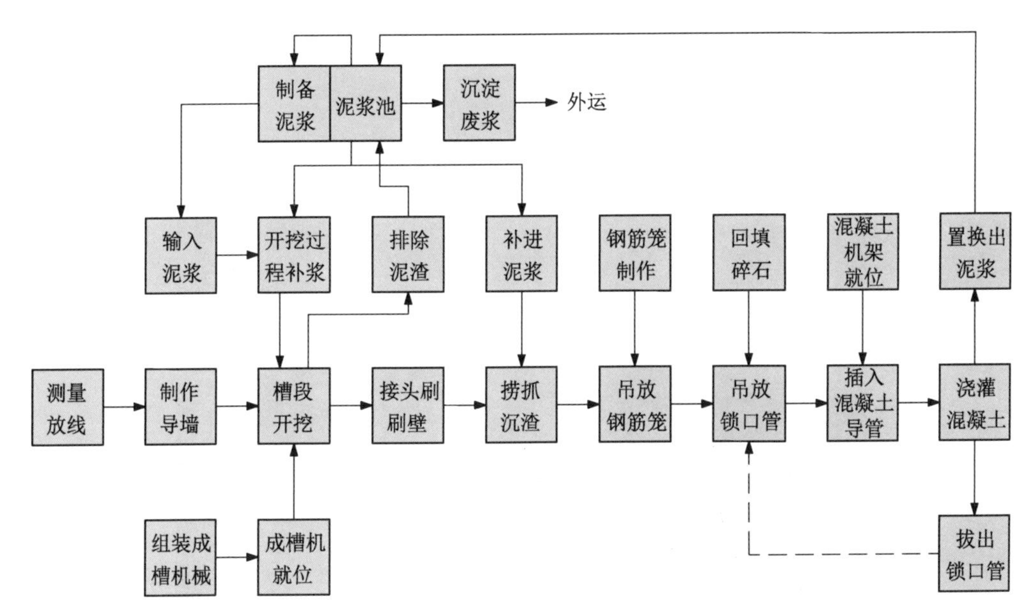

图 4-33　地连墙施工流程图

(2) 槽段放样：根据设计图纸和建设单位提供的控制点及水准点在导墙上精确定位出地墙分段标记线，并根据锁口管实际尺寸在导墙上标出锁口管位置。

(3) 成槽机垂直度控制：根据地下连续墙的垂直度要求，成槽前应利用水平仪调整成槽机的水平度，利用经纬仪控制成槽机抓斗的垂直度，成槽过程中应利用成槽机上的垂直度仪表及自动纠偏装置来保证成槽垂直度。成槽后即用超声波检测槽壁的垂直度。

(4) 成槽挖土顺序：根据每个槽段的宽度尺寸，决定挖槽的幅数和次序。

(5) 成槽挖土：成槽过程中，抓斗入槽、出槽应慢速、稳当，根据成槽机仪表及实测的垂直度情况及时纠偏，在抓土时槽段两侧采用双向闸板插入导墙，使该导墙内泥浆不受污染。

(6) 槽深测量及控制：槽深采用标定好的测绳测量，每幅根据其宽度测 2～3 个点，同时根据导墙实际标高控制挖槽的深度，以保证地墙的设计深度。

(7) 清基及接头处理：成槽完毕采用自底部抽吸清基，保证槽底沉渣不大于 100 mm；为提高接头处的抗渗及抗剪性能，对地墙雌雄头接合处，用外型与雌槽(混凝土凹槽)相吻合的接头刷，紧贴混凝土凹面，上下反复刷动 5～10 次，保证混凝土浇筑后密实、不渗漏。

(8) 钢筋笼的制作和吊放：首先制作钢筋笼平台，然后进行钢筋笼的吊装加固，接着进行钢筋焊接及保护层设置，最后完成钢筋笼吊放。

(9) 水下混凝土浇筑：实际水下混凝土浇筑比水下混凝土标号提高一个等级，抗渗 P8，混凝土的坍落度为 18～22 cm。水下混凝土浇筑采用导管法施工，混凝土导管选用 $D=250$ 的圆形螺旋快速接头型。用吊车将导管吊入槽段规定位置，导管上顶端安上方形漏斗。在混凝土浇筑前要测试混凝土的坍落度,并做好试块。每幅槽段作一组抗压试块,5 个槽段制作抗渗压力试件一组。

图 4-34 地下连续墙施工现场

4.4.5 一柱一桩施工

1. 一柱一桩施工工艺流程

一柱一桩施工工艺流程如下:

硬地坪上放出桩位纵横轴线→护筒埋设→桩机就位对中调平→钻孔→第一次清孔→钻架移位→定位架对中、焊接安放→下笼、钢管柱及注浆管→安放校正架→钢管柱对中、调垂、固定→下导管→第二清孔→水下混凝土灌注→待混凝土凝固→拆除定位架及校正架→起拔护筒。

2. 桩顶扩径

本工程中的钢管桩的孔径:上部为 Φ1 000,下部为 Φ850;为减少提钻次数,钻孔时首先采用 Φ1 000 钻头钻至设计位置,提钻后再采用 Φ850 钻头钻至终孔。

为保证桩孔的垂直度,小钻头开始钻进时轻压慢转,待钻进 1~2 m 后再以正常参数施工。

3. 调垂方法

本工程中采用 50T 履带式吊机将钢筋笼与钢柱(钢管柱与格构柱统称钢柱)同时下入孔内,但钢柱的下部不与钢筋笼焊接,当钢柱上部接近地表时,将钢筋笼、钢柱分离,钢筋笼与立柱各有自己的悬吊装置,这使得钢柱一直处于自由悬垂状态,加之在地面上有校正架与之相连,根据地面水准仪的数据指示,通过安放在垂直和水平方向上的两组千斤顶调节地面上的校正架,从而保证了钢柱的垂直度。

立柱下放应平缓。在下放过程中,用经纬仪从互相垂直的两个方向观测露出地面立柱的垂直度,根据经纬仪的观测结果,调整千斤顶使立柱垂直。

通过实时监测系统，取得钢构柱偏斜状态的实时数据，经过计算机处理后，发出指令给液压泵站系统控制相对应千斤顶的伸缩，以调整钢构柱的偏斜状态，达到设计施工所要求的垂直度精度要求，同时能对调垂整个过程实时监控(图 4-35、图 4-36)。

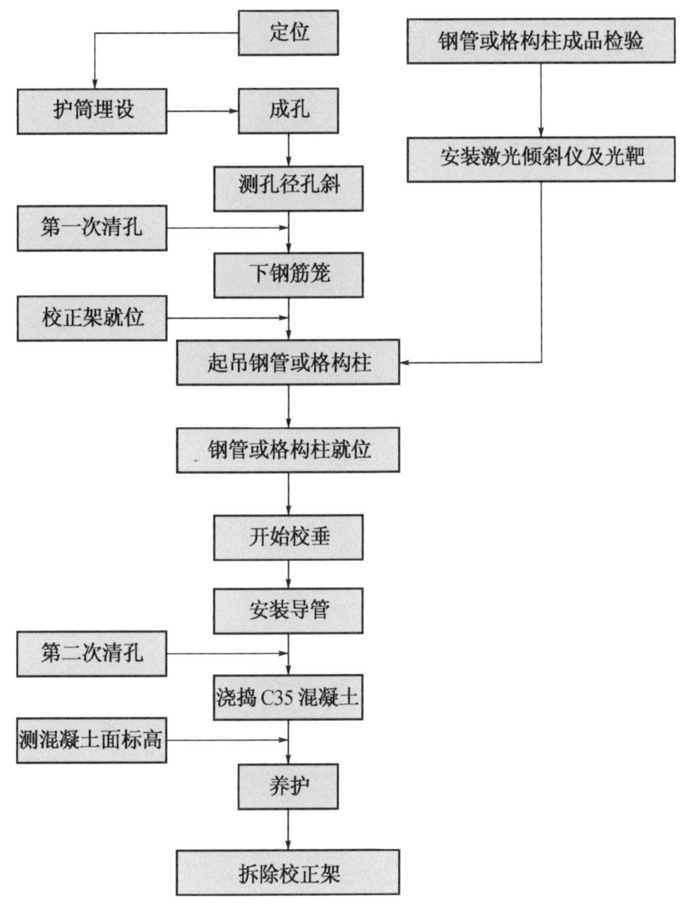

图 4-35 立柱桩调垂流程图

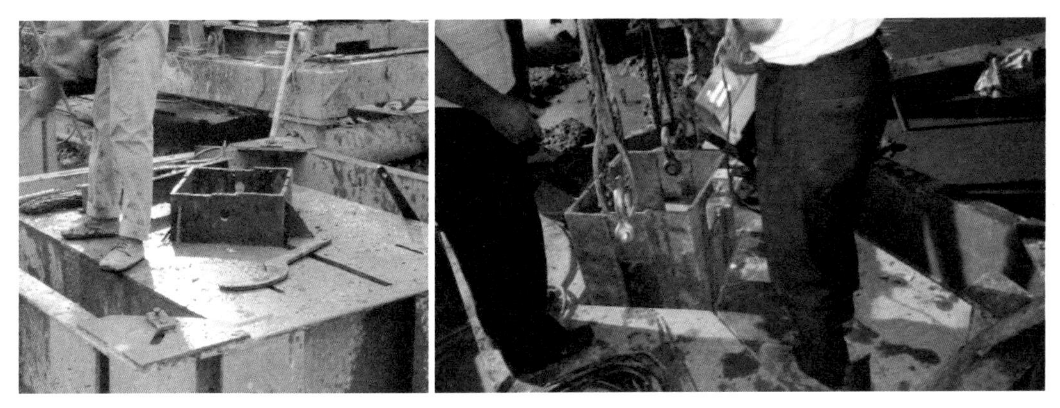

图 4-36 工程中采用的调垂盘

4.4.6 逆作法挖土施工

1. 简要概述

本工程共设置三层地下室，基坑开挖深度达到了 15.2～16.3 m；基坑开挖面积为4 550 m²，属深基坑工程。地下室主要结构采用逆作法由上至下施工地下各层结构梁、板，使其在基坑开挖过程中形成基坑的水平支撑构件，由上而下施工直至底板完成。

坡道区域采用顺作法施工，下行施工过程中采用传统混凝土支撑构成水平支撑构件，与逆区域楼板进行刚接来有效传力，等大底板施工完成后，顺作区域逐层拆除支撑，并将结构补全。

在楼板适当位置开洞作为取土孔及材料运输口，顺作区域则利用支撑梁形成的洞口。地下室顶板设计承载力 30 kN/m²，能够满足施工荷载要求(图 4-37)。

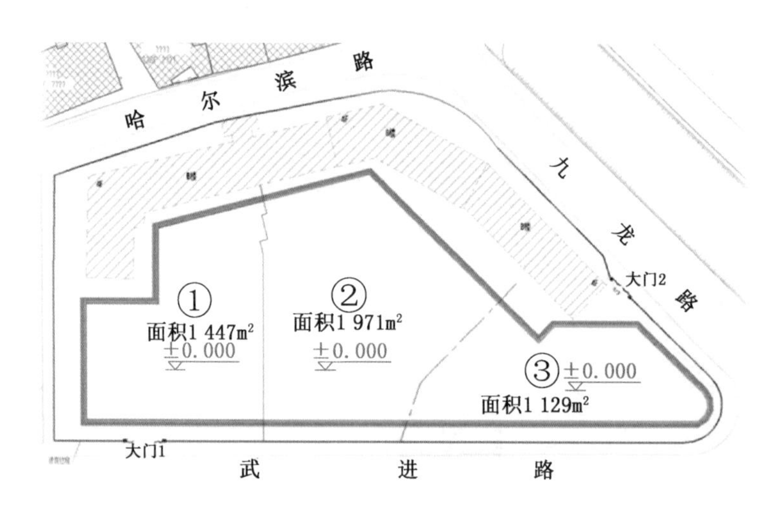

图 4-37 挖土区域示意图

基坑施工总计开挖四皮土方，每皮土方分 3 个区域，分别标为①区 1 447 m²，②区1 971 m²，③区 1 129 m²，出土口共设置 8 处。分块间的界线应在梁板跨度的1/3 处。按照“时空效应”理论，做到“分层，分块，对称，平衡，限时”开挖，随挖随浇混凝土垫层。B0 板上设置 2 台大挖机(长臂挖机或履带抓斗)由取土口垂直取土，地下采用 4 台 0.6 m³ 小挖机向取土口翻土(图 4-38)。

2. 施工流程

A 楼地下室基坑采用逆作法施工，具体挖土流程如下：

(1) 完成地下连续墙、主体工程桩、逆作阶段一柱一桩、基坑内土体加固等施工作业。

(2) 场地平整放线，施工监测测点布设，设立降水井点(本工程每皮土开挖前需做好降水工作，将水位降至该皮土开挖面下 1 m 左右)。

(3) 凿除桩基及地墙施工阶段设置的混凝土地坪以及地墙顶混凝土浮浆。

图 4-38 取土口图

(4) 第一皮土开挖：从西向东，首皮土采用放坡退挖的方式，放坡比例 1∶1.5，顺作区域挖土面标高为−1 m，逆作区域挖土面标高−2.2 m（B0 板板中心以下 2 m），随挖随浇筑 100 mm 混凝土垫层，顺作区支撑按一般混凝土临时支撑施工流程进行（无模板排架），逆作区域搭设模板排架进行 B0 板施工，地墙顶圈梁同步施工完成。施工顺序为①→②→③。临时支撑采用 C30，B0 板采用 C35P8 混凝土。

(5) 第二皮土开挖：待 B0 板混凝土强度达到 75%，大于 8 m 跨度梁混凝土强度达到 100%后开始拆模，并清理材料，支撑梁及 B0 层梁板混凝土均达到 100%，开始进行第二皮土方开挖。第二皮土方由东向西，顺作区域挖土面标高为−5.6 m，逆作区域挖土面标高−6.8 m（B1 板板中心以下 2 m），随挖随浇筑 100 mm 混凝土垫层，顺作区支撑按一般混凝土临时支撑施工流程进行（无模板排架），逆作区域搭设模板排架进行 B1 板施工。施工顺序为③→②→①。

(6) 第三皮土开挖：待 B1 板混凝土强度 75%，大于 8 m 跨度梁混凝土强度达到 100%后开始拆模，并清理材料；支撑梁及 B0 层梁板混凝土均达到 90%，开始进行第三皮土方开挖。第三皮土方由东向西，顺作区域挖土面标高为−10.6 m，逆作区域挖土面标高−11.8 m（B2 板板中心以下 2 m），随挖随浇筑 100 mm 混凝土垫层，顺作区支撑按一般混凝土临时支撑施工流程进行（无模板排架），逆作区域搭设模板排架进行 B2 板施工。施工顺序为③→②→①。

(7) 第四皮土开挖：待 B1 板混凝土强度 75%，大于 8 m 跨度梁混凝土强度达到 100%后开始拆模，并清理材料；支撑梁及 B2 层梁板混凝土均达到 90%，开始进行第四皮土方开挖。第四皮土方由东向西，顺作区域挖土面标高为−14.6 m，逆作区域挖土面标高−15.8 m（B2 板板中心以下 2 m），随挖随浇筑 200 mm 厚混凝土垫层，进行大底板的施工，局部深坑区域（底板厚度 2.5 m）待周边底板施工完成后，再次开挖并进行底板补全，施工顺序为③→②→①。

4.4.7 地下室结构施工

1. 梁、柱节点处理

(1) 格构柱倒置埋件法。首层格构柱与梁板钢筋连接采用倒置埋件法，能有效解决梁板钢筋密集型穿越，同时也能提高柱梁节点的抗剪性能，满足首层板的承载力需求，也避免了在传统牛腿做法下逆作柱钢筋无法向下预留的问题，如图 4-39—图 4-42 所示。

图 4-39　传统牛腿做法

图 4-40　倒置埋件

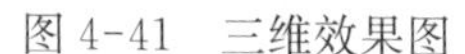

图 4-41　三维效果图

图 4-42　实际完成照片

(2) 柱、梁节点。本工程钢立柱主要有格构柱、钢管柱和十字钢骨柱三种，如图 4-43—图 4-45 所示。钢立柱与梁节点的设计，主要是解决梁钢筋如何穿过钢立柱，保证框架柱完成后，节点的施工质量和内力分布与结构设计计算简图一致。由于地下室结构构件配筋的数量较多，逆作施工阶段必然存在梁柱节点位置梁钢筋难以穿越钢立柱的困难，为了便于施工且满足规范要求，本工程采用以下三种方式完成钢立柱与梁钢筋的连接问题，如图 4-46—图 4-48 所示。

图 4-43　格构柱效果图

图 4-44　钢管柱效果图

图 4-45　十字钢骨柱效果图

图 4-46 格构柱现场图

图 4-47 钢管柱现场图

图 4-48 十字钢骨柱现场图

2. 逆作竖向结构回筑

(1) 钢筋绑扎。逆作竖向结构主要为柱和剪力墙，柱钢筋采用一段式连接方式，利用 A 级直螺纹套筒逐层向下预留，剪力墙钢筋规格较小，可采用两段式连接方式，上下预留插筋后期绑扎或焊接连接。

在施工过程中，对所有钢筋连接接头，应在监理见证下现场取样，送专业测试单位进行复试。当钢筋接头设置在构件同一截面连接接头数量不宜超过钢筋总数的 50%。在钢筋施工前应先根据设计图纸由关切测好中心轴线及模板线并做好标记。

钢筋施工时，应在垫层上弹好梁、框架柱边线，边线用油漆画红三角，并结合安装工程交替进行，为安装工程创造良好的工作条件，以便安装方面的埋管、埋件、留洞、留孔顺利进行，确保安装质量(图 4-49、图 4-50)。箍筋的接头应交错排列垂直放置；箍筋转角与竖向钢筋交叉点均应扎牢(箍筋平直部分与竖向钢筋交叉点可每

图 4-49 柱钢筋预留图

图 4-50 柱钢筋绑扎完成

隔一根互成梅花式扎牢)；绑扎箍筋时，铅丝扣要相互成八字形绑扎。节点处钢筋穿插十分稠密时，应留出振捣棒端头插入空隙，并应注意梁顶面主筋间的净间距要留有30 mm以利浇筑混凝土。绑扎前应按钢筋数量划出钢筋间距位置线，尽量做到钢筋摆放均匀。钢筋扎丝绑扎后所有扎丝要弯向钢筋侧，避免与模板接触(图 4-51、图 4-52)。

图 4-51 剪力墙钢筋预留

图 4-52 剪力墙钢筋绑扎完成

对不同接头形式的钢筋，均应按施工验收规范进行验收，并做好物理试验等工作。进入现场的钢筋，除证明验收合格外，每捆钢筋均应有标牌。

(2) 混凝土浇筑。逆作柱柱顶梁底下翻 50 cm 与楼层梁板同时浇筑，回筑时考虑混凝土振捣，应采用刚度较大的双拼槽钢作为柱模板外龙骨。柱模板顶部设置簸箕口，簸箕口上方楼板应预留浇筑孔，簸箕口上沿应高出完成面 30 cm，采用高流态自密实混凝土浇筑，避免混凝土收缩导致新老结构之间产生收缩缝，振动棒从簸箕口插入，由底至顶随着浇筑液面适当振捣，内部振捣完毕后，振动棒应拔出复振模板，确保混凝土表观质量。浇筑完毕后 48 h 内拆除模板进行簸箕口的凿除并及时修复表面，然后覆盖薄膜保温养护(图 4-53—图 4-56)。

图 4-53 柱浇筑混凝土

图 4-54 柱养护及完成

图 4-55　剪力墙模板

图 4-56　剪力墙完成

4.5 BIM 技术在逆作法施工中的应用

针对逆作法施工组织及技术管理要求高的特点，本工程施工采用 BIM 技术全过程跟进，主要应用在各阶段场地规划布置、复杂结构节点处理、管线碰撞、逆作结构楼板中的管线预埋、利用 4D 动画控制施工进度等。

本工程采用 BIM 全过程跟进，主要应用在以下几个方面：

场地布置：利用 BIM 模型，实况模拟本年度各施工阶段场地布置，场地转换方案。

深化方案：利用 BIM 建模，实际模拟各管线穿越，提前在结构翻样图(包括格构柱、圈梁)中标明各墙体留洞位置，避免二次开洞，施工反复。

逆作法复杂节点：利用 BIM 系统做管线碰撞试验，施工前优化管线走向及空间布置，交由设计、业主确认后正式开始安装工程的施工，避免返工。

管线调整：幕墙排板结合三维模拟，展现幕墙施工完成后的效果，由设计、业主确认后，以实际模型指导现场幕墙安装施工。

4.5.1 场地部署规划

本工程施工场地 8 320 m^2，基坑占地 6 220 m^2，基坑占地率达到 75%，现场施工阶段堆场用地十分紧张，因此本工程材料堆场设置、场地内外交通组织、场地布置及管理将成为本工程施工管理的关键点之一，通过传统的 CAD 平面图不能直观反应现场的情况。

场地布置是施工组织设计中的重要部分，也是项目施工的前提和基础。将绘制完成的二维三阶段(三阶段即：回填前、回填后、装饰装修三阶段)的场地布置规划图，分别导入三维场布软件中，对施工各阶段的场地地形、既有设施、周边环境、施工区域、临时道路及设施、加工区域、材料堆场、临水临电、施工机械、安全文明施工设施等进行规划布置和分析优化，实现场地布置科学合理，以相关信息数据为基础建立三维模型，将它们之间的关系通过三维形式表现出来，与传统二维图纸相比，表达更加直观（图 4-57、图 4-58）。

图 4-57　BIM 模拟

图 4-58　现场实况

采用 BIM 技术建立三维场地布置模型，提前规划并协调各个分包及劳务队的材料堆放与加工用地、解决了施工现场场地狭小、分包协调困难的问题。

利用 BIM 技术按实际比例模拟各施工阶段场地布置，各不同阶段场地转换一目了然，在地下逆作阶段场地布置时兼顾后期上部施工，可有效避免重复调整场布问题。针对施工现场效果进行策划，避免放置不合理、效果不佳的情况。

4.5.2　施工及深化方案中的运用

传统意义的深化设计主要指的是设计阶段施工图的深化设计，包括了钢结构的深化设计、幕墙工程的深化设计、机电管线深化设计等。比如，深化设计会将钢结构复杂节点设计出来，但是不能告诉我们具体怎么施工这些复杂节点，这就需要施工单位想办法，编制施工方案，进行施工部署。

相比设计而言，一直采取粗放式的施工措施和方案。因此，施工措施和施工方案同样需要进行深化设计，进行精细化管理，而 BIM 为进行施工措施的深化设计提供了便利。

本项目通过运用 BIM 技术，将图纸深化设计，到工厂加工，现场拼装，再到后期的顶升过程或维护过程，通过电脑详细、直观而简单地操作完成，而不用通过实体拼装或凭空想象，是二维到三维乃至四维五维的一个质的提升。

利用 BIM 技术，在已建好的结构模型的基础上进行工程深化设计，对每一面墙进行排板，设计也就变得相对容易些，而且可以利用 Revit 等软件导出相关砌块翻样单和排板图，在加工车间根据翻样单进行加工，分类集中堆放并运输至施工现场，根据 BIM 模型、翻样单和排板图等，进行砌体施工。最终可以形成基于 BIM 的砌体工程标准化施工技术。相比 CAD 排板图，采用 BIM 技术进行工程深化设计的优越性显而易见（图 4-59—图 4-61）。

图 4-59 楼梯模型与现场对比

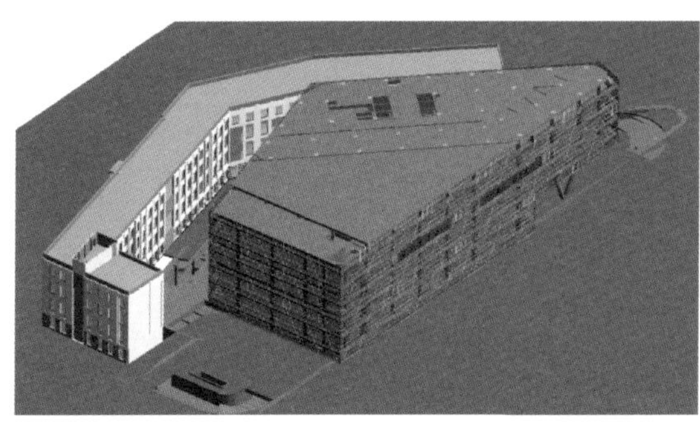

图 4-60 模板施工方案

图 4-61 外脚手施工方案

4.5.3 复杂逆作节点模拟

逆作法特殊节点的处理是保证工程质量的重点，原设计图纸不直观，施工操作人员难以掌握。特别逆作的柱梁节点复杂，种类繁多，且现场的尺寸与图纸也存在一定的偏差，利用 BIM 软件，按实际结构尺寸及配筋情况，按比例模拟结构节点钢筋穿越问题，避免了方案图纸无法实现加工的问题，加快了施工进度，将抽象的图纸具象化，保证了施工准确率。同时通过这种方式对操作工人交底，降低了对工人空间想象能力和施工经验的要求，对于原来一些不会读图的工人也能够准确地理解设计意图进行施工，减少了向工人的交底时间，降低了施工的返工率(图 4-62)。

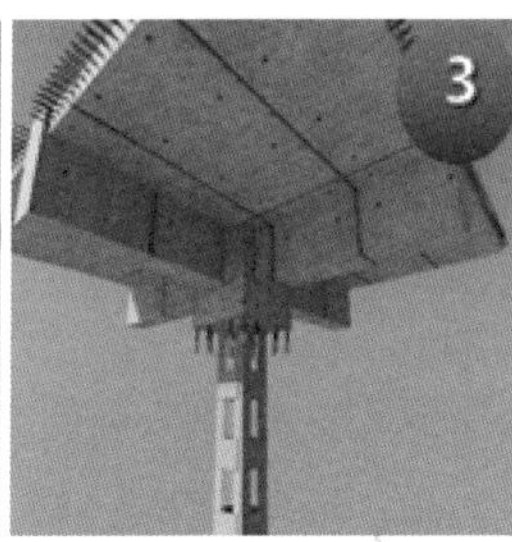

图 4-62 特殊节点 BIM 示意图

4.5.4　管线综合及预埋管理

医疗系统设备众多，管线复杂，采用逆作法施工，管线预埋相对顺作法设计要提前，本工程中采用 BIM 技术对安装管线进行提前优化设计，通过管线碰撞试验，确定管线综合排布，一次性出图，避免分专业出图在现场发生矛盾的情况。

利用 BIM 提供的信息，现场可直接对管线预埋进行对照检查，使管线预埋正确无遗漏(图 4-63—图 4-65)。

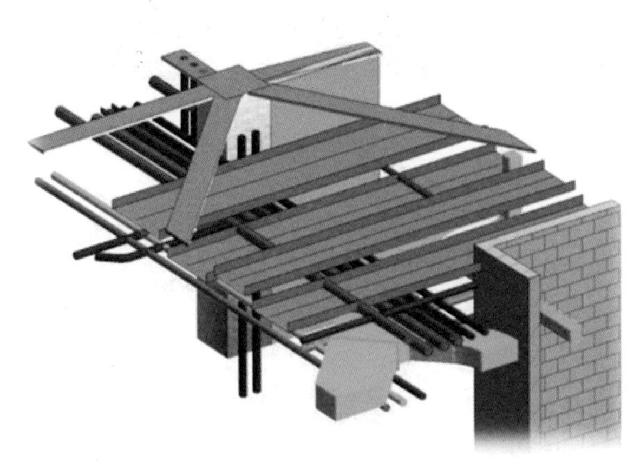

图 4-63　调整前

图 4-64　调整后

图 4-65　施工现场 3D 配合

4.6　“微创”逆作法施工监测技术

4.6.1　监测目的

为有效防范基坑工程施工对工程周边环境及基坑围护本身的危害，采用先进、可靠的仪器及有效的监测方法，对基坑围护体系和周围环境的变形情况进行监控，为工程实行动态化设计和信息化施工提供所需的数据，从而使工程处于受控状态，确保基坑及周边环境的安全，是本次监测的目的。

4.6.2 监测内容

根据本工程周边环境分部特点、基坑自身特性、设计要求、规范规定及类似工程经验，遵循安全、经济、合理的原则设置监测项目如下：

(1) 地下管线位移监测。

(2) 邻房沉降监测。

(3) 坑外地表沉降监测。

(4) 围护墙顶位移监测。

(5) 围护墙体测斜。

(6) 坑外土体测斜。

(7) 坑外水位监测。

(8) 立柱隆沉监测。

(9) 立柱应力监测。

(10) 梁板应力监测。

(11) 承压水水位监测。

4.6.3 监测点布设

监测点的布置综合考虑了工程的特点、围护结构类型及周边环境等因素。为整体把握基坑变形状况，提高监测工作的质量，在相应区域内布设监测点的同时，注重监测断面的测点布设，以了解变形的范围、大小及方向，从而对基坑工程引起的变形有一个全面的清楚的认识，为基坑围护体系和周边环境安全提供准确的监测信息。

在基坑影响范围(3 倍开挖深度)外，布设 3 个垂直位移监测基准点，形成二等水准监测网。每月对这几个基准点进行联测，保证监测网的准确性，确保测量可靠、精确。

在基坑影响范围(3 倍开挖深度)外，布设 3 个水平位移监测基准点，形成二等水平监测网。每月对这几个基准点进行联测，保证监测网的准确性，确保测量的可靠，精确。

1. 地下管线位移监测

根据场地周边地下管线的分布情况，针对基坑施工影响范围内的燃气管、信息管、电力管、上水管、雨水管、污水管拟布设 22＋14＋25＋5＋37＋38 共 141 个管线垂直位移监测点，编号为 R1～R14，X1～X22，D1～D38，S1～S37，Y1～Y25，W1～W5。

管线监测点尽量选设在管线设备出漏点上，若无出漏点则采用模拟点进行布设。监测过程中可根据工程实际情况调整监测点数量及布点位置(图 4-66)。

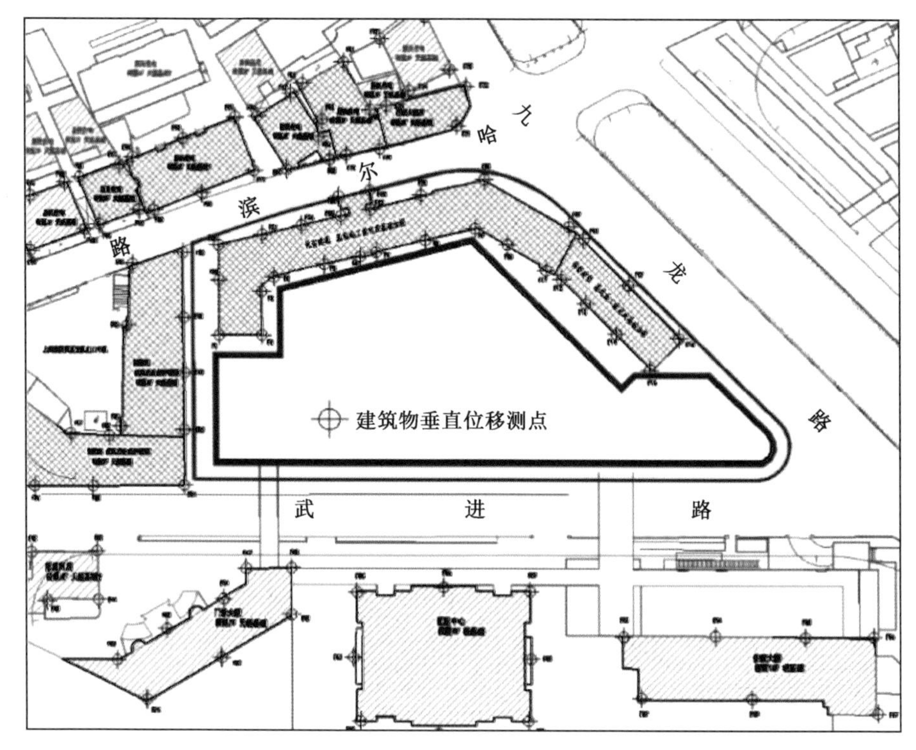

图 4-66 建筑物垂直位移监测点布置图

对于监测的管线不便设置直接点的尽可能以管线敞开井、阀门井、窨井等的井口地面结构作为监测布设点，并涂抹红漆作为监测点标志，考虑到交通流量的问题，道路下敷管线的垂直位移测点应以间接测点为主，例如局部压力管线发生较大变形。

2. 邻房沉降监测

特别监控保留建筑在其基础加固过程中的沉降和差异沉降的发展情况，以及基坑施工过程中 3 倍开挖深度范围内的北侧保留建筑、浅基础住宅，西侧的消防站历时保护建筑，南侧的附属用房、门诊大楼、医技中心、住院大楼等建筑的沉降发展情况。根据场地周边建筑物分布情况，设置建筑垂直位移监测点共计 102 点，编号为 F1～F102。

测点布设方法为，在结构物外立面地表以上 500 mm 处打入射钉，具备条件的地方应设置水准钩作为沉降观测点，并用油漆喷涂测点编号。

3. 建筑物倾斜监测

针对保留建筑、历史保护建筑抗变形能力差的特点，且距离基坑较近，基础加固可能对导致上部结构发生不均匀沉降，基坑施工过程中地层卸载和地下水渗流路径改变都有可能对邻近建筑物造成严重影响，为了防止建筑产生倾覆，对基坑北侧 B 楼和消防站建筑实施倾斜观测，每幢建筑物的四个角点实施东向和北向的倾斜观测（图 4-67）。

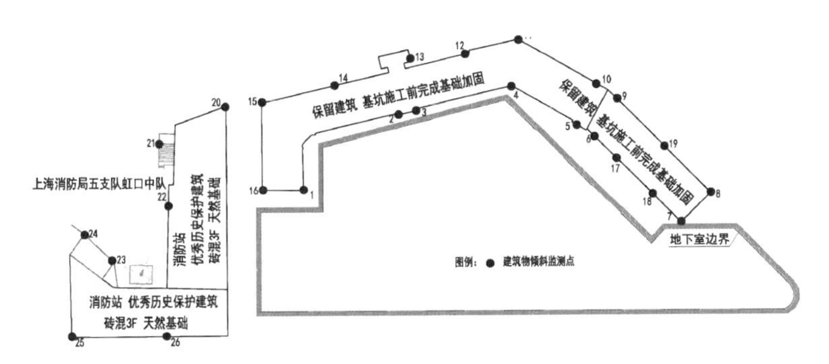

图 4-67 建筑物倾斜监测点

4. 围护体顶部水平及垂直位移监测

围护体顶部位移，是引起周围建筑物、道路、地下管线等变形的主要原因之一。为此结合场地北侧和西侧坑外环境保护要求高的特点，在北侧和西侧加密布置位移监测点，量测围护体顶部水平及垂直位移(图 4-68)。在围护体顶面布设 18 个变形监测点，测点编号为 CX1～CX18。

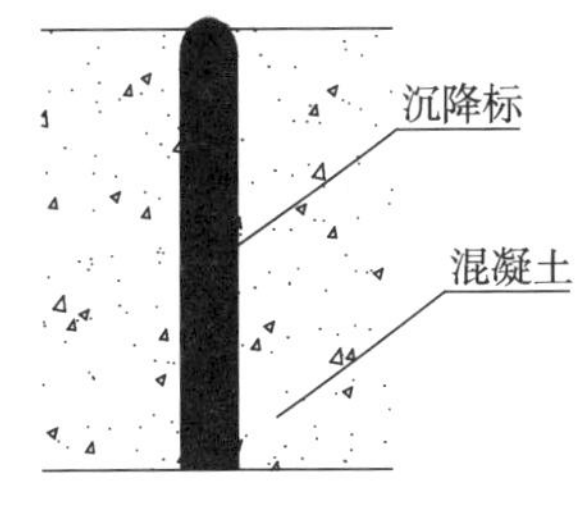

图 4-68 墙顶位移监测点

墙顶位移测点具体布设采用打入钢钉或埋设钢筋并涂抹红油漆作为测点标志。

5. 围护体深层水平位移(测斜)监测

围护结构体侧向位移，是引起周围建筑物、道路、地下管线变形另一个主要原因。通过对围护结构侧向位移监测，可以掌握围护结构的整体稳定与安全。墙体深层侧向位移也反映了墙身的受力情况，故该项监测于墙体自身也是必须的。结合场地北侧和西侧坑外环境保护要求高的特点，在北侧和西侧加密布置位移监测点，共计布置测斜点 14 点，编号：CX1～CX14(图 4-69)。

图 4-69 测斜管安装图

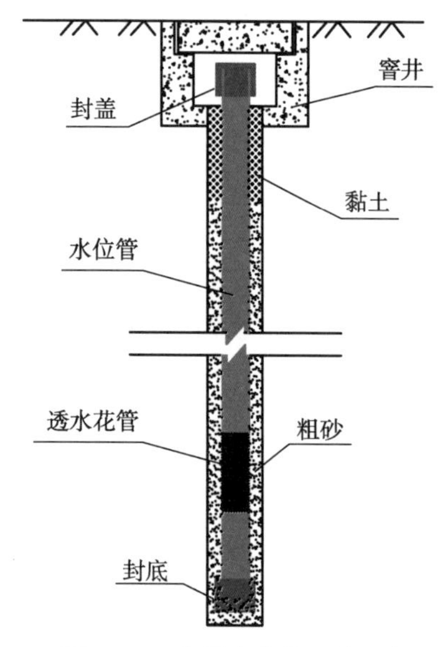

图 4-70　坑外水位管埋设示意图

具体布设时采用测斜管(PVC 管)作为标志，将 PVC 管埋于地下，上覆管套防止雨水或杂物进入，如图 4-70 所示。

6. 梁板主筋应力

本项目基坑采用逆作法施工，利用结构梁板作为水平支撑体系，整体刚度较大，因此发生支撑失稳的可能性不大，但如坑外超载超过设计预期，仍然有可能发生梁板抗力不足，为防止特殊情况可能导致的风险事件发生，拟针对结构主梁的受力主筋实施监测，测量基坑施工过程中受力主筋的应力是否达到或接近屈服强度，如果发生该类事件，需及时告知施工单位、监理、设计等相关各方，避免工程事故的发生。

在地下连续墙与梁板连接处选取 9 根主梁，在主筋上安装钢筋应力计，编号为 YL1～YL9，三层梁板共计 27 个监测断面。

7. 立柱垂直位移监测

在立柱顶(首道梁板顶面)布置垂直位移观测点，以便了解立柱的沉降或隆起情况，反映支撑系统的稳定性。基于以上原因，决定将立柱变形监测点均匀布置在基坑开挖范围内，同时兼顾考虑施工出土线路，着重关注土方车、吊机等行车路线可能对立柱变形造成的影响。基坑立柱沉降监测点共布置 18 点，编号：L1～L18。

测点具体布设采用打入钢钉或埋设钢筋并涂抹红油漆作为测点标志。

8. 坑外潜水水位变化监测

地下水水位的降低可以引起土体沉降，从而导致周边建筑物以及市政管线沉降变形。因此监测地下水位的变化，通过对水体水位观测资料的分析，可指导基坑降水及挖土工作，从而使周边环境得到有效保护。同时通过水位的变化可以了解围护墙的止水效果。基坑坑内降水时，不可避免会引起坑内外水头差，一旦发生围护墙渗漏和绕流现象，很可能引起坑后地表的沉降，这对周边环境的位移控制是极为不利的。考虑到围护渗漏可能对保留建筑、历史保护建筑造成影响，在该区域加密布设水位测点。

拟布设坑外潜水位观测井 11 孔，编号：SW1～SW11，孔深 8 m。

具体布设时采用水位管(PVC)管作为标志，将 PVC 管露出冠梁 200 mm 左右，上覆管套防止雨水或杂物进入。对于水位管保护可在水位管旁砌筑 500 mm 的砖墩保护或采用自来水井盖盖住保护。

9. 坑外地表沉降监测

由于坑内卸载、围护变形、围护渗漏水，坑底隆起等因素均可能导致坑外地表沉降，为反映基坑施工对坑外地表变形的影响程度，在武进路一侧设置 3 组地表沉降监测断面，每组布设 5 个测点，测点间距离基坑由近到远依次增大，间距分别为 1 m，

3 m，5 m，10 m，如图 4-71 所示。

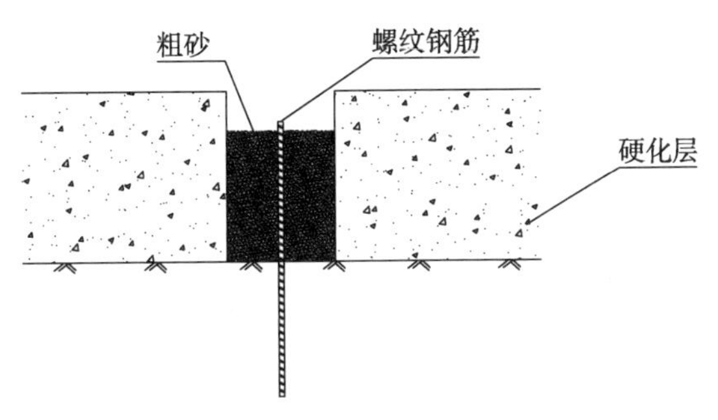

图 4-71 地表沉降监测点埋设示意图

布设方法为：在地表打入道钉，并喷涂测点编号。

4.6.4 监测设备及技术要求

基坑围护体各项目监测所采用的监测设备以及技术要求如表 4-1 所示。

(1) 垂直位移使用自动安平精密水准仪，观测方法为环线闭合法，精度为 ±0.3 mm。

(2) 水平位移观测采用高精度全站仪，测试方法为坐标法。

(3) 围护墙深层侧向位移观测采用伺服式数字自动记录测斜仪，精度≤±1 mm。

(4) 水位观测采用电感应水位测试仪，精度为±1 cm。

(5) 钢筋应力量测采用钢弦式钢筋计，并用 VW-1 振弦读数仪测量，测量精度为满量程的 1%。

表 4-1 监测设备清单

名称	型号规格	数量	产权
测斜仪	国产 CX-3 型	2 套	自有
全站仪	LEICA 1201	1 套	自有
经纬仪	J2	1 套	自有
精密水准仪	NA2，DSZ2	各 1 套	自有
频率仪	VW-1	1 台	自有
水位仪	SW-20	1 台	自有

4.6.5 监测数据分析

1. 建(构)筑物垂直位移监测

第一人民医院项目中需要重点监测周围建筑物的沉降变形。根据监测数据可以看出，基坑施工过程中周围建筑物呈向下变形的趋势，基坑开挖前期，建筑物沉降位移发展较快，在工程后期，建筑物竖向沉降逐渐趋于平稳。整个过程中建筑物竖向变形最大为 6.5 mm，小于警报值（10 mm），建筑物沉降在可控范围内，如图 4-72 所示。

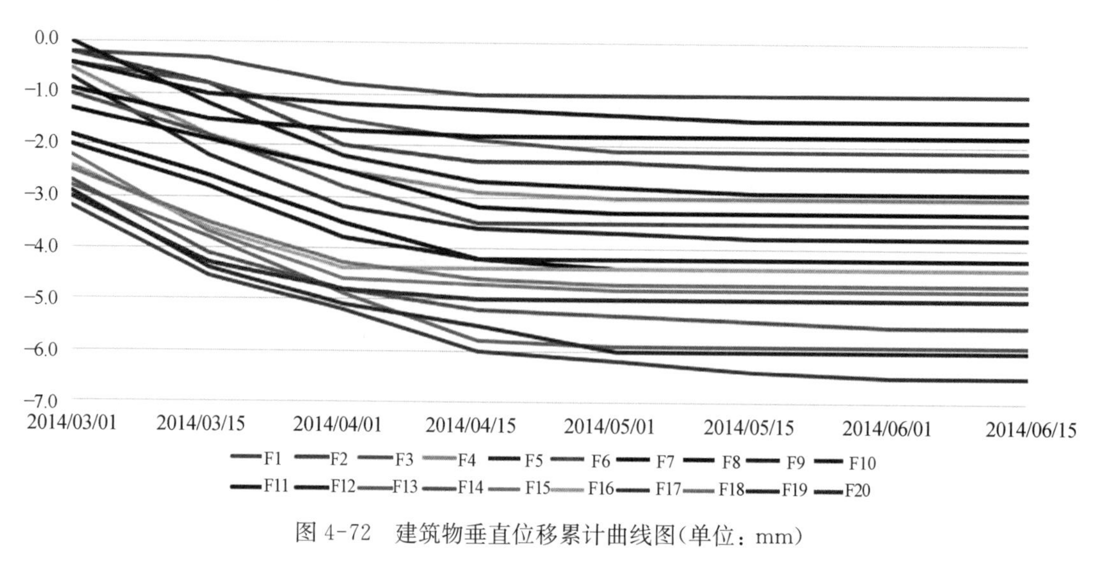

图 4-72　建筑物垂直位移累计曲线图（单位：mm）

2. 建（构）筑物倾斜监测

基坑开挖施工过程中，施工建筑物倾斜随时间的变化呈不断变化趋势，施工后期倾斜趋于平缓。本工程对施工场地内建筑倾斜的影响较小，其中最大累计值为 0.4‰，不超过警报值的 3‰，建筑物倾斜在可控范围内（图 4-73）。

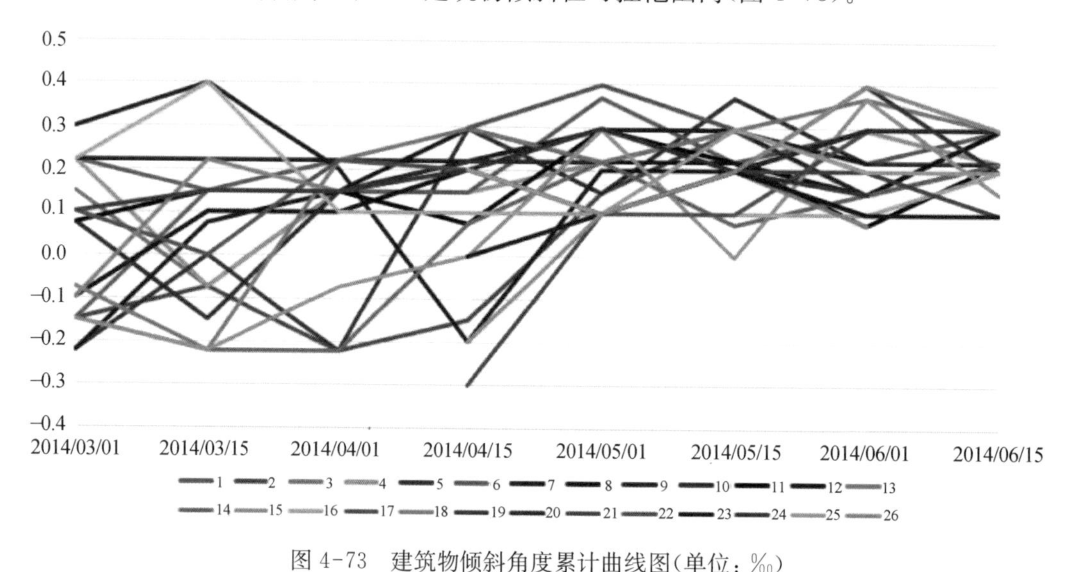

图 4-73　建筑物倾斜角度累计曲线图（单位：‰）

3. 围护体系及周围管线变形情况

逆作法施工利用地下室水平结构代替基坑支撑的原理，受力良好且合理，围护结构变形量小，14 个地墙深层水平位置监测点数据均小于 30 mm，最小变形为

23 mm；从地下室施工开始支撑轴力及坑外水位监测也处于正常状态，因而对基坑邻近建筑及道路、管线的影响也较小，均处于受控范围以内。

4.7 焕然一新的上海市第一人民医院

4.7.1 改造后的第一人民医院

上海市第一人民医院项目利用低扰动微创施工技术，在紧邻既有建筑的情况下成功增设地下室，最大限度地减少了在市中心闹市区施工的影响。在保证上部建筑结构安全的前提下，对这座历久弥坚的医院进行了更新，在工程中积累的经验填补了国内在该领域的空白，为以后类似的医院建筑改扩建提供了科学依据和实践经验(图 4-74)。

图 4-74　第一人民医院改造效果图

4.7.2 社会及经济效益

1. 噪声控制，不扰民

由于逆作法在施工地下室时是采用先表层楼面整体浇筑，再向下挖土施工，故其在施工中的噪声因表层楼面的阻隔而大大降低，从而避免了因夜间施工噪声问题而延误工期。夜间进行结构施工，外围噪声基本没有影响。在地下室逆作法施工阶段，施工现场噪声未有超过《建筑施工场界噪声限值》(GB 12523—2011)规定的要求，真正做到了不扰民。

2. 基坑及周边环境变形得到有效控制

逆作法利用板代撑的原理，受力良好且合理，围护结构变形量小，14 个地墙深层水平位置监测点数据均小于 30 mm，最小变形为 23 mm；从地下室施工开始支撑轴力及坑外水位监测也处于正常状态，基坑邻近的保护建筑消防站、保留建筑 B 楼及道路、管线均处于受控范围以内，保证施工期间的正常使用。

3. 节约总体工期

本工程采用半逆作施工，减少了支撑拆除及水平结构养护时间，且地下室在半封闭状态下施工，又减少了风雨影响，本工程地下三层自挖土至地下室结构完成历时为 152 天，相较同期施工采用传统顺作法的同类工程节约了 2 个月的工期。

4. 扬尘控制，绿色施工

通常的地基处理采取开敞开挖手段，产生了大量的建筑灰尘，从而影响了城市的形象；采用逆作法施工，由于其施工作业在封闭的地表下，可以最大限度减少扬尘。在地下室逆作法施工阶段，施工现场扬尘控制在 0.4 m，保证现场施工环境及人员健康。

逆作地下挖土及结构作业均在地下封闭空间内进行，声光尘施工对一路之隔的医院南院及周围居民影响极小，未发生一起医患及居民的投诉，有效保障了工程的顺利推进。同时由于逆作施工，B0 板作为施工场地，没占用医院内部的其他场地，缓解了因施工带来周边交通及医院内用地紧缺的压力，保障了施工期间医院的正常运维。

与医疗“微创手术”需要较高的技术水平和先进的设备相类似，逆作法施工会存在接头处理多、技术针对性强、施工精度要求高、分包素质及管理要求高等因素，这导致逆作法施工成本较高，但通过多年的摸索和对逆作法工艺不断改进，本工程的成本已与传统顺作基坑施工成本基本持平，由于节约了工期，将会为建设单位提供更大的经济效益与社会效益。

5 平推逆作法地下空间开发——江苏省财政厅

5.1 百年历史变迁的"见证者"

南京市拥有众多民国时期的历史建筑，不仅数量众多，而且涉及政治、经济、文化、社会生活等各个方面，具有规格高、类型全的特点。自 1912 年 1 月 1 日，随着孙中山先生在南京宣誓就任中华民国临时政府大总统，南京民国建筑的历史由此拉开序幕。南京是中国第一个按照国际标准、采用综合分区规划的城市；《首都计划》将南京从功能上划分为六个区域：中央政治区、市级行政区、工业区、商业区、文教区、住宅区。其中，北京西路一带属于高级住宅区，在位置上紧邻颐和路片区。凭借区域上的优势与政府的扶持，逐渐成为当时社会名流与政府要员的聚居之地。

江苏省财政厅项目的两栋民国建筑正位于北京西路片区，属于当代存量非常有限的民国住宅建筑，具有难以替代的历史意义。作为民国时期的住宅建筑，该建筑参与了当时社会机能之运行，通过它，人们不仅仅能感触到历史的深度，还能从中找寻到解决当下问题的灵感，具有很高的史学研究价值。

位于南京市北京西路 57 号的民国建筑，如图 5-1 所示，始建于 1937 年，为时任中国地产公司经理周云程所有。1949 年前，曾租给美国救济事业委员会，后由人民政府代管，曾先后作为南京市委会、三野政治部的办公场所，原南京军区装甲兵司令员肖永银、高豪夫妇曾经寓居在此，现在为江苏省省级机关事务管理局所有。2014 年 6 月 30 日，北京西路 57 号民国建筑被公布为南京市鼓楼区不可移动文物保护建筑。

图 5-1　位于北京西路 57 号的保护建筑

位于南京市天目路 32 号的保护建筑是一座民国时期的别墅，是曾任国务院参事、民革中央委员的李世军于 1946 年委托徐根记营造厂营造，图 5-2 为孙中山为李世军颁发的委任证书。甘雨湘嫁给李世军后，此宅遂为甘氏所有。1980 年前李世军与夫人甘雨湘居住于此。1982 年，江苏省国画院副院长亚明购得此宅并进行了一定改造，样式保留至今。项目改造前，天目路 32 号已经处于长期无人使用的状态，改造前的状况如图 5-2 所示。

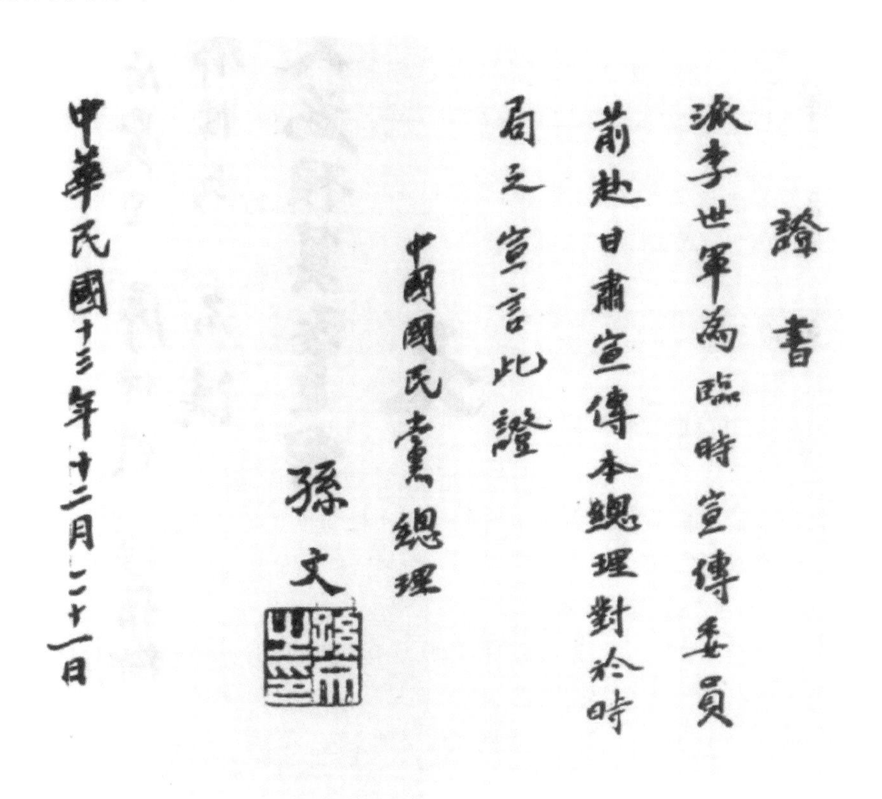

證書

派李世軍為臨時宣傳委員前赴甘肅宣傳本總理對於時局之宣言此證

中國國民黨總理

孫文

中華民國十三年十二月二十一日

图 5-2　李世军委任证书、天目路 32 号民国时期的建筑

江苏省财政厅的这两栋民国建筑具有独特的风格，主要采用当时西洋建筑的构图方式，又使用中国的砖木作为结构材料，风格朴实端庄，具备西方古典田园式住宅的特征。这种建筑风格，现在被称为“中西合璧式建筑”，对于建造之时而言，则是一种“现代化的中国建筑”。

北京西路57号的民国建筑与天目路32号的民国建筑彼此相邻，一南一北。仿佛是一种默契，经历了近百年的时代变迁，周围已经盖起了现代化的高楼大厦，而这两幢民国建筑依然保持着最初的模样。如今，两栋建筑都属于历史文物保护建筑。

古人云：“君子之泽，五世而斩；小人之泽，五世而斩”，短短近百年，人事变迁，岁月沧桑，而建筑就在那里，不言不语。

5.2 历史建筑的涅槃重生之路

5.2.1 时代需求

改革开放以来，我国国民经济高速发展，城市建设浪潮高涨，全国城市机动车保有量急剧增长。目前国内大城市普遍出现土地资源紧缺的问题，以往常见的地面停车场已经难以承载城市的停车需求，各大城市中心均出现了不同程度的“停车难”问题，亟需立体化的空间开发模式。

本项目地处南京市北京西路片区，属于民国时期历史保护风貌片区。天目大厦位于南京市鼓楼区北京西路与西康路交汇处，是一幢26层的高层建筑，江苏省财政厅在天目大厦中办公。天目大厦原有两层地下室，可供给停车位58个，难以满足江苏省财政厅的停车需求(按照办公建筑每100 m^2 需要0.5个车位计算，共应至少具备128个车位)，因此需要扩建地下停车场。

江苏省财政厅在天目大厦东面的两栋民国建筑下方扩建地下停车场，同时保护北京西路片区历史风貌和民国时期历史建筑。由于两栋民国建筑因建设年代久远，经鉴定主体结构老化破损严重，安全性能低于相关规范要求，存在较大的安全隐患，考虑对地上民国建筑进行修缮保护。因此，在比较苛刻的环境和场地条件下，需要既保护民国时期历史建筑又满足省财政厅扩建停车需求。

5.2.2 未来之路

现存的两栋民国时期的建筑近年来并未得到细致的保护，天目路32号尤为明显，已经完全废弃使用。其建筑结构、材料与设备老化，并存在不同时期的加建。结合本次改扩建设计，考虑对天目路32号进行加固修缮保护，建成后结合地下负一层用作财政厅展览馆。北京西路57号民国建筑经过简单整修现作为江苏省财政厅办公场所，结合本次工程考虑对结构进行加固，替换残损的构件，修缮后仍用作财政厅办公。两栋历史建筑下方的整片场地内开发8层全自动智能仓储式平面移动机械车库，共252个车位，全部用于江苏省财政厅停车使用，如图5-3所示。

图 5-3 地下 8 层停车库

5.3 全场地地下空间开发方案设计

5.3.1 江苏省财政厅项目场地特点

1. 周边环境

江苏省财政厅项目位于南京市北京西路与西康路交汇处东南偶，北邻北京西路（地下为在建地铁 4 号线），南邻天目路，西侧为天目大厦，规划占地面积约 1 500 m^2，项目总平面图如图 5-4 所示，该项目地处南京市繁华的市中心区域，地理位置显赫，

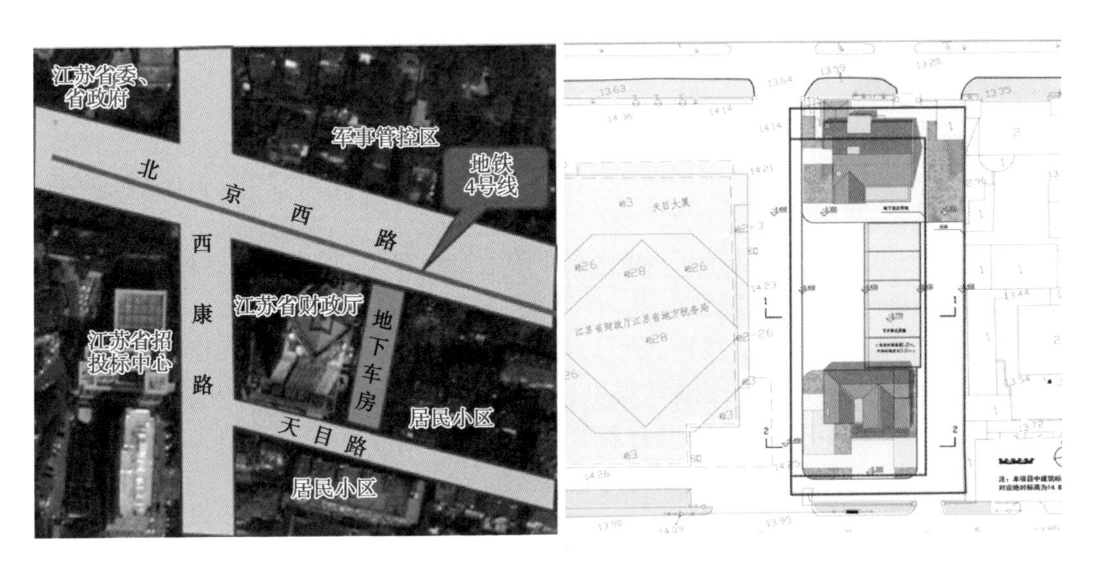

图 5-4 项目总平面图

社会影响广泛。

北侧：北京西路，地铁4号线已运营，该路段为禁区人流量大，对材料及设备进出影响大；场地内部北侧为建筑北京西路57号民国古建筑，该建筑为省级保护建筑。

南侧：为天目路，路段狭小且靠近基坑一侧路面有高压电线，对南侧围护施工阶段存在影响；场地内部建筑天目路32号民国古建筑，该建筑为省级保护建筑。

西侧：基地红线与地下室相重叠，且基坑边距天目大厦6.5 m。

东侧：多栋砖混结构老建筑，与该侧基地红线距离6.7 m。

2. 地质概况

项目场地内的地质情况如图5-5所示。

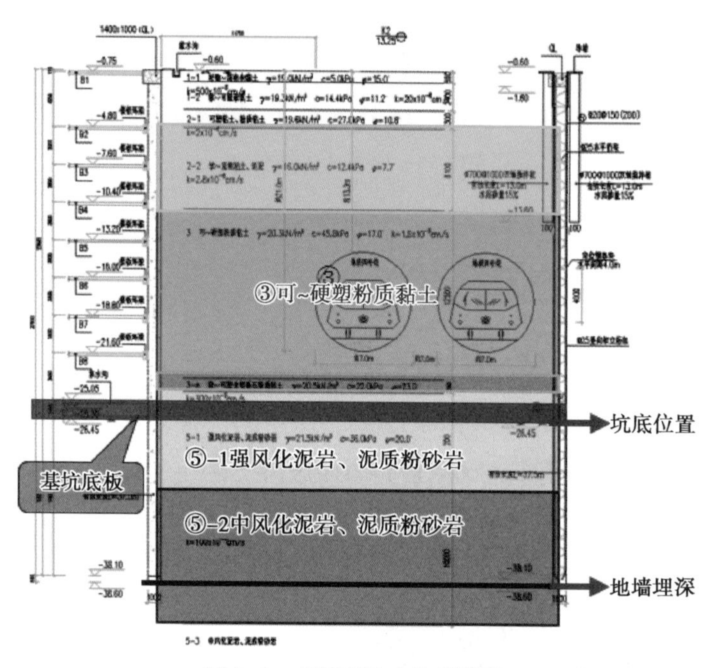

图5-5　项目场地内地质情况

（1）场地地下水。根据勘探所揭示的地层结构，场地地下水分为潜水、弱承压水和基岩裂隙水。

（2）弱承压水。弱承压水含水层由覆盖层底部③e层含卵砾石粉质黏土构成。隔水顶板为③层粉质黏土。

（3）基岩裂隙水。场地下伏基岩完整性较差，基岩强风化层和中风化岩体裂隙中有地下水分布。由于该含水层和上覆③e层含卵砾石粉质黏土相接，其水力联系密切，含水层中的地下水亦具有弱承压水的性质，基岩裂隙水补给来源为上覆孔隙水的越流补给和侧向径流，以侧向径流和逐渐下渗为主要排泄方式。

3. 项目特点

综上分析，江苏省财政厅项目具有以下特点：

（1）场地狭小。本工程规划建设总用地为1 722 m^2，基坑面积为1 100 m^2，且基坑内南北两侧各有一栋民国建筑，基地可利用场地面积十分狭小，现场的临时设施布置、材料加工堆放、车辆等存在难题。

(2) 周边环境复杂，保护要求高。基坑内有保护建筑：基坑北侧有北京西路57号民国建筑，基坑南侧有天目路32号民国建筑。江苏省财政厅院落改造项目位于南京市北京西路与西康路交汇处东南偶，北邻北京西路(路中地下为在建地铁4号线)，南邻天目路，西侧为天目大厦。该项目地处南京市繁华的市中心区域，地理位置显赫，社会影响广泛。周边管线多：北京西路、天目路管线分别有电力管、路灯管、给水管、雨水管、天然气管、电信管、污水管、路灯管等重要市政管。

(3) 项目工期极紧。由于此项目地处地铁4号线附近，地下车库边线仅12 m，根据南京市地下铁道工程建设指挥部审批文件，建议在该路段地铁隧道建成前完成该项目施工，并且需要考虑后期地铁施工对项目的影响，项目地下结构设计时应进行必要的加强。

最终通过预估算，要求工期396天，包括前期准备、桩基围护施工、结构装饰安装施工等，施工工期极紧。

5.3.2　场地内建筑及地下室结构概况

1. 既有建筑结构概况

本项目所处的场地为一个长55 m、宽20 m的狭长矩形场地，场地北侧为北京西路57号民国建筑，南侧为天目路32号民国建筑，西侧为26层的天目大厦，建筑的相对位置如图5-4所示。

位于北京西路57号的民国时期建筑为三层砖混结构，如图5-6所示，一层建筑面积为188.7 m^2，二层建筑面积为165.3 m^2，三层阁楼建筑面积为135.1 m^2，总建筑面积为489.1 m^2，总高度为13.115 m，此建筑2008年曾进行过翻新改造。

位于天目路32号的民国时期建筑为两层砖木结构，如图5-7所示，一层建筑面积为188.1 m^2，二层建筑面积为136.1 m^2，总建筑面积为324.2 m^2，经过两次改建，改造前处于废弃状态。

图5-6　北京西路57号　　　图5-7　天目路32号

2. 改造建筑结构概况

工程内容主要包括 8 层地下车库开发及地上的两栋民国建筑修缮。地下车库采用逆作法施工，结构形式为钢筋混凝土框架结构体系，如图 5-8 所示。地下室结构标准层(B2—B7)高度为 2.8 m，基坑普遍开挖深度 25.85～27.65 m，土方总量约为 30 000 m^3。

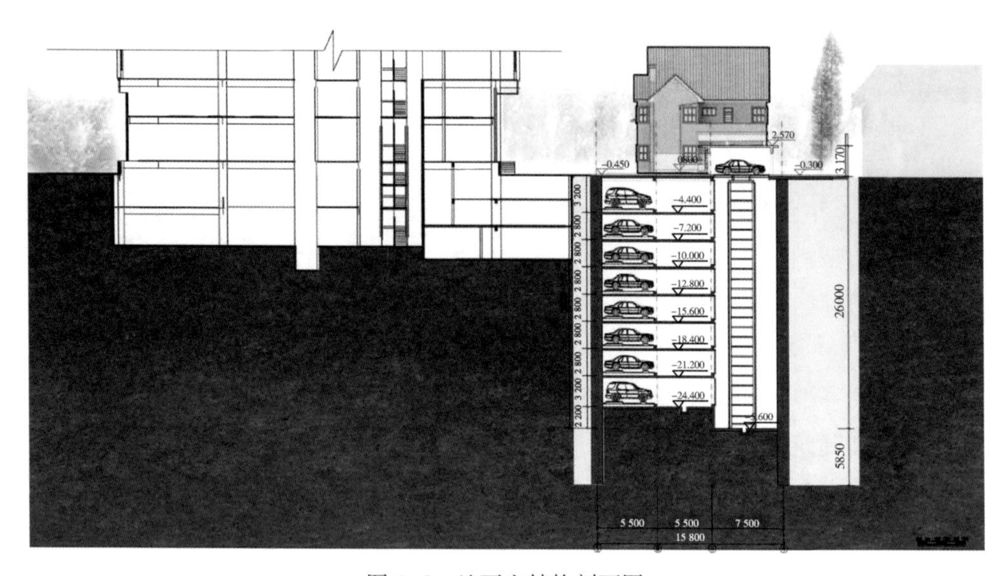

图 5-8　地下室结构剖面图

5.3.3　基坑方案对比及效益分析

1. 基坑设计方案

江苏省财政厅增设地下室项目具有一些非常鲜明的工程特点：场地仅有 55 m ×20 m，极为狭小；场地内存在两栋需要保护和修缮的民国时期的历史建筑，不可拆除；场地边缘紧邻 26 层的天目大厦，施工期间该大楼正常办公；全场地开发 8 层地下室，基坑体量较大。

若基坑施工采用顺作法，超深基坑的支撑费用较高，施工对周边建筑和环境影响较大，大开挖施工易受天气影响，且施工场地布置困难。另外，运营中的天目大厦紧邻超深基坑，不仅将对其内部办公的员工造成一定程度的不良心理影响，且大开挖施工形式下的噪音、粉尘等污染较大，对周边的办公环境造成不利影响。

若基坑施工采用逆作法，可省去大量基坑支撑费用和工期，以地下室永久结构代替基坑临时支撑，基坑变形可得到更有效的控制，施工对周边建筑和环境的影响较小。逆作法的基坑开挖较为隐蔽，受天气影响较小。地下室顶板完成后，可在顶板上方布置施工场地，缓解了场地狭小、场地布置困难的问题。且逆作法施工属于隐蔽施工，对周围正在运营中的建筑影响较小。综合考虑以上因素，最终确定采用逆作法施工技术进行地下空间开发。

5.3.3.2 历史建筑保护方案设计

针对施工场地内存在的两栋民国时期历史建筑，考虑到历史建筑的保护需求，初步设计了老建筑的原位托换保护、老建筑的平移保护两种方案。结合基坑的逆作法施工，形成了历史建筑的原位逆作法地下空间开发、历史建筑的平推逆作法地下空间开发两种方案。两种方案的设计与比选如下：

(1) 方案一：历史建筑的原位托换保护和原位逆作法

本工程场地原状如图 5-9 所示，红线为拟建地下室边线。

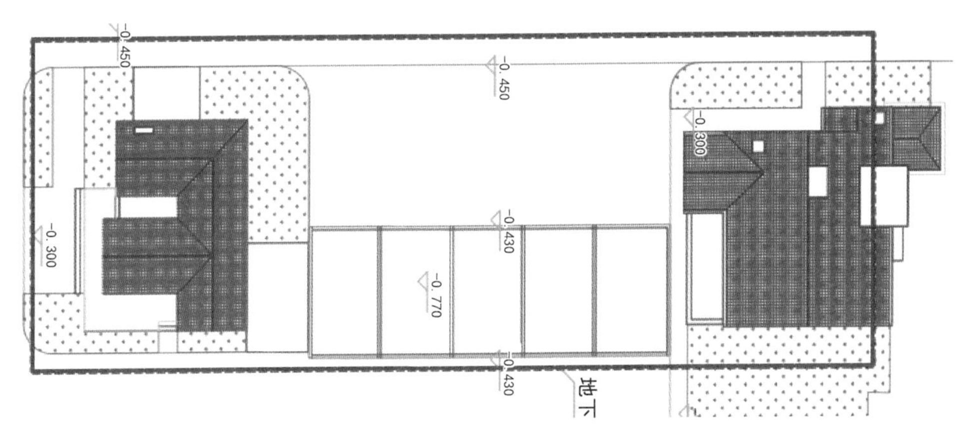

图 5-9 场地原状

若对场地内历史保护老建筑采用原位托换技术进行保护，一般可采取托换桩+托换梁的形式，将上部结构的荷载由托换梁和桩基传递至更深的土层，从而改变老建筑的浅基础承载模式。工程若采用原位托换逆作法技术，必然涉及桩柱一体技术的使用，场地北边的历史保护建筑在地下室边线范围外，这给地下连续墙的施工带来不便。因此原位托换逆作法由于施工难度大、需改动原结构、建造成本高等原因并不适用于本工程。

(2) 方案二：历史建筑平移保护和平推逆作法

结合基坑施工和历史建筑的保护需求，本工程采用平推逆作法进行地下空间开发。本工程基坑挖深 25.7 m，地下 8 层为混凝土框架结构。基坑围护结构采用 1 000 mm 厚地下连续墙，西侧地墙深度为 39.7 m，东侧地墙深度为 37.7 m。工程共有 17 根立柱桩，28 根抗拔桩，采用地下结构梁板作为基坑水平支撑，钢管混凝土柱和灌注桩作为基坑竖向支承。立柱桩为 Φ1 200 旋挖灌注桩，地下室立柱采用 Φ500×25 钢管混凝土柱。场地分区及桩的布置如图 5-10 所示。

本工程采用平推逆作法技术，结合地上保护建筑的平移和地下室分块逆作施工，从而实现历史建筑的保护和狭小场地内的超深地下空间开发。平推逆作法施工时，首先将两栋历史保护建筑整体平移至场地南侧，然后施工场地北侧的围护结构、桩基和地下室顶板；再将两栋保护建筑整体平移至北侧地下室顶板上方，开始施工场地南侧的围护结构、桩基和地下室顶板；基坑的整体围护结构和地下室顶板施工完成后，可将建筑移回原位并开始修缮和改造工作，与此同时进行地下室的逆作法施工。图 5-11—图 5-22 为平推逆作法的总体施工流程图。

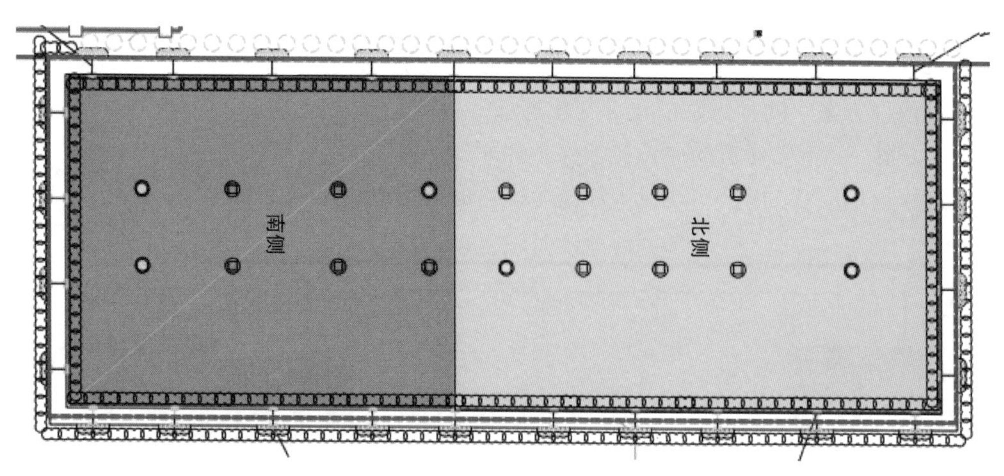

图 5-10　拟建设场地分区域

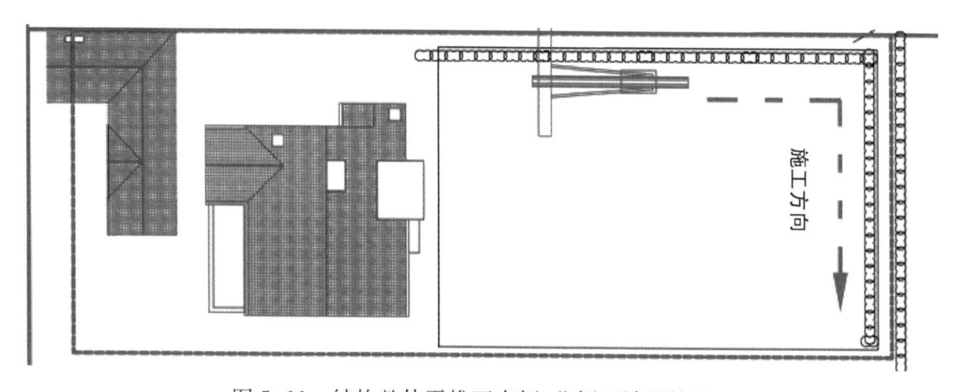

图 5-11　结构整体平推至南侧，北侧区域围护施工

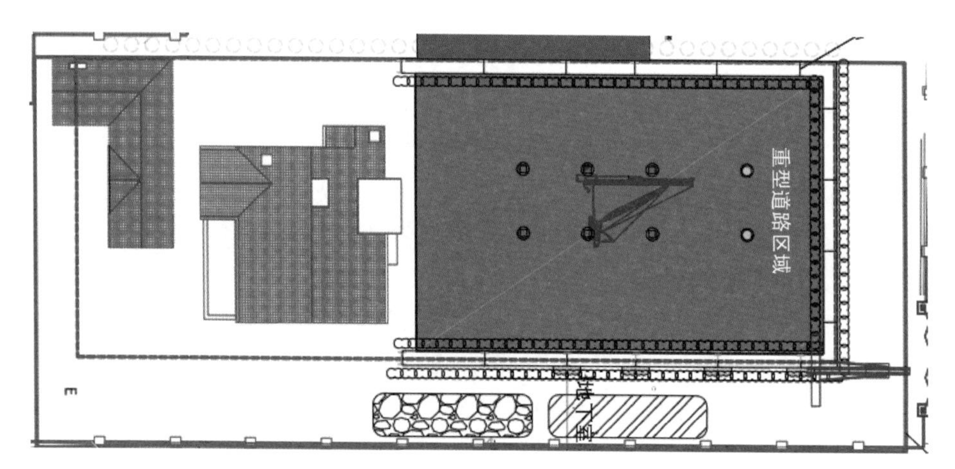

图 5-12　北侧桩基施工

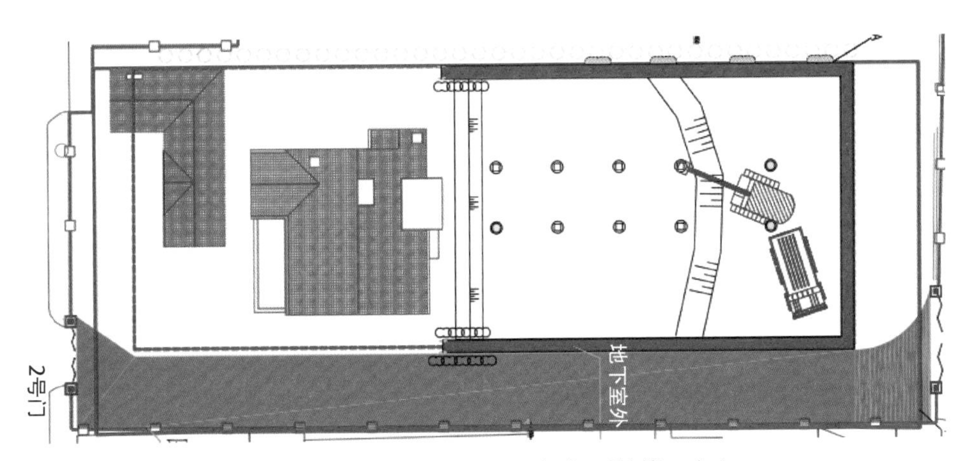

图 5-13 北侧区域围护施工完成,开挖第一皮土

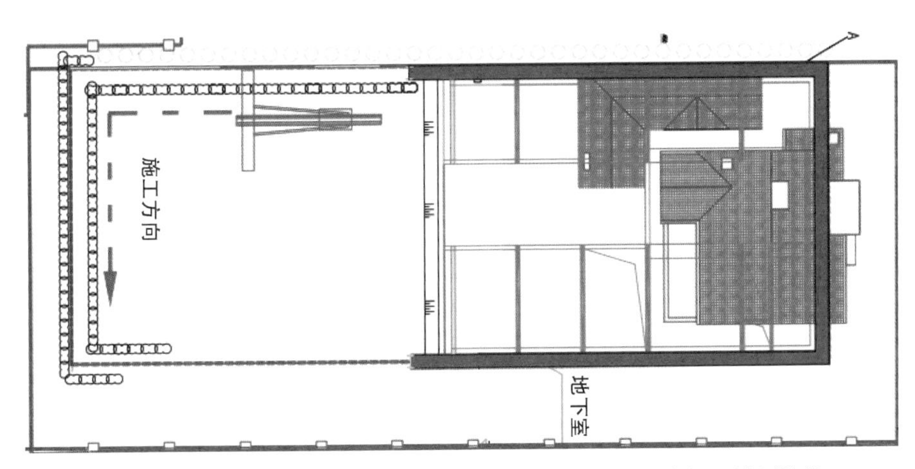

图 5-14 北侧 B0 板施工完成,结构整体平移至北侧区域,南侧区域围护施工

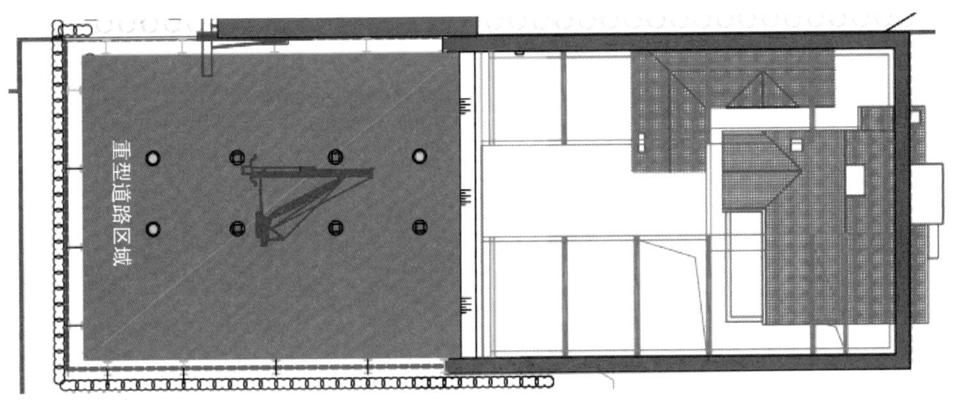

图 5-15 南侧区域桩基施工

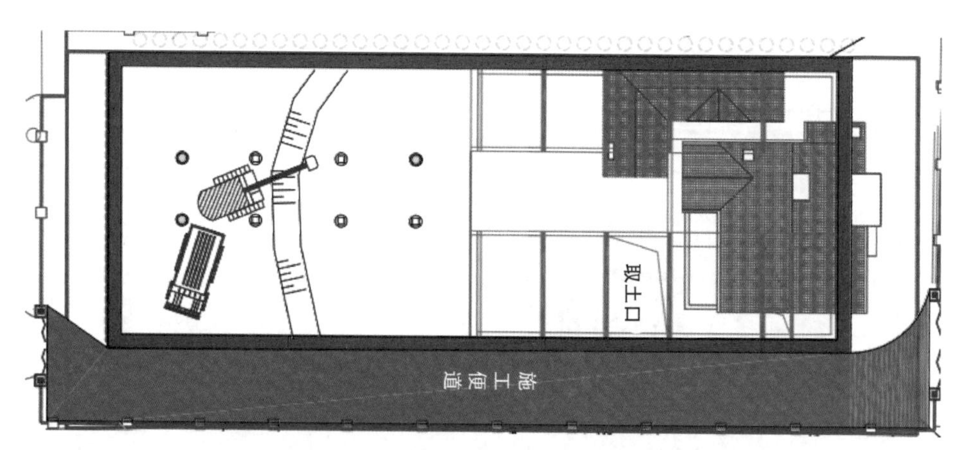

图 5-16　南侧区域土方开挖，B0 板浇筑

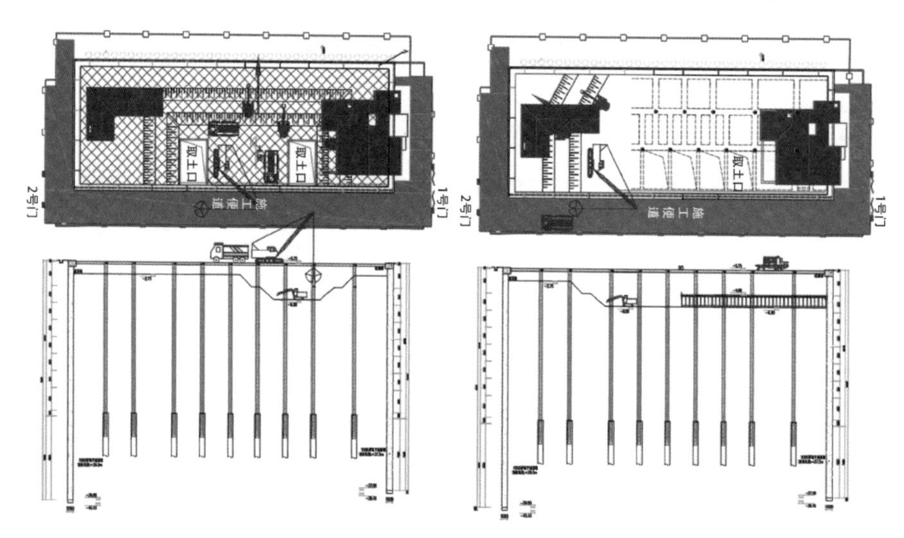

图 5-17　结构移回原位，地下一层开挖，B1 板施工

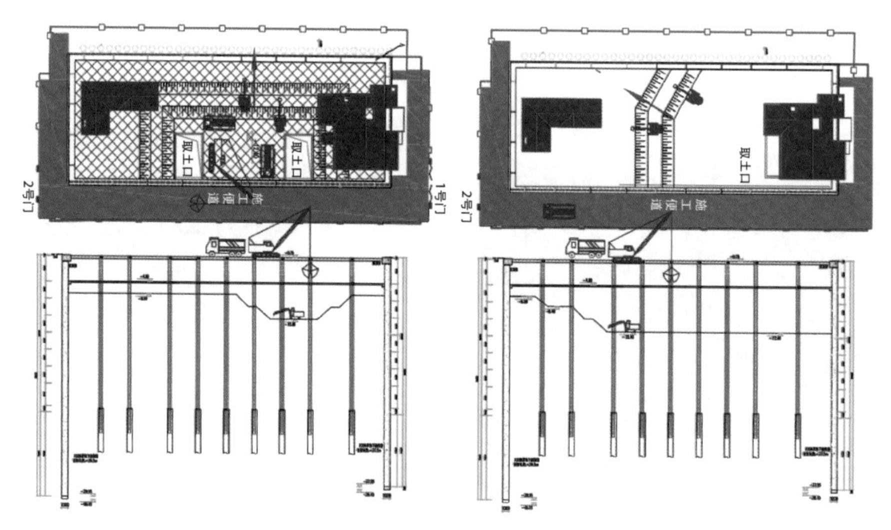

图 5-18　地下二、三层开挖，B3 板施工(跃层施工)

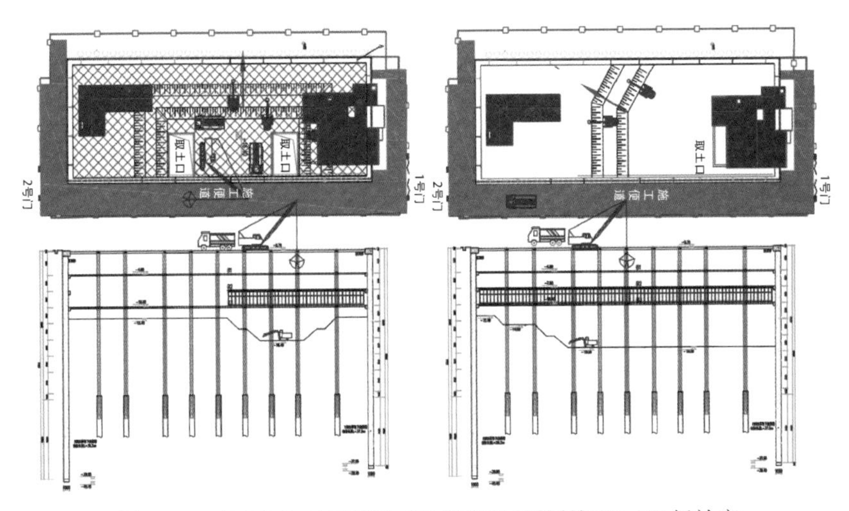

图 5-19 地下四、五层开挖，B5 板施工(跃层施工)，B2 板补齐

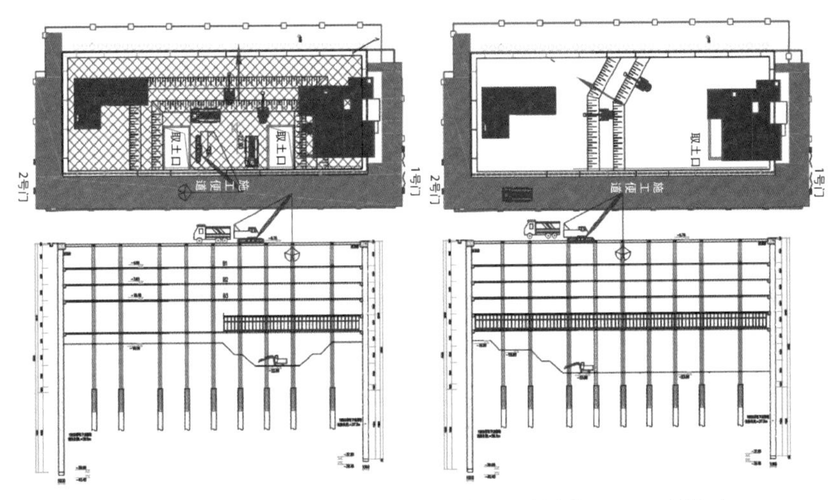

图 5-20 地下六、七层开挖，B7 板施工(跃层施工)，B4 板补齐

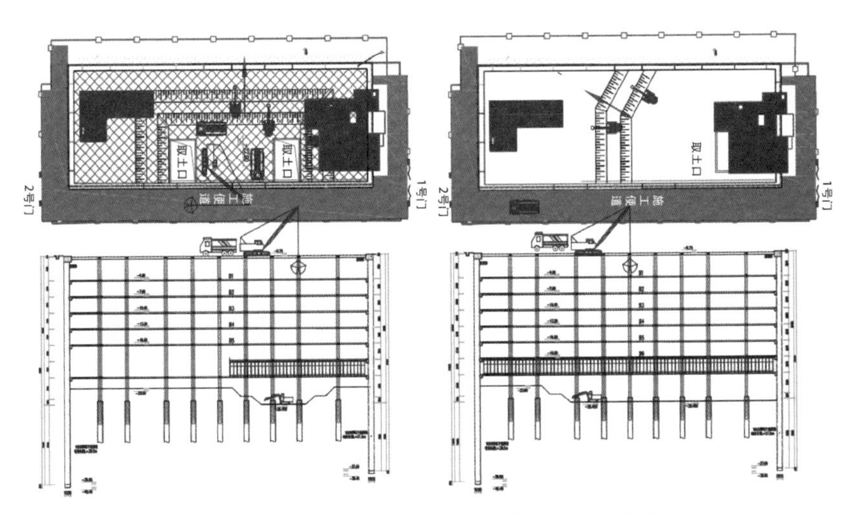

图 5-21 最后一层开挖，底板施工，B6 板补齐

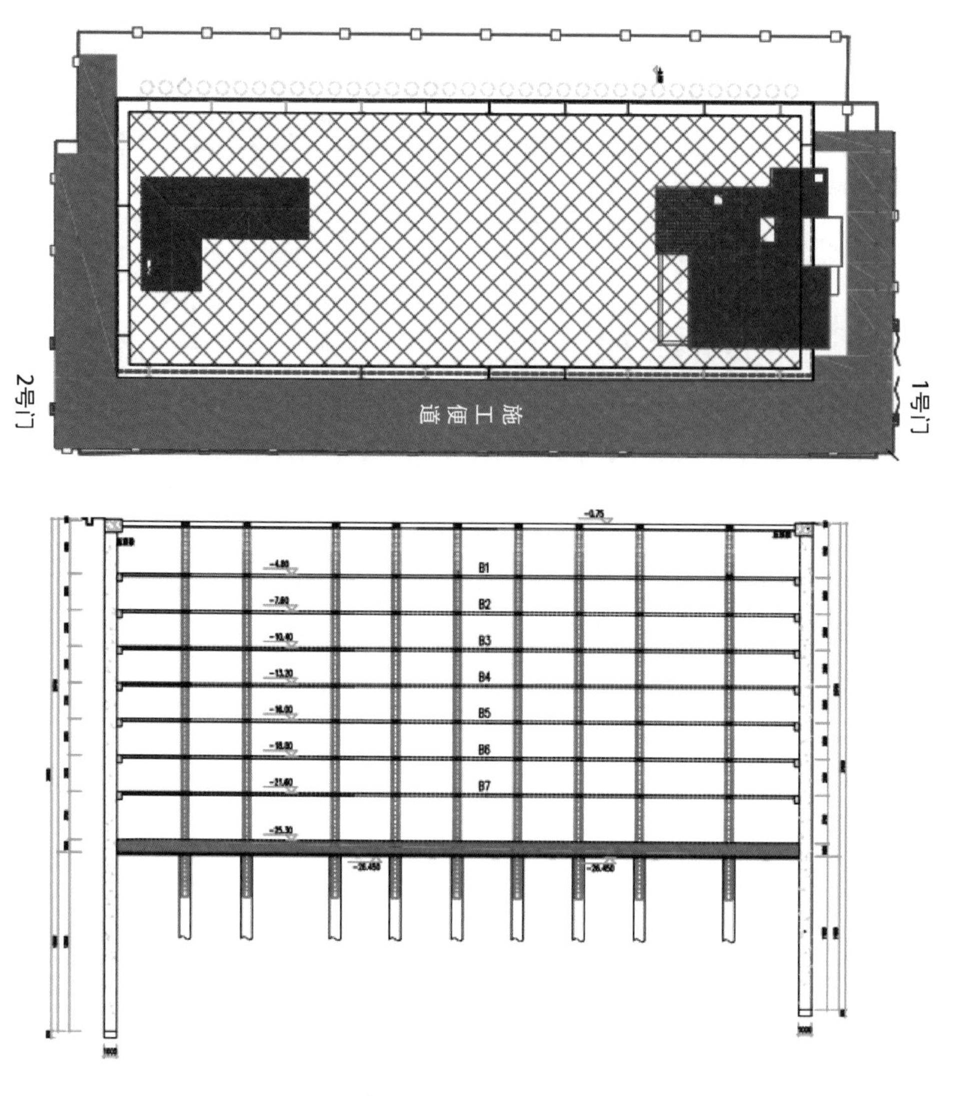

图 5-22　底板施工完成

此外，由于地下机械停车库层高较低，南京地区土质较好，采用逆作法跃层施工可大幅节省工期，即 B1 板完成后即开始间隔一层的跃层施工，顺序为 B3，B5，B7，后续 B2，B4，B6 板，在下一步跃层土方开挖过程中进行上一层楼板的施工。

3. 基坑设计方案的有限元分析

项目基坑西侧是 26 层的天目大厦，含两层地下室，大厦地下室外墙距离本工程地下连续墙仅 4.5 m，通过有限元模拟计算，分析平推逆作法地下空间开发过程对天目大厦的影响。模型如图 5-23 所示。

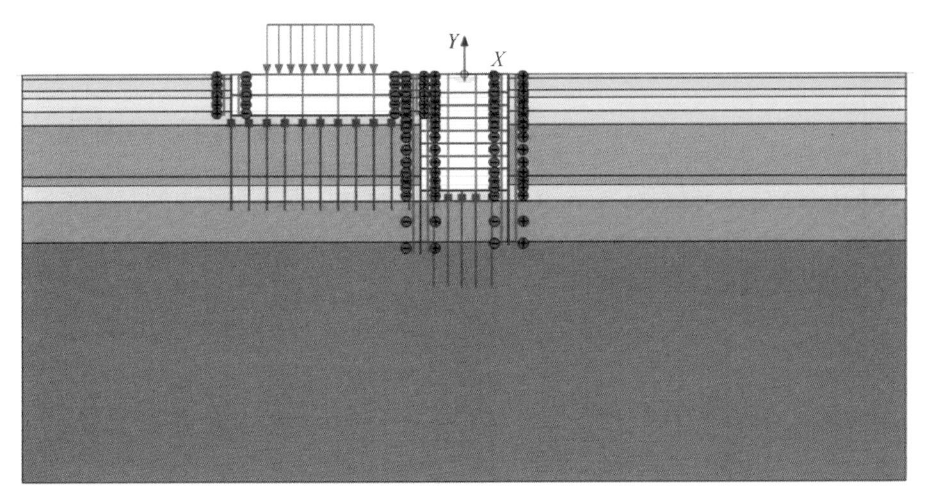

图 5-23 有限元计算模型

通过有限元计算可知，本工程地下车库结构完成时，天目大厦桩基最大竖向位移为 2.021 mm，如图 5-24 所示。江苏省财政厅项目周边建筑物沉降监测如图 5-25 所示，将有限元模拟结果与监测对比，监测最大沉降位移为 1.92 mm，有限元模拟结果与实际监测结果误差为 5%，误差在合理范围内。

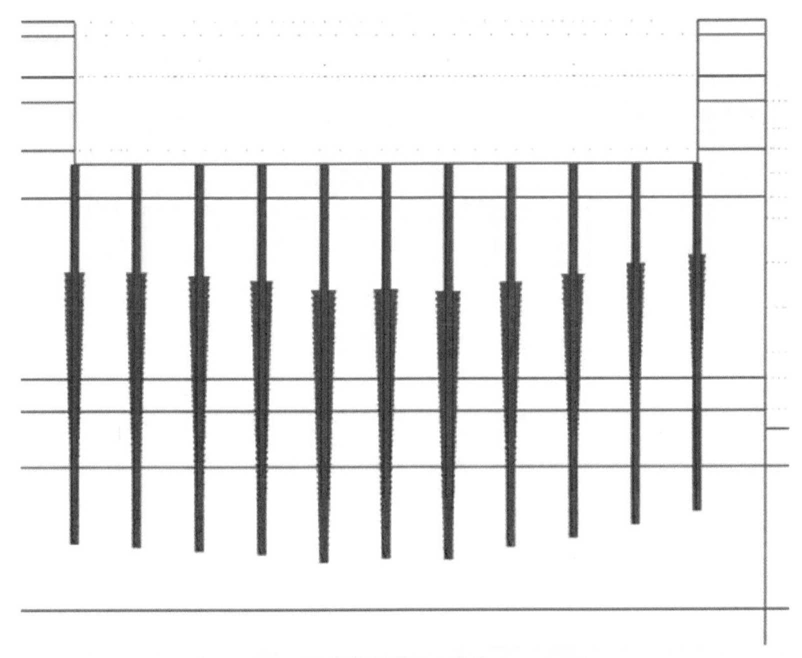

图 5-24 天目大厦桩基位移

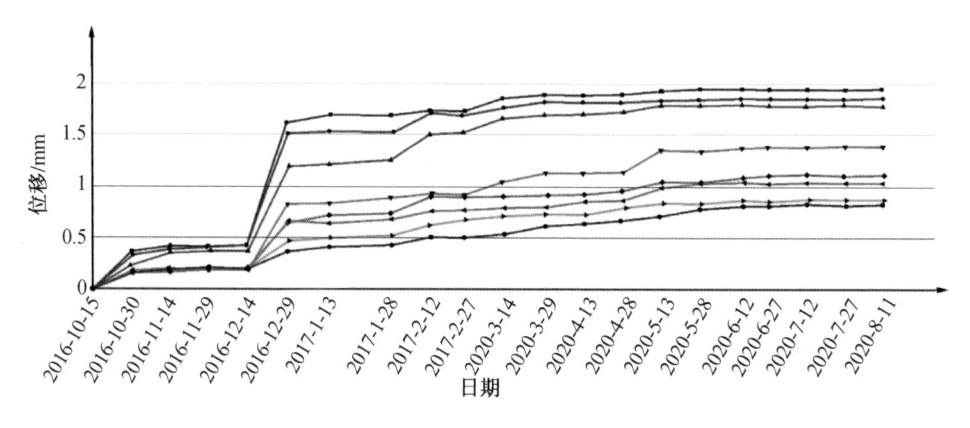

图 5-25　周边建筑物沉降监测

4. 效益分析

综合考虑工程的场地条件和历史建筑的保护需求，项目决定采用平推逆作法技术进行地下空间开发。就本工程而言平推逆作法技术具有以下优势：

（1）经济效益。采用逆作法，地下室外墙与基坑围护墙可采用“两墙合一”的形式，一方面省去了单独设立的围护墙，另一方面可在工程用地范围内最大限度扩大地下室面积，增加有效使用面积。此外，基坑的支撑体系由地下室楼板结构代替，省去大量支撑费用，还可以解决特殊平面形状建筑或局部楼盖缺失所带来的布置支撑的困难，并使受力更加合理。另外，逆作法施工节省了大量支撑、拆撑、换撑时间，可大幅缩短施工工期。综上所述，采用逆作法施工具有明显的经济效益，可节省地下结构总造价的25％～35％。

（2）社会效益。采用平推逆作法施工，当±0.000 层顶板结构施工完成后，可以利用顶板结构作为内支撑，由于顶板结构本身的侧向刚度是无限大的，且压缩变形值相对围护桩的变形要求来讲几乎等于零，因此可以从根本上控制支护桩的侧向变形，从而使周围环境不至出现因变形值过大而导致路面沉陷、周边大楼基础下沉等问题，保证了周围建筑物的安全。对场地内的历史保护建筑进行平移，最后安放在平整且受力性能良好的顶板上，因此老建筑不会因为基础受力不均匀而发生破坏。

（3）环境效益。由于逆作法在开发地下室时是先表层楼面整体浇筑，再向下挖土施工，故其在施工中的噪音因表层楼面的阻隔而大大降低，从而减小了施工噪音对周边环境的影响。通常的地基处理采取开敞开挖手段，产生了大量的建筑灰尘，会严重影响城市形象。使用逆作法施工，由于其施工作业在封闭的地表下，可以最大限度减少扬尘对周边环境的影响。

5.3.4　平推逆作法地下空间开发技术

由于工程施工场地为狭小的矩形形状，且场地内存在两栋历史保护建筑，这给逆作法施工带来了难题，传统的逆作法施工首先进行地下一层顶板的施工，然后依次进行逆作施工，而两栋历史建筑分别位于场地的北侧和南侧，影响了首层顶板的施工，因此考虑采用平推逆作法施工技术。本节主要从平推逆作法的原理层面详细阐述平推逆作法的具体流程及特点。

平推逆作法施工技术是一种适用于既有建筑群或超长建筑物下增设地下室的简便方法，是将地上建筑平移技术与地下基坑分块逆作技术逐次推进相结合施工的新技术，具有可对既有建筑物保护、施工方便、造价可控、对周围地块同步开发影响小等优点。

1. 平推逆作法工艺原理及总体流程

目前，在既有建筑下方原位增设地下室的通常做法是将所有既有建筑整体平移至施工范围外或整体托换后再进行施工地下室。但是在对既有建筑群和体量较大的建筑物，上述施工程序复杂，工程量大，需要耗费大量的人力、物力、财力。如果采用逆作法施工技术先完成地下室顶板，则可在半封闭状态下施工地下结构，为既有建筑在地下室施工范围内的交替平移和地下结构的逐次推进施工提供了可行性，亦为地下空间开发提供了新的方法和思路。

平推逆作法遵循“既有建筑分区分块平移、地下空间分区分块逆作施工”的原则，首先将既有建筑群或长单体建筑分为若干区块，利用上一区块地下室逆作法顶板作为下一区块既有建筑平移的场地，依次对各区域进行建筑移位周转。地下结构同时采用逆作法逐层逐次推进施工，直至地下室整体施工完成。平推逆作法具体施工步骤如图 5-26 所示。

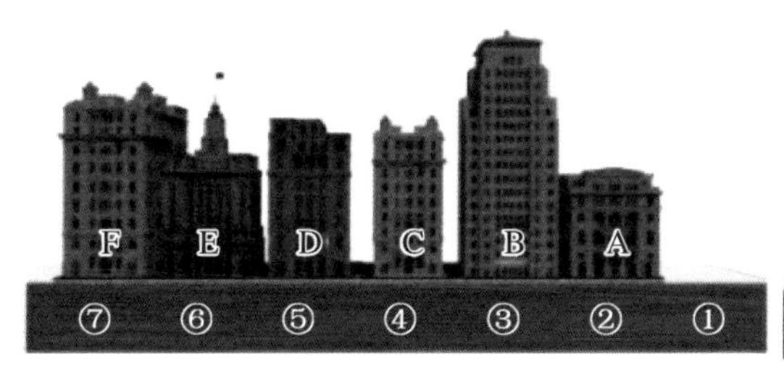

(a) 场地 1 的 B0 板施工，建筑 A 平移至场地 1

(b) 场地 2 的 B0 板施工，建筑 B 平移至场地 2，场地 1 地下室施工

(c) 地上建筑依次平移，地下空间推进式逆作

(d) 地下室增设完毕后，建筑按序平移归位

图 5-26　平推逆作法流程示意图

(1) 按施工要求对既有建筑群或单体建筑进行分区或分区切割。

(2) 对场地①进行地下室顶板施工。

(3) 将场地②的既有建筑平移至场地①的地下室顶板上停放。

(4) 在场地②进行地下室顶板施工,同时可进行场地①的地下室逆作法施工。

(5) 将场地③的既有建筑平移至场地②的地下室顶板上停放。

(6) 在场地③进行地下室顶板施工,同时可进行场地②的地下室逆作法施工。

(7) 按此流程重复,交替进行其余各个区域的既有建筑平移和地下室逆作法施工。

(8) 在终区位置地下室顶板施工完成后,将既有建筑依次平移归位。

相对于传统的既有建筑地下空间开发技术,采用平推逆作法仅需红线内的极小空地,便可以实现既有建筑群的整体地下空间开发,并且只需采取在建筑临时放置位置进行土体加固、地下室顶板上平移轨道铺设等措施,可大大地减少加固工作量和整体造价。由于地下结构推进施工与地上既有建筑平移同时进行,还大幅提升了施工效率。

2. 平推逆作法关键技术

(1) 建筑移位施工技术要点。平推逆作法建筑位移施工的一般步骤为:建筑加固→建筑基础托换→场地地下室顶板施工→平移下滑梁或平移轨道施工→滑脚及平移反力后背、设备安装→平移施工→平移建筑物到临时位置。

与传统平移技术相比,平推逆作法平移轨道的铺设可直接利用先行施工完成的逆作法地下室顶板。当既有建筑临时存放场地低于 B0 板(地下室顶板)时,可在既有建筑堆放场地与 B0 板间使用钢构件搭设平移轨道,将需平移建筑顶升至钢构轨道。若既有建筑场地高于 B0 板,可采取用钢构搭设一个斜坡平移轨道等方法进行平移。当建筑移位同时涉及旋转和平移,且轨迹较复杂、传统的轨道移位技术难以适用时,还可使用带有液压系统的移位车辆。该移位车辆可自由平移、旋转、升降,不仅适用于复杂的轨迹移位,而且可以通过自带的液压系统随时调整高度,以适应不同高低的地面。

(2) 逆作法施工技术要点。逆作施工开始前,前一区域应已完成原建筑物分区平移施工准备,后一区域则应准备接收平移施工。平推逆作法施工由于需要在 B0 板上对建筑物进行位移,在一般逆作法施工 B0 板的承受荷载不宜小于25 kN/m^2 的基础上,还需通过计算既有建筑的荷载及其平移施工荷载,确定 B0 板承载力。对既有保护建筑在 B0 板上的平移路线必须进行加固。B0 板排架可待平移完成后再拆除,以减少平移对结构的影响。

地下室顶板结构完成后,即可架设专用取土设备,利用场地空余位置开设取土口进行取土作业。当原取土口位置需要作为既有建筑后续平移的放置位置时,可采用预制板等措施提前进行封闭,以减少取土口对建筑移位造成的阻碍。地下结构施工与传统逆作法类似，并可与地上建筑平移施工同时进行。

在地下室新旧结构连接时，应对新旧结构处的界面做好处理，注意将处理面凿毛和保持湿润，并保证防水措施的施工质量。地下室施工时，还需要注意在基坑内逐次推进时，把握好推进速度和推进节奏，防止土体发生破坏。

5.4 历史建筑的托换及平移

5.4.1 历史建筑的基础托换

根据平移的需要，可将施工划分为四个阶段，第一阶段为原有建筑加固，第二阶段为房屋整体平移至临时位置，第三阶段为房屋顶升，第四阶段房屋整体回迁至原位置。

根据东南建设工程安全鉴定有限公司的鉴定报告，北京西路 57 号、天目路 32 号房屋在检测时均未发现圈梁与构造柱，且楼体存在一定程度的倾斜。主体结构存在原建造标准低、结构体系混乱、上部主体结构整体性较差、部分结构构件老化损伤严重、部分结构构件安全性明显低于相关规范要求等问题，根据《民用建筑可靠性鉴定标准》(GB 50292—2015)，其安全性不符合规范要求，影响整体承载，存在较大的安全隐患，必须尽快采取相应措施进行排险大修。

平移前对北京西路 57 号建筑和天目路 32 号建筑进行加固处理，加固措施主要包括：新增 240 mm 内墙，拆除原有部分楼盖换成现浇 120 mm 混凝土板，拆除原有部分楼盖换成新建的木楼盖，在楼层设置圈梁，并且新增钢梁，对于虫蛀与腐蚀的木结构直接进行替换，对于木楼梯根据其强度程度确定其是否更换或保留。

为了保证平移过程中既有建筑的安全，需要通过基础托换技术为既有建筑形成一个刚性底盘。托换技术是建筑物整体平移的关键的技术之一，本工程的墙体和结构柱托换方法有两种，一种方法是双夹梁式墙体托换，另一种方法是单梁式墙体托换，两种托换方法在施工过程中都利用了砌体的“内拱卸荷作用”，方法一施工便捷，工期短，成本高，建筑安全系数大，应用到大多数平移工程中。方法二节省材料，但施工难度大，时间长，根据本工程的特点，应选择双夹梁式墙体托换方法。

根据托换方式不同，切割墙体方式也不同，墙下双夹梁托换体系，需要进行大量的墙体精确切割(外科手术切割法)，综合考虑工期和成本，采用进口机械切割。精确切割采用高精度定位高速盘锯，分段切割长度为承重墙体长度的 1/3，分段切割后临时支撑并浇筑托梁与轨道，如图 5-27 所示。切割时应注意根据轴力大小，分段分批进行，并注意监控切割时的墙柱沉降。

图 5-27　民国保护建筑内墙体托换布置

5.4.2　历史建筑的平移

1. 历史建筑的平移方案

由于本项目施工场地狭小，且两栋建筑分别位于南北两侧，考虑通过建筑平移来获得更大的施工空间，具体平移方案如下。

(1) 首先，对场地内地面进行硬化处理，如图 5-28 所示。然后将北侧建筑物向南侧平移，临时放置在场地南侧，如图 5-29 所示。进行北侧场地硬化便于桩基施工，也方便北侧基坑桩机连续墙等维护体系施工，最后进行北侧场地地下室 B0 板的施工，如图 5-30 所示。

图 5-28　场地内地面硬化处理

图 5-29　北侧既有建筑物向南平移

图 5-30　基坑南侧 B0 板完成效果图

(2) 其次,待场地北侧 B0 板强度达标后,将南侧两栋建筑物移动到场地北侧场地的 B0 板上,如图 5-31 所示。然后对南侧场地进行硬化处理后,再进行桩基以及 B0 板的施工,如图 5-32 所示。此阶段平移结束后的两栋建筑物相对位置如图 5-33 所示。

图 5-31　将两栋建筑移动到场地南侧 B0 板上

图 5-32　基坑北侧场地 B0 板施工

图 5-33　第二阶段平移完成两栋建筑物相对位置

(3) 最后,待场地南侧和北侧的 B0 板均施工完成,利用逆作法进行 8 层地下室的开发,地下室结构如图 5-34、图 5-35 所示,待地下室开发完成后,将两栋建筑物移动到初始位置,如图 5-36 所示。

图 5-34 待 B0 板完成后逆作施工地下室

图 5-35 完成开挖 8 层地下室施工

图 5-36　待地下室施工完成建筑复位

2. 既有建筑的平移技术

目前，建筑物平移常见的有两种方式，一种是滑道平移方式，如图 5-37 所示；另一种是采用拖车装载的平移方式，如图 5-38 所示。

滑道平移方式工艺成熟，平稳可靠，在平移距离不太大的情况下，具有较大优势；而采用拖车装载的平移方式是比较新的技术，平移过程对托换结构以及拖车性能要求较高，但在长距离平移案例中具有较高的性价比。

图 5-37　滑道平移方式

图 5-38　拖车装载的平移方式

建筑物整体迁移的基本方法是通过托换装置将柱(或墙)的荷载预先转移到移动系统上，移动系统安放在轨道梁上，然后将建筑物和基础分离，在建筑物一侧施加推力或拉力，移动系统和建筑物就会在轨道上移动，到达预定新位置后，将建筑物和新基础连接。平移技术的关键是托换技术(将建筑物托换到滚动、滑动装置上)、同步移动施力系统、柱切割技术和就位连接技术。顶升技术的关键是千斤顶的布置和顶升的同步控制。

由于本项目建筑移位同时涉及旋转和平移,且轨迹较复杂、场地空间有限,常见的滑道及拖车平移的方式均不合适。本项目采用在砌体墙下设置了带有液压系统的移位小车的平移方式,如图 5-39 所示,移位小车可自由平移、旋转、升降,不仅适用于复杂轨迹移位,而且可以通过自带的液压系统随时调整高度,以适应不同高低的地面,减少地面不平整对民国建筑造成的结构损伤。

图 5-39　本工程中采用的平移装置

3. 既有建筑的顶升技术

由于场地内两栋民国老建筑位于南北两侧,先施工场地南侧的 B0 板,待南侧 B0 板施工完成后,场地南北两侧会有高差,再将老建筑移至 B0 板上时,需要先对其进行顶升,然后再进行平移,天目路 32 号老建筑移至 B0 板后还需要进行转向,因此需要在平移至 B0 板上后再顶升便于安装转向装置。

(1) 历史保护建筑顶升施工的基本流程包括:施工准备→建筑加固→布置顶升点→仪器安置→试顶升→顶升→顶升后加固对接。

顶升节点设置分为三类:

① 砌体结构下设置千斤顶,该节点主要以地圈梁为上部顶升受力点,如图 5-40 所示,毛石混凝土基础为顶升反力支座,分段托换。

② 框架柱下设置千斤顶,该节点需在框架柱两侧设置顶升反力牛腿,用型钢混凝土包夹框架柱作为牛腿,以牛腿为上部顶升受力点,以基础地梁为反力支座。

③ 短肢剪力墙下设置千斤顶,该节点可以分段托换,以剪力墙自身为顶升上部受力点,并以地梁为反力支座;考虑到三种类型均存在局部受压不足问题,故在顶升点上下部需设置 10 mm 厚的钢垫板。

（2）历史保护建筑的新型顶升方案：历史保护建筑的顶升采用液压千斤顶同步顶升技术，针对建筑的要求和结构特点，提出了新的顶升方案，该新型顶升方案的技术要点如下所述。

① 以基础为反力平台，更安全可靠。

② 采用先进的液压顶升系统，保持顶升力的均匀性和顶升过程的同步性。

③ 采用电子检测系统同步反应顶升过程，同时采用刻度指标法，现场人工检测，把误差降到最低点。

④ 采用自动阀和手调阀双重保障，每顶升一个行程就加以修正，不会产生累积误差。

图 5-40　基础梁下布置的顶升点

房屋整体平移到位后，安装顶升设备系统，系统包括千斤顶、连接油管、分配器、高压油泵、调控阀件、防护措施等，如图 5-41 所示。千斤顶的型号规格应根据柱墙荷载确定，千斤顶额定总顶力安全系数应大于 2。低位牛腿下千斤顶直接落在基础底板，高位牛腿下千斤顶需增设 500 mm 厚度钢筋混凝土垫块。剪力墙或挡土墙不设托换牛腿，在墙下直接布置千斤顶，企口切割线下先开洞，安装局压钢板与千斤顶后再沿计划企口切割线切割墙体。

图 5-41　顶升及压力控制设备

当一切前期工作准备就绪后开始进行顶升，根据短肢墙下各千斤顶的实际位置，按照线性位差法计算出每条动力轴线的总顶升量与每步顶升量、每个千斤顶的总顶升量以及每步顶升量，将动力轴线顶升参数输入同步顶升控制系统，由系统监控轴线顶升量与顶升压力，始终按照轴线之间顶升量比例控制，达到位差顶升目标。

分散在主动力轴线两侧的墙柱千斤顶，采取人工监控压力与顶升量，坚持监控-补压的人机协同作业。每步最大顶升量为 10 mm，校核监控精度为±1 mm。

最后进行就位连接与管线恢复。就位连接与后期施工和规划相关，包括墙体对接、构造柱连接、混凝土独立柱、避雷装置、水电暖管线的恢复连接，根据图纸进行恢复施工。

(3) 房屋顶升同步性监测重点难点控制包括动态监测和静态监测。

① 动态监测如下：

(a) 顶升过程中关键部位的顶升量监控是对建筑物布点进行位移监控。

(b) 基础底板与一层楼面顶面标高监控是监测在顶升过程中反力基础处顶板顶面的局部沉降情况。

(c) 顶升力监控，建筑物顶升时各柱的受力差异过大容易导致安全事故，因此必须对顶升过程中的动态负载进行监控。监测顶升压力，计算各墙柱的总顶升力，同时对于零星分散千斤顶局部监测。

② 静态监测如下：

静态监测主要是阶段性测量建筑物的形态参数，如地面沉降、倾斜率、扭转、顶升位差线性度、关键部位裂缝观测等。在确定采用顶升时，测定建筑物的沉降、倾斜率、结构性与非结构性裂缝，在顶升过程中测定一次，在顶升结束后监测一次。

北京西路 57 号建筑先进行顶升，如图 5-42 所示，待顶升结束后，老建筑基础底面与 B0 板平齐，如图 5-43 所示，然后开始准备平推，如图 5-44 所示，平移过程中北京西路 57 号建筑状态如图 5-45 所示。

图 5-42　北京西路 57 号建筑开始顶升

图 5-43　北京西路 57 号建筑顶升完成

图 5-44　北京西路 57 号建筑开始平移

图 5-45　北京西路 57 号建筑平移

由于需要对天目路 32 号老建筑进行转向，因此需要在天目路 32 号建筑底下安装转向装置，由于场地南北两侧存在 1 m 高差，如图 5-46 所示，因此天目路 32 号老建筑需顶升 2 m，但 32 号为危房，顶升 2 m 存在很大的风险，因此分两次进行顶升，第一次顶升 1 m 平移至北侧结构板 B0 上，如图 5-47 所示，在北侧 B0 板上再进行二次顶升，以满足平移、转向、定位的需要，顶升移动装置的安装如图5-48 所示，天目路 32 号建筑转向以及转向结束状态分别如图 5-49、图 5-50 所示。

图 5-46 场地南北高差 1 m

图 5-47 32 号民国时期建筑第一次顶升

图 5-48 顶升移动装置安装

图 5-49 天目路老建筑转向过程

图 5-50　天目路老建筑转向完成

5.4.3　历史建筑平移后的复位连接

本项目历史建筑经平移后，先放到临时位置，待新基础施工完成后，再回迁到新基础上(原址)，新基础位置为地下室顶板上部。房屋平移到位后，安置顶升设备将房屋整体顶升。基础与地下室顶板上部进行连接。连接方式为地下室顶板锚固连接，老建筑复位与新基础的连接方式剖面图如图 5-51 所示。

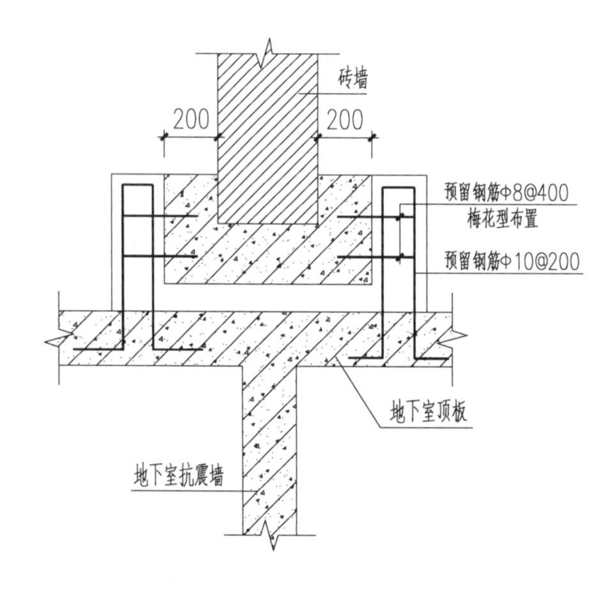

图 5-51　民国老建筑复位后基础连接剖面图

5.5 地下空间开发关键施工技术

5.5.1 分块逆作和跃层开挖

1. 分块逆作

由于本场地内有两栋民国历史保护建筑，因此利用建筑物平移的方式开辟施工空间，这也导致场地的一部分被用来放置老建筑，最终采用分块逆作的方式进行B0板的施工。

首先将场地北侧的老建筑向南平移，临时放置在场地南侧，先进行北侧场地的B0板施工。

待北侧场地B0板强度满足要求后，将两栋建筑物平移至北侧场地的B0板上，进行南侧场地的B0板施工。

最后，待南北两侧B0板满足强度要求后，进行全场地地下层的空间开发。

2. 跃层开挖

由于本项目工期紧张，因此尽可能选用节约施工时间的施工方式。本工程地下2—7层平均层高为2.8 m，层高较低，因此可以采用跃层的施工方法，即“挖二做一”，具体施工流程为：B0，B1板完成后，形成一个稳定的支护体系后，B3～B7采用跃层施工，即先施工B3(B5，B7)板，然后顺作B2(B4，B6)板，跃层开挖示意图如图5-52所示。

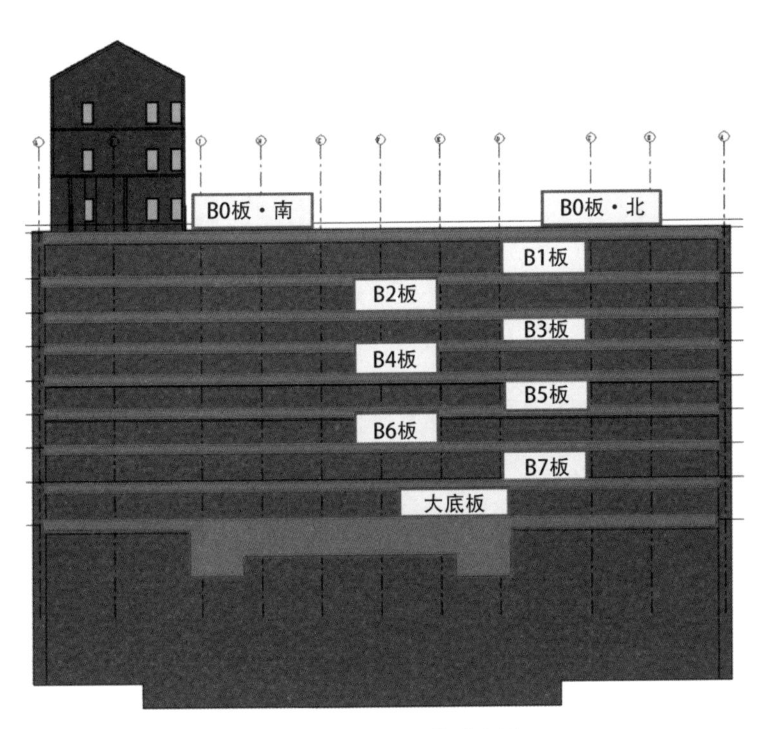

图5-52 跃层开挖示意图

地下结构逆作跃层施工，不仅节约工期（每次跃层施工相较普通结构楼板施工少一层结构板养护期），还能节省工程量（垫层少浇筑一层），土方开挖效率提升，经济效益显著提高。现场逆作跃层施工 B3（B5，B7）板如图 5-53 所示，然后再顺作施工 B2（B4，B6）板如图 5-54 所示。

图 5-53 逆作跃层施工 B3（B5，B7）板

图 5-54 顺作施工 B2（B4，B6）板

跃层施工经过设计复算、批准，经相关专家论证会后，开始实施。此方案最终缩短工期 45 天。

5.5.2 高精度一柱一桩施工技术

本工程要求立柱桩的垂直度偏差不大于基坑开挖深度 1/600，桩身垂直度偏差要求不大于 1/500，桩基底标高为 −46.45 m，净深为 45.70 m；且立柱不外包，一旦产生偏差很难补救。

为此，本工程在立柱桩成孔过程中，采用旋挖成孔、切刀修孔技术保证孔垂直度。为达到设计要求的垂直度，立柱施工采用“支座调垂盘”手动调垂系统对柱四周的垂直度进行施工控制，即通过控制钢立柱顶高低来调节桩柱的垂直度，避免因逆作法支承钢柱精度不够对建筑结构造成不利影响，且该设备能重复使用，既保证施工质量，又节约成本。

手动调垂设备采用二建自主研发的高精度一柱一桩调垂设备，如图 5-55 所示，现场调垂安装如图 5-56 所示，调垂结果如图 5-57 所示。

图 5-55　高精度一柱一桩调垂设备

图 5-56　现场调垂盘安装

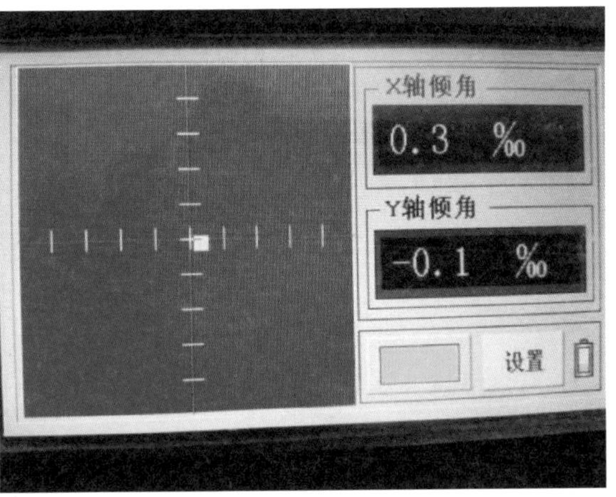

图 5-57　调垂结果

上边的调垂结果仅是其中一根桩的调垂结果，其余各桩的调垂结果汇总如表5-1所示。

表5-1　江苏省财政厅地下车库一柱一桩手动调垂实测记录表

江苏省财政厅地下车库一柱一桩手动调垂实测记录表						
序号	日期	桩号	偏差/mm		偏差/mm	
			东	西	南	北
1	2015-12-8	LZ1	4	/	/	10
2	2015-12-9	LZ2	9	/	/	3
3	2015-12-9	LZ3	/	10	10	/
4	2015-12-6	LZ4	4	/	5	/
5	2015-12-16	LZ5	/	10	3	/
6	2015-12-21	LZ6	/	5	2	/
7	2015-12-26	LZ7	/	10	10	/
8	2015-12-29	LZ8	/	11	8	/
9	2016-1-2	LZ9	/	6	10	/
10	2016-1-2	LZ10	/	4	3	/
11	2016-1-7	LZ11	4	/	/	5
12	2016-1-11	LZ12	/	12	4	/
13	2016-1-14	LZ13	6	/	5	/
14	2016-1-19	LZ14	4	/	/	3
15	2016-1-24	LZ15	/	2	/	5
16	2016-1-24	LZ16	/	5	6	/
17	2016-1-27	LZ17	/	8	/	8

现场一柱一桩的梁柱节点施工图如图 5-58 所示，最终完成效果图如图 5-59 所示。

图 5-58　一柱一桩节点现场施工图

图 5-59　现场一柱一桩完成效果

5.6 工程效果

5.6.1 改造效果

江苏省财政厅改造后的效果图如图 5-60、图 5-61 所示，地下车库中采用的自动化器械停车位运作方式如图 5-62 所示。

图 5-60　江苏省财政厅地下车库项目改造后车库入口处效果图

图 5-61　江苏省财政厅项目地下车库项目改造后车库入口背面效果图

图 5-62 本工程自动化地下停车位

天目路 32 号和北京西路 57 号的老建筑改造前处于弃用状态，经过修复后的天目路 32 号现在情况如图 5-63 所示，经过修复后的北京西路 57 号如图 5-64 所示。

图 5-63 经过修复后的天目路 32 号

图 5-64　经过修复后的天目路 32 号

5.6.2　经济效益

在最初设计构思时，原设计方案是采用顺作法进行地下四层车库开发，计划开发 99 个普通停车位，原计划方案效果图如图 5-65 所示。

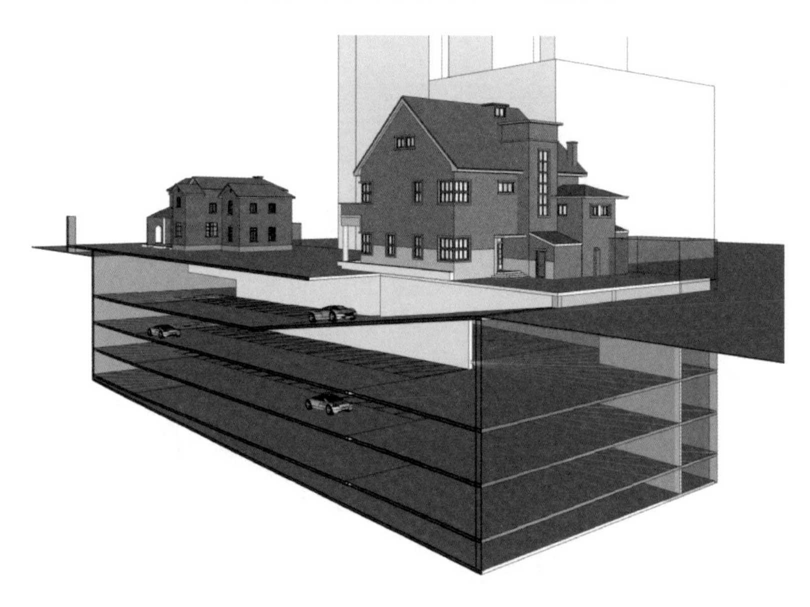

图 5-65　原设计方案

将原计划方案和最终实施方案进行造价对比分析后发现，采用逆作法开发 8 层地下车库，每个车位平均造价为 25 万元，而采用顺作法开发 4 层地下停车库，平均每个车位造价 40 万元。综合考虑，最终实施的方案为使用逆作法进行地下 8 层地下停车库开发。

5.6.3 社会效益

随着时代的发展，历史建筑越来越满足不了现代人们的生活需要，人们开始在历史建筑(或老旧小区)下方进行地下空间开发。目前在历史建筑(或老旧小区)旁新建地下室已经比较常见，而原位开发地下室的施工技术目前基本没有被利用在实际工程之中。

本工程技术研究旨在充分利用历史建筑群(或老旧小区)地下空间，改造历史建筑群(或老旧小区)，解决日益严峻停车难问题。采用逆作结合建筑平移施工方式，该项综合技术的应用，极大程度上保持了历史建筑的文物价值，有效地提高了历史建筑的商业价值，缓解了停车难的问题。自开工以来便得到社会传媒的大量关注，工程情况被多次报道，社会影响广泛，部分报道的截图如图 5-66 所示。

"逆作法"建地库解决主城停车难 两栋民国建筑平移修缮 修旧如旧2018年完工

分享给好友

相关：民国建筑, 文物保护

2017年12月26日

建築時報 CONSTRUCTION TIMES

新网首页 | 版面导航 | 标题导航

逆作法技术为"停车难"探寻解决方案

南京天目大厦地下停车库完成主体结构施工

建筑时报 顾庆生

本报讯(通讯员 顾庆生) 12月26日，由上海建工二建集团承建的江苏省南京市天目大厦地下停车库工程完成主体结构施工。

该工程位于南京市北京西路与西康路交汇处，北邻北京西路，南邻天目路，西侧为天目大厦，周边分布多幢国家级、省级保护建筑，北侧是当时正在建设中的地铁4号线，环境复杂、保护等级高。该工程是一个集地上古建筑保护性修缮及地下空间原位开发为主的工程(地上为两幢民国时期建筑亟待保护修缮；地下为挖深达28米的8层机械停车库)，规划占地面积约1722平方米，工程用地面积仅为1500平方米，基坑面积仅为1000平方米。

据上海建工二建集团第五工程公司总经理王志华介绍，由于工程地处南京市核心地段，为加强对周边环境的保护，针对"项目施工场地极为狭小"、"施工受制因素较多"等特点，上海建工二建集团与业主方通力合作，采用了国际先进的逆作法施工技术结合建筑物整体平移施工技术。这打破了常规基坑施工"先开挖土体，再由下而上完成地下结构"的传统模式，而是自上而下逐层完成土方开挖与主体结构施工，从而解决了施工场地狭小以及基坑变形等一系列难题，为解决闹市中心区域"停车难"问题找到了新的解决方案。

为地下车库让路 两幢老楼先平移再复位

2016-03-09 07:18:29 来源：现代快报

在北京西路和西康路路口，年前就已经竖起了围挡，有细心的市民发现，路边紧挨天目大厦的一幢民国两层别墅在去年往里移动了，而到春节以后，这幢楼又慢慢地在朝原路返回！

在北京西路和西康路路口，年前就已经竖起了围挡，有细心的市民发现，路边紧挨天目大厦的一幢民国两层别墅在去年往里移动了，而到春节以后，这幢楼又慢慢地在朝原路返回！昨天，现代快报记者实地探访，原来这是一处民国建筑修缮及地下车库建设工程，经过周密的设计和施工，工地内两幢民国建筑分别进行了平移，以建设一处地下车库，最终两幢建筑仍将回归原位。

现代快报记者 孙玉春

一幢楼要来回平移90米

昨天下午，现代快报记者来到天目大厦，路边围挡内就是那幢已经快要复位的民国别墅。在施工公示牌上可以看到，里面是北京西路57号和天目路32号民国建筑修缮及地下停车库建设工程，其建设工程规划许可证颁发时间是2015年6月12日。

图 5-66 社会报道

结合平移及逆作施工技术，将大部房屋分荷载从本来的老基础承担转移到由地墙、立柱桩和地下室结构板组成的体系承担，从而大大减少了由于房屋的不均匀沉降而造成的墙体开裂以及结构的破坏。延长了房屋的使用寿命，降低了维修成本。

利用平移及逆作的施工工艺，从中钻研、总结施工措施，为复杂环境下(老城区改造修建地下车库、保护建筑增设地下室等)施工提供经验，从而节约工程成本，有效提高工程质量与经济效益，也为老城区改造及历史建筑保护等领域提供新思路，新工艺。

6 历史建筑群原位地下空间开发——南京东路179号街坊

6.1 外滩中央的南京东路 179 号街坊

6.1.1 南京东路 179 号街坊简介

南京东路 179 号街坊位于上海市黄浦区，地处南京东路、四川中路、九江路、江西中路围合的范围内，占地面积 9 621 m^2，现存 4 组 1911—1930 年间建成的历史建筑，分别为美伦大楼、新康大楼、华侨大楼和中央商场，是位于外滩历史风貌保护区的上海市优秀历史建筑。1921 年，沙市一路、沙市二路组成外滩地区唯一的街坊内十字街。美伦大楼北楼为三类优秀历史保护建筑，场地内其余建筑均为历史保留建筑。随着历史建筑使用年限的增加，建筑结构老旧、建筑功能落后、商业价值流失等问题有待解决，场地内的历史建筑如图 6-1 所示。

(a) 美伦大楼

(b) 中央商场

(c) 新康大楼

(d) 华侨大楼

图 6-1 南京东路 179 号地块建筑物概况

2011年年底，上海外滩投资开发(集团)有限公司承接“南京东路179号街坊成片保护改建工程”，将项目定名为“外滩·中央”，按照“重现风貌，重塑功能”的总体要求进行方案设计，依据历史建筑的保护要求和修缮原则，提升建筑的结构可靠度和安全性，通过合理利用，有效保护历史建筑的文化价值。

6.1.2 南京东路179号街坊的历史沿革

南京东路位于最早的英国租界的中央区，西方国家尤其是英国的商业和文化习俗对其发展成型有着直接影响，南京东路179号街坊地图旧照如图6-2所示。南京东路179号街坊早期以新闻和传媒机构为主，有少量石库门住宅，1930年以后商业店铺逐渐增多。

历史上，南京东路179号街坊就是一个时尚之地，见证了百年南京路的繁荣与繁华。这里曾有过中国最早的城市公用事业企业——上海煤气公司的专卖店，见证了煤气路灯、电话、电灯、自来水、有轨电车等城市公用设施在上海的最早开通；曾有过启蒙上海人西餐礼仪的德大西菜社，以及屈臣氏大药房、马尔斯咖啡馆(东海咖啡馆前身)、打字机复印机商店；曾有过闻名国内外的中央商场及中央商场维修公司。

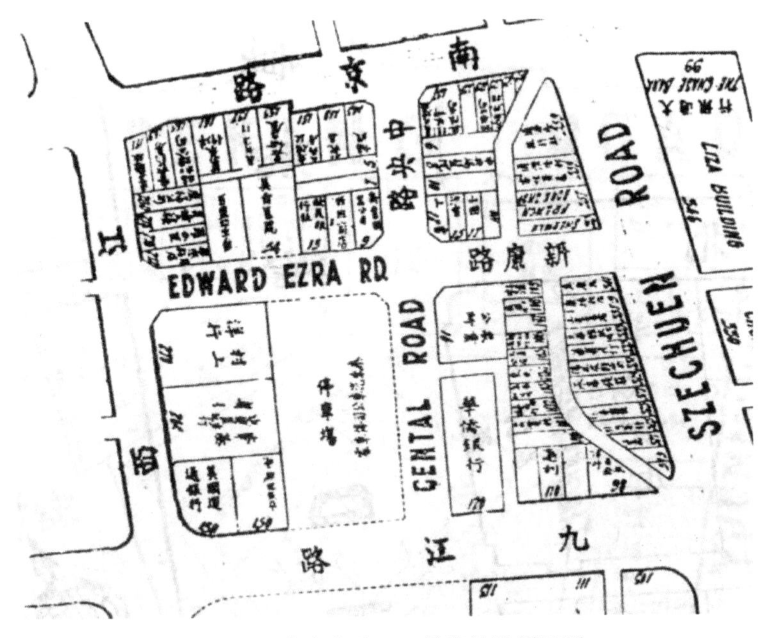

图6-2 南京东路179号街坊地图旧照

南京东路179号街坊内中央商场形成于民国34年(1945年)底，以旧时路名中央路(今沙市一路)命名。1966年改名为人民商场，1978年恢复原名，营业面积1.11万m^2，经营百货、服装、电器等商品，是著名的综合性商场，如图6-3所示。

图 6-3　中央商场旧照

改革开放以来，家用电器迅速普及，家用电器的修理维护成了市民的烦心事。为解决家用电器的维修问题，1990 年，中央商场修理公司扩建，改名为中央商场维修中心。1994 年底，由于业务规模扩大，成立了中央商场维修公司。至 1997 年年底，在全市各区县建立了连锁店 35 个，成为规模最大、项目最多、价格最公道、服务最优、设施最全的维修企业，被誉为“沪上维修第一家”。

美伦大楼原为英商自来火房(Shanghai Gas Co.)销售煤气器具的商品陈列室。1916 年，被英商新康洋行收买，1921 年建成现在的钢筋混凝土大楼。20 世纪 30—50 年代，著名犹太摄影师沈石蒂在美伦大楼二楼开设上海美术照相馆(图6-4)，为在沪的中外人士留下了精美的肖像照片。美伦大楼于 1999 年被列为上海市第三批公布的优秀近代建筑。

图 6-4　上海美术照相馆(美伦大楼旧照)

新康大楼与美伦大楼同期建造，北侧与美伦大楼 B 区隔街相望，1916 年该地块亦被英商新康洋行收买。

如今，“外滩 · 中央”已成为上海的新地标之一，同时也成为南京东路的“网红”，顾名思义坐落于外滩的中央，如图 6-5 所示。处于外滩历史风貌保护区的“外滩 · 中央”，是“可以阅读的”。它在历史上就是一个时尚之地，见证了南京东路的繁荣与繁华。以前很多人说：“不到大世界，枉到大上海。”中央商场曾与大世界等齐名，如今有人说：“不到外滩 · 中央，难解时尚风情。”中央商场和美伦大楼已经重整盛装，迎候市民与游客。

图 6-5 “外滩 · 中央”新貌

6.2 南京东路 179 号街坊项目保护改造

6.2.1 南京东路 179 号街坊历史建筑概况

南京东路 179 号街坊改造项目处于外滩历史文化风貌保护街区，周边大多为富有历史文化价值的保护保留建筑，本项目的保护改造以充分尊重街区历史文化为根本出发点。基地内及周边建筑风格古朴、历史建筑外立面精致美观，但内部功能大多比较陈旧，不适应现代社会使用要求。

如图 6-6 所示，项目建设场地内有保护保留建筑四组—七栋，即沿南京东路的美伦大楼、沿江西中路靠近九江路的新康大楼、四川中路与南京东路口的中央商场和场地东南部紧靠中央大厦西侧的华侨大楼，老建筑总建筑面积约为35 477.54 m^2（包括局部地下室 136 m^2 + 152.04 m^2）。地块中南部原有不保留老建筑已拆除，现有 2 000 余平方米的场地（包括现状道路），可用于新建建筑的场地。

图 6-6 南京东路 179 号街坊地理位置图

1. 美伦大楼

美伦大楼由南、西、北三部分组成。

美伦大楼北楼建筑面积 2 437 m²,共 7 层,其中顶层为 20 世纪 90 年代后施加的,房屋是一栋带有新古典主义风格的近现代建筑,该房屋的保护类别是三类,即立面不得改变,结构体系不得改变。实测混凝土强度达到 C25,钢筋强度达到 HPB235 级热轧钢筋。填充墙砖砌块强度达到 MU10,砌筑砂浆强度可评为 M9。

美伦大楼南楼总建筑面积 2 537 m²,共 6 层,是一栋带有新古典主义风格的近现代建筑。重点保护部位为西、南立面、入口门厅及铺地。实测混凝土强度均达到 C25,钢筋强度达到 HPB235 级热轧钢筋。

美伦大楼西楼建筑面积 1 959 m²,原为 3 层,后加建两层轻钢结构。该房屋是一栋新古典主义风格建筑。实测混凝土强度达到 C20。

2. 中央商场

中央商场始建于 1929 年,房屋分为两个独立的单体(东楼和西楼),建筑面积 11 388.64 m², 其中,中央商场东楼为 7 964.26 m²,西楼为 3 424.38 m²。房屋原为 4 层,1983 年在四层顶部加建了 2 层,为 6 层现浇钢筋混凝土框架结构(其中中央商场东楼轴线 E～H/6～7 区域有一层地下室,中央商场西楼后加的第五层、第六层为混合结构)。房屋外观呈新古典主义风格,局部弧形窗体和带支托檐口。房屋原设计功能为商场、办公楼和住宅。

现场检测表明,房屋的结构布置、层高与轴网尺寸、承重构件截面与配筋基本符合设计图纸;房屋混凝土推定强度等级为 C15;实测钢筋强度满足 HPB235 级热轧钢筋的要求;实测黏土砖强度达到 MU7.5;各层实测砂浆强度达到 M2.5;房屋的主体承重结构构件梁、板、柱不同程度存在露筋、混凝土剥落钢筋锈蚀问题，部分梁、楼板渗水、开裂；目前房屋基本未发生明显倾斜。

3. 华侨大楼

华侨大楼 1924 年初建，1926 年屋面局部调整设计，建筑总面积约 6 730 m^2，9 层的钢筋混凝土框架结构。大楼表现为古典主义风格，局部弧形窗体和带支托檐口，配以简单线脚构架，显得格外庄重，形成了一种清新、典雅的氛围。

基础采用筏板基础，现浇板厚 241 mm，板底设有直径为 152 mm 的木桩、间距 762 mm，2 轴和 3 轴区域的木桩桩长 3 658 mm、1 轴和 4 轴区域的木桩桩长 2 134 mm。

4. 新康大楼

新康大楼房屋占地面积 1 154 m^2，总建筑面积 10 433.38 m^2。根据上海建筑科学研究院检测报告，原设计为 6 层混凝土结构，目前加建为 9 层，其中两层为早期加建，后期在屋面(9 层)搭建一层砖混结构房屋。

新康大楼为钢筋混凝土结构房屋，中部设混凝土框架梁柱，楼梯、电梯间、天井墙、外墙采用钢筋混凝土墙，结构体系类似目前的钢筋混凝土框架-剪力墙结构体系，新康大楼结构平面图和典型的梁柱节点见上海建筑科学研究院提供的结构测绘图。

基础采用筏板基础。基础底板底部距离顶板底部 1.219 m，底板外边线伸出地梁宽度 2.286 m，2.134 m，0.61 m。底筏板厚度 229 mm，底板配筋多为 ϕ9.5@76，ϕ9.5@203；顶板厚度为 150 mm，基础梁截面尺寸多采用 508×1 372(梁底配筋 2ϕ19，梁顶配筋 10ϕ25.4，箍筋 ϕ12@152)、305×1372(梁底配筋 4ϕ25，梁顶配筋 4ϕ25.4，箍筋 ϕ12@152)。

6.2.2 改造设计理念

南京东路 179 号街坊改造项目处于外滩历史文化风貌保护街区，周边大多为富有历史文化价值的保护保留建筑，本项目的保护改造以充分尊重街区历史文化为根本出发点。基地内及周边建筑风格古朴、历史建筑外立面精致美观，但内部功能大多比较陈旧，不适应现代社会使用要求。

1. 尊重历史，保留记忆

南京东路 179 号街坊地处外滩历史文化风貌保护区内以及著名的南京东路上，项目本身亦具有悠久的历史传承，对本项目的保护、改造等所有即将采取的施工措施、改造策略必须遵循“历史风貌保护原则”。

2. 历史建筑价值发掘与提升

南京东路 179 号街坊的保护改造工作，要充分挖掘保护保留建筑的历史价值、文化价值，结合最初的设计理念、百年来的历史变迁、背景故事等具有历史文化价值的内容，在改造与再开发工作中予以保留、延续和提升，强化其历史文化的积淀，提升其历史文脉的价值，让历史文化的宝贵资源在重获新生的街区建筑中继续传承、发扬、演绎；使南京东路179号街坊成为“既有厚重久远的历史文脉，又有放眼未来的历史传承”的有故事的街区。

3. 历史价值与现代价值有机结合

城市历史建筑保护“不是为了过去而过去，而是为了尊重过去”。南京东路179号街坊的保护整治亦应该在坚持历史建筑保护的前提下，进一步强调更新和再开发。唯有基于历史保护的更新和再开发，才能够赋予历史建筑以新的意义和活力，才能够使历史建筑以古典的建筑风貌、崭新的精神面貌重新登上历史舞台，继续演绎新的历史传奇。

4. 技术可行性

一幢优秀近代历史建筑是得到一丝不苟的修缮而承载了原貌旧史、拓展了现代功能而焕发青春、延年益寿，或是被改造的面目全非而毁坏，往往取决于改造者的保护意识和专业的修复技术。

6.2.3 整体改造方案

根据沪发改贸(2008)008号《关于南京东路179号街坊成片保护改建工程项目可行性研究报告的批复》，该项目用地面积约9 630 m^2。保护改建后建筑总面积约59 250 m^2，其中新建地上建筑面积约8 900 m^2，在新建区域及附近的地下建设部分商业和公共设施等配套用房，并按现行规范要求配置满足本项目功能需要的地下停车库。

根据设计方案，项目由一新建地下室、一栋新建7层商业建筑和多栋保留(保护)建筑组成，具体包括保护建筑美伦大楼、中央商场、新康大楼、华侨大楼和新建大楼等建筑，是集商业、娱乐、餐饮、酒店、办公为一体的综合性高档商业街区，改造后效果如图6-7所示。

图6-7 南京东路179号街坊效果图

美伦大楼(西楼、南楼)、中央商场、华侨大楼改建形式为保持外墙历史风貌不变,置换内部结构。美伦大楼(北楼)改建形式为拆除加建部分并恢复历史风貌。新康大楼只保留三面沿街外墙并在新建地下室上方进行重建。

新建地下室为地下 5 层,挖深约为 22.5 m,地下室与历史建筑外墙的最近距离约为 3 m,地下室作为停车库主要用于停车。在新康大楼和新建建筑区域以及附近的地下区域建设能满足项目运营、管理、服务需要的地下停车库及相关配套设施。南京东路 179 号街坊总体保护改造方案如图 6-8 所示。

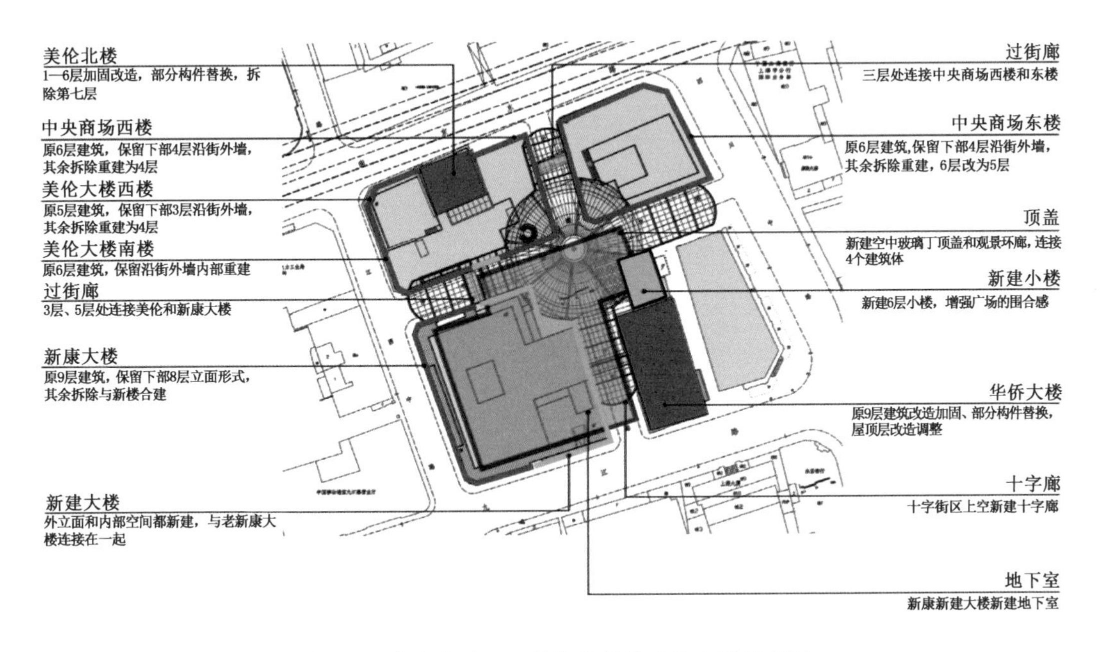

图 6-8 南京东路 179 号街坊保护改造方案示意图

南京东路 179 号街坊开发建设目标以打造历史与当代对话、商业与文化融合为基础的,具有国际影响力的高端生活秀街区。改造后的南京东路 179 号街坊内建筑具有地标性,功能业态体现多样性,并且内涵富有艺术性等特征。

6.3 历史建筑的"热水瓶换胆"施工专项研究

"热水瓶换胆"施工技术是指建筑物四面外墙保留不动,内部框架结构全部拆除后重做,该技术已在第 3 章中做过详细介绍,此处不再赘述,本节针对南京东路 179 号街坊项目在"热水瓶换胆"施工中的亮点技术进行重点介绍。

对于优秀历史建筑美伦大楼、历史保留建筑中央商场和新康大楼来说,其建筑结构年久失修,结构功能退化严重,采用"热水瓶换胆"施工专项技术,在施工过程中难点众多。例如跨度较大或楼层较高的历史建筑,在"热水瓶换胆"施工过程中,外墙较易出现失稳破坏;对历史建筑保留外墙进行基础加固和桩基托换时,如何在建筑内部的狭小空间内进行桩基施工;新老建筑如何有效连接,同时又能够释放差异沉降;外墙如何通过保护和修缮实现保留历史风貌的效果等。

下面对此进行分析,并对重难点专项工程进行技术难点攻克研究,给出科学合理的技术措施。

6.3.1 历史建筑改造的"热水瓶换胆"施工工艺

1. 历史建筑"热水瓶换胆"施工工艺重难点分析

美伦大楼及中央商场内部基本拆空重建,其内部大空间支撑体系的转换过程非常复杂,对施工要求非常高。要求内部结构全部拆除的同时保证外墙的完整,此过程中外侧老墙的保护技术非常讲究;华侨大楼改建形式为拆除原有梁板,对原有基础及结构柱进行加固后施工新结构梁板。采用何种施工工艺将关乎此分部工程的安全以及工程进度。

针对现场情况,历史建筑的"热水瓶换胆"施工工艺有以下难点:

(1)"热水瓶换胆"的施工先后顺序决定着整个施工的成功与否。

(2)"热水瓶换胆"施工前必须进行基础托换施工。

(3)新建混凝土"内胆"与保留外墙连接形式至关重要。

(4)保留墙体的临时钢结构支撑体系稳定性需要得到保证,这是新老结构转换的前提。

2. 中央商场大楼改建流程

下面以中央商场的"热水瓶换胆"改造技术为例,对"热水瓶换胆"的施工工艺、流程进行简单介绍。中央商场主体结构为混凝土框架结构,原建筑 6 层,在进行"热水瓶换胆"施工前,先拆除顶部两层后加建的结构,仅保留 4 层外墙。保留外墙采用钢支撑体系进行围护,在保留外墙 4 个角部采用八字角撑围护,钢支撑通过原外墙混凝土柱与保留外墙连接。同时设置两道钢支撑将保留外墙与八字角撑进行拉结,形成支撑整体框架。中央商场大楼"热水瓶换胆"改建流程如图 6-9 所示。

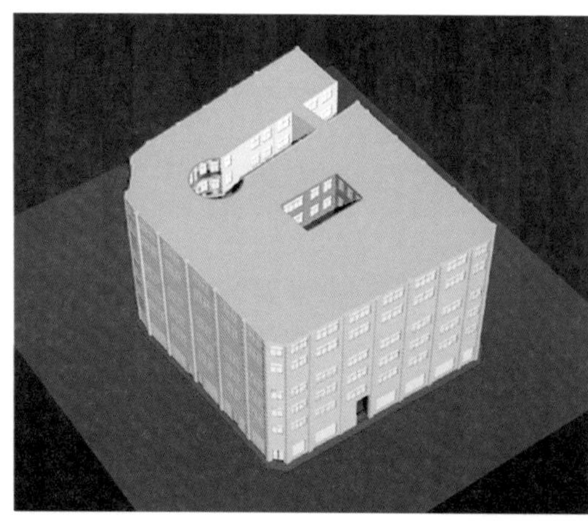

工况 1:外墙基础托换工况

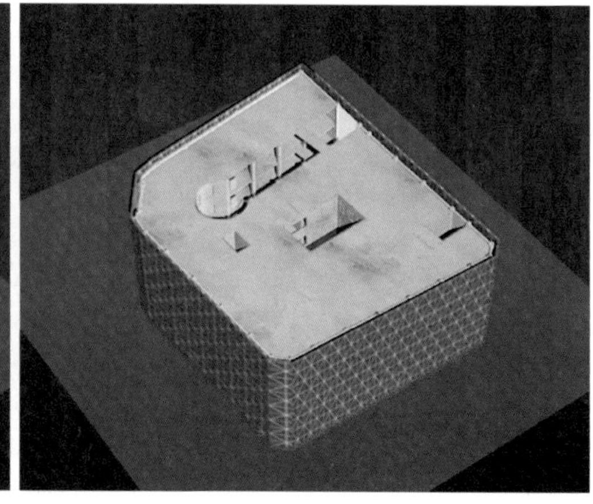

工况 2:拆除两层加建结构,搭设外脚手架

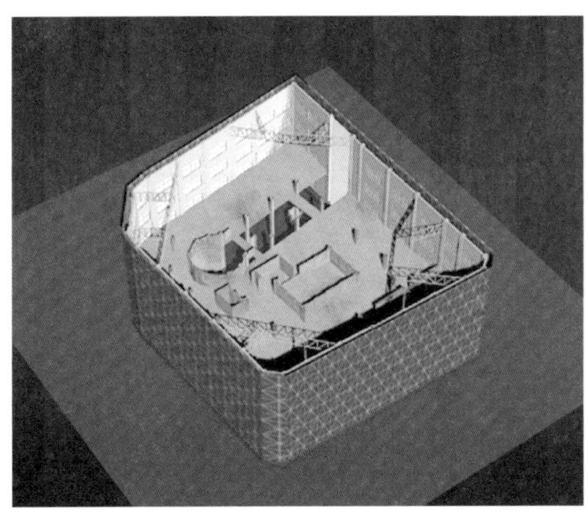

工况 3:设置临时保护钢架、拆除内部结构工况

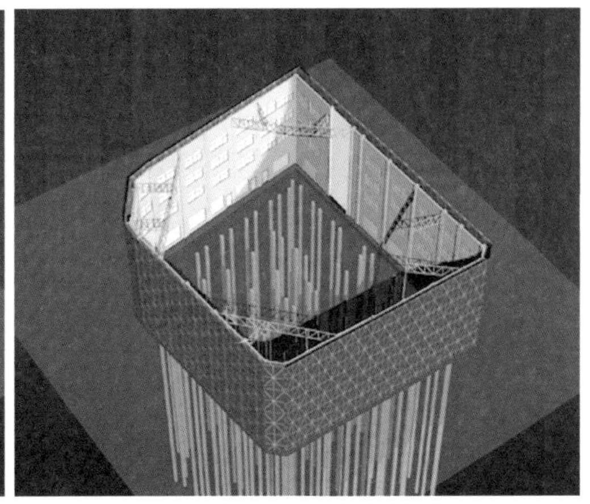

工况 4:建筑内部桩基施工

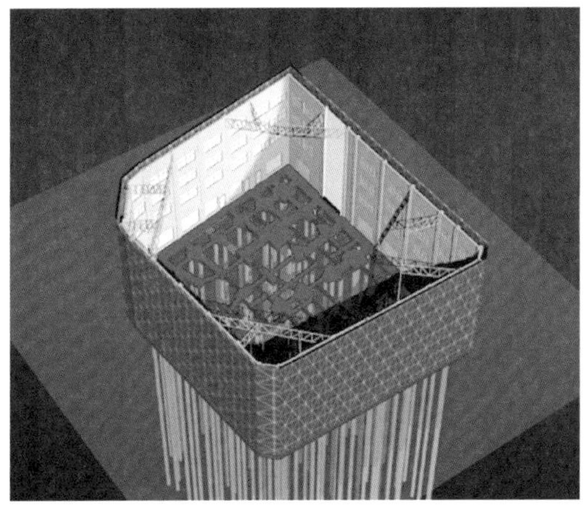

工况 5:建筑内部基础托换工况

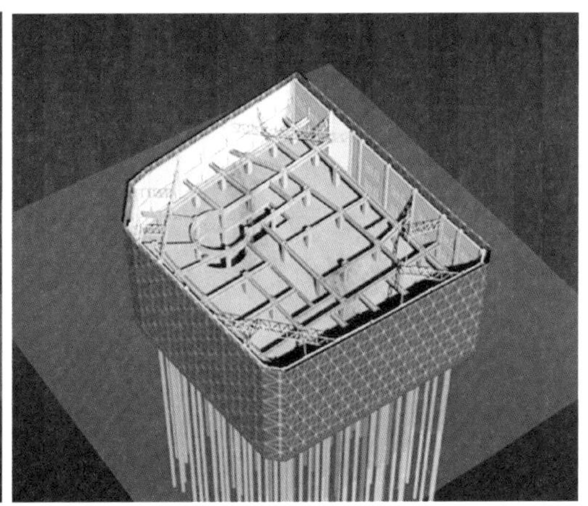

工况 6:新建内部结构

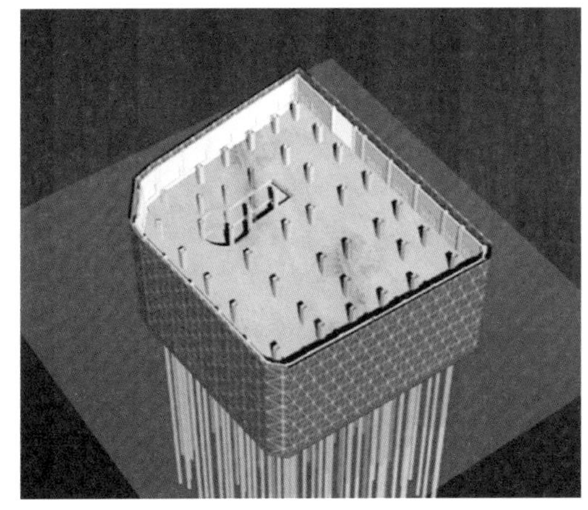

工况 7:拆除保护钢架

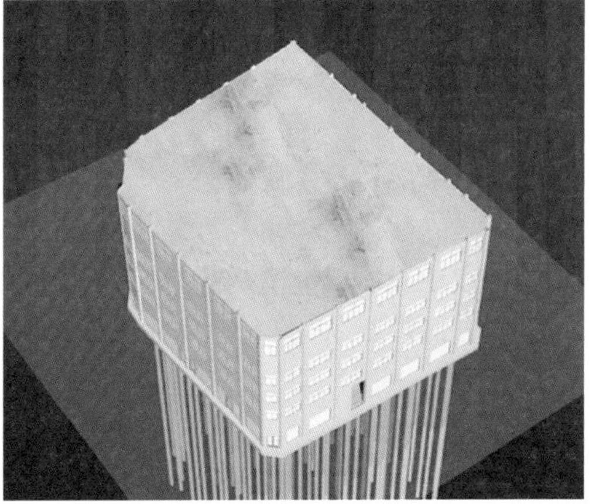

工况 8:外立面修缮、脚手架拆除

图 6-9　中央商场大楼“热水瓶换胆”改建流程

6.3.2　三维点云扫描技术在历史建筑外墙修缮中的应用

南京东路179号街坊的整体改造秉持着“尊重历史，保留记忆”的理念开展，对历史建筑的原有外墙进行保留和原真修复。为了留存整个街区的原始风貌，同时为外墙的修缮和复原提供参考依据，本工程采用了基于三维点云扫描的历史建筑外墙修缮技术，实现了历史建筑的快速、精细化建模，形成了历史建筑街区的三维可视化数字模型。

基于测绘和激光技术发展起来的三维激光扫描系统，它的扫描方式与传统的测绘技术有所不同，传统的测绘技术是高精度的单点单位，即测量指定目标中的某一点位的精确三维坐标，从而得到单独的或者一些离散的坐标数据，这类技术设备主要包括：经纬仪、水准仪、全站仪、激光追踪仪等；然而三维激光扫描系统则是按照一定的扫描间距，高密度、高精度测定目标区域的整体或者局部三维坐标数据。数据获得过程包括：拍照、扫描、拼接等一系列动作，从而获得被测目标的完整的、全面的、连续的、关联的三维扫描坐标数据，这些密集的三维数据被称做“点云数据”，利用这些海量的数据可以对被测物体进行三维重建。

三维扫描技术是一种实景复制技术，作为获取物体表面三维信息的全新技术手段，具有效率高、精度高、全方位等绝对优势，在各专业的领域当中打破传统思想局限，以大范围、高精度、高清晰的方式全面感知复杂场景，通过高效的数据采集设备及专业的数据处理流程生成的数据成果直观反映地物的外观、位置、高度等属性，为真实效果和测绘级精度三维建模提供保证。

采用非接触式高速激光测量方式，获取地形或复杂物体的几何图形数据和影像数据，最终通过后处理软件对采集的点云数据和影像数据进行处理分析，转换成绝对坐标系中的三维空间位置坐标或者建立结构复杂、不规则场景的三维可视化模型，既省时又省力，同时点云还可输出多种不同的数据格式，作为空间数据库的数据源并满足不同应用的需要。

三维激光描仪技术的最大优势就在于可以快速扫描被测物体，不需反射棱镜即可直接获得高精度的点云数据，这样就可以高效地对真实世界进行三维建模和虚拟重现。

三维激光扫描仪的主要构造是由一台高速精确的激光测距仪，配上一组可以引导激光并以均匀角速度扫描的反射棱镜。激光测距仪主动发射激光，同时接受由自然物表面反射的信号，从而可以进行测距，针对每一个扫描点可测得测站至扫描点的斜距，再配合扫描的水平和垂直方向角，可以得到每一扫描点与测站的空间相对坐标。如果测站的空间坐标是已知的，则可以求得每一个扫描点的三维坐标。

凭借以上所述的诸多优势，三维激光扫描技术在历史建筑的保护与修缮工程中有着较为广泛的应用，如图6-10所示。南京东路179号街坊改造工程应用了此技术，对后期保护外墙的修复起到了至关重要的作用，如图6-11所示。

图 6-10　历史建筑的三维扫描点云数据和三维模型

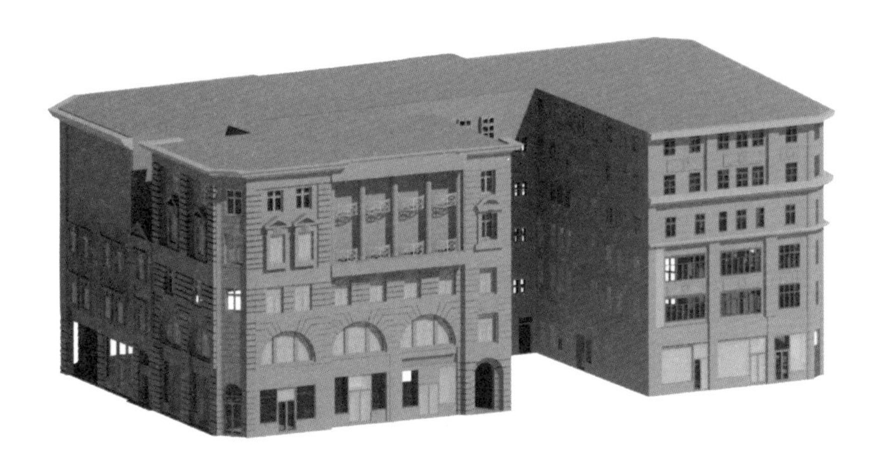

图 6-11　南京东路 179 号街坊三维扫描模型

6.3.3　零距离自爬行低净空桩架研发及成桩技术

1. 关键性技术难点

《上海市地铁沿线建筑施工保护地铁技术管理暂行规定》指出:“在地铁保护区域内(隧道中心两侧各 30 m、车站中心两侧各 50 m)进行任何加载和卸载的建筑活动,必须慎重采用可靠的技术措施对各种建筑活动引起的地铁结构设施的移动,控制在允许的限制内,以确保地铁安全运行。地铁工程(外边线)两侧的邻近 3 m 范围内不能进行任何工程。”

南京东路 179 号街坊保护改造项目靠近上海地铁 2 号线区段,为了确保地铁隧道的安全,地铁部门提出只能在地铁停运的时间(通常 7 h)内完成桩基施工。但采用传统施工工艺,一根 45 m 桩长钻孔灌注桩需要 12 h 以上,难以满足地铁部门的要求。

当历史建筑内部空间改造或者邻近区域地下空间开发时,原基础需要采用桩基托换技术,以保证历史建筑的安全和使用功能。与常规新建建筑不同的是,桩基施工往往在紧挨既有建筑的外墙或者在既有建筑的内部空间,而常规的桩基设备没有条件和空间进行施工。为了给桩基施工留有空间，设计师往往迫于无奈采用复杂的设计方案，保证桩基位置和既有建筑之间的净距。施工单位为了能够在既有建筑内部空间打桩，往往拆除上部 2 层甚至 3 层楼板，再采取其他施工措施对既有建筑结构进行临时加固，这都造成极大的浪费，也必然造成施工工期的延长。因此研制可以在紧挨既有建筑的区域、低净空环境下、设备体积小的新型桩架迫切需要。

依据设计方案，项目需采用钻孔灌注桩对既有基础进行基础托换。如图 6-12 所示，夹墙梁的施工与老基础梁冲突部位的细节处理亦是基础托换施工中的关键技术难点。基础梁分段后每段长度约 10 m，单段基础梁施工只切断 3 根原基础主梁。为了进一步降低对原结构的破坏，我们采取的措施是：对原基础梁破碎时保留基础梁的钢筋，新基础钢筋与老基础钢筋绑扎在一起，并且一起浇筑，使新基础梁完成后老基础梁仍然能够传力。

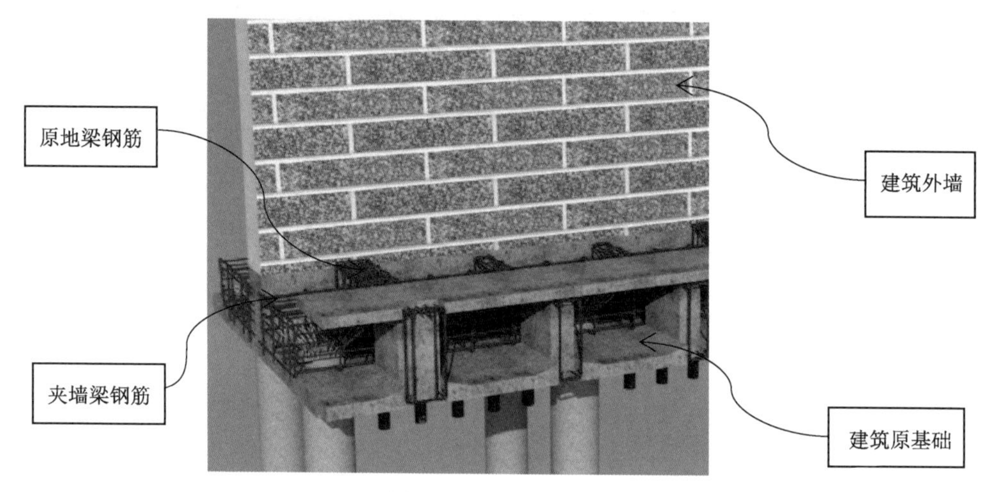

图 6-12　夹墙梁施工

桩基施工涉及美伦大楼、中央商场、新康大楼以及华侨大楼。按区域分为两大类别，一类是桩在建筑外部，一类是桩在建筑内部。各栋建筑钻孔灌注桩参数如表 6-1所示。

表 6-1　钻孔灌注桩参数

序号	建筑	桩型	桩长/m	桩径	数量/根
1	美伦大楼	钻孔灌注桩	45	$\Phi650$	50
		钻孔灌注桩	45	$\Phi600$	123
2	新康大楼	钻孔灌注桩	45	$\Phi650$	53
3	华侨大楼	钻孔灌注桩	45	$\Phi650$	128
4	中央商场	钻孔灌注桩	45	$\Phi600$	123

综上所述，桩基施工存在以下难点和问题：

(1) 部分桩基侧面距离保护建筑墙面只有 375 mm，操作面狭窄常规钻机无法进行墙边桩基施工。另有部分桩基位于红线外侧人行道上,若施工该部分桩基将占用道路,影响周边交通。

(2) 部分桩基位于室内,而室内单层净高普遍只有 4.2 m,传统桩架高度无法进行施工。

(3) 现场两台桩机同时施工将产生大量泥浆,场地有限不便做泥浆池,而工程处于市中心,废浆白天无法外运,桩基施工无法正常进行。

2. 核心技术开发与解决方案

结合爱马仕之家工程的桩基施工经验,对桩架进一步改进,桩架高度降为 6.5 m,宽度 2.4 m,长度 5.5 m,以保证在室内 8 m 净空下可移动旋转。桩架在原有基础上新增 10 个液压油缸,全液压工作系统可实现机架升放、行走与旋转、调整水平,等等,以方便在室内狭小空间内行走,如图 6-13、图 6-14 所示。

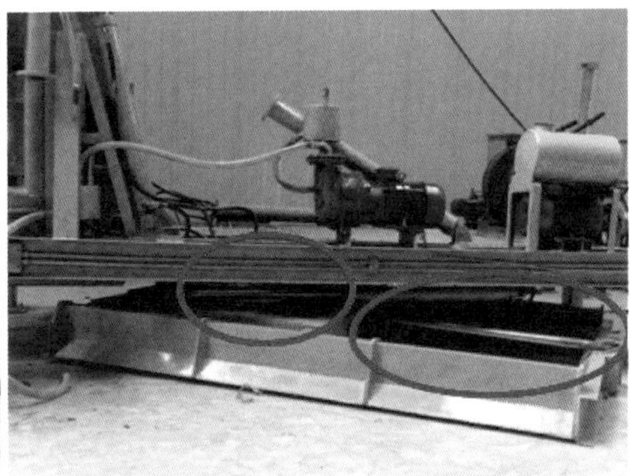

图 6-13 油缸用于桩架升放(左图)、旋转及前行(右图)

图 6-14 油缸用于调节操作平台高度(左图)和桩架调平(右图)

考虑到本工程的施工流程，桩基施工是基础加固的前提，而基础加固是整栋老建筑改建的前提，为了保证建筑的稳定性，方案将拆除涉及钻孔灌注桩施工的建筑内部二层的楼板及梁，同时使用低净空的桩架在内部施工，此桩架高度仅 6.5 m(图 6-15)，这样只需拆除上部一个层面的楼板、次梁及主梁，对于整个建筑的稳定性来说更安全可靠，施工风险更小。

图 6-15　改造后桩架高 6.5 m

针对桩基紧邻保护墙体等情况，桩机底座前端设置可旋转液压柱腿，通过 0°～90°旋转柱腿，钻杆与墙体最小距离可减小至 700 mm，改造及使用情况如图 6-16 所示。

图 6-16　桩基紧贴墙面施工

针对人行道施工面不足等问题，考虑夜间进行人行道桩基施工，将桩机钻头朝外，机身置于老建筑内部，最大限度地减少占道空间。桩架卧倒由室内往外移出，当立架完全置于室外时竖起立架，桩架后撤桩机后台进入室内，仅留钻头及立架在老墙体外工作，如图 6-17 所示。

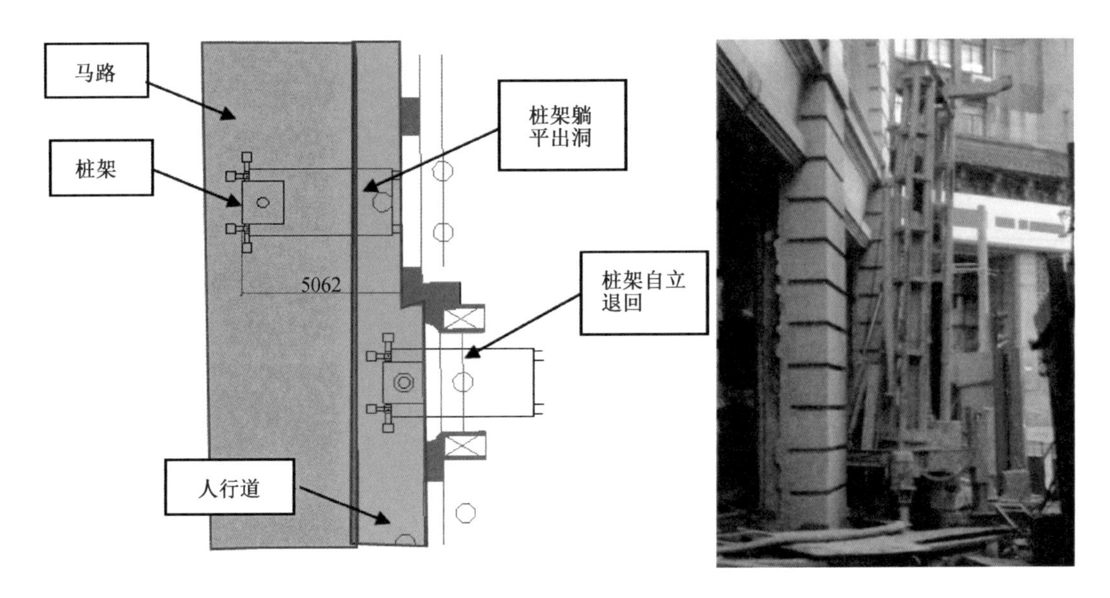

图 6-17 人行道桩基施工位置示意图

对于新康大楼转角处钻孔灌注桩施工(此类桩共 2 根)，在夜间将桩架布置在老墙体外进行施工，将占用 2 m 左右宽机动车道，桩架垂直于转角摆设，如图 6-18 所示，2 根桩两个晚上完成施工。

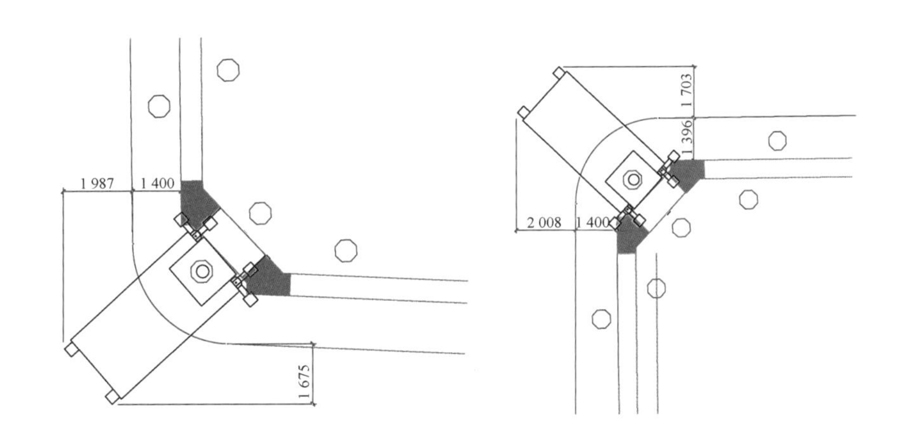

图 6-18 转角处桩基施工

建筑中的美伦北楼临近地铁 2 号线，然而这一侧有部分桩距离地铁隧道只有 3 m左右，根据以往施工经验，我们采取了以下几点措施来保证临近地铁桩的正常施工。

（1）避开地铁运营高峰时段 6:00—23:00，即采取在夜间地铁停运期间施工。

（2）采用新型钻削式-灌注桩施工工艺进行施工，此工艺一般成桩时间保证在 7 h内完成。

3. 试桩应用效果分析

（1）试成桩时间。现场进行 3 根试桩验证：3 个成孔时间分别为 1 时 50 分、1 时 55 分和 1 时 58 分，基本实现成孔在 2 h 内。成桩时间分别为 6 时 55 分、6 时 53 分和 6 时 47 分，施工工效基本达到 7 个小时的预期要求。

（2）非地铁区域成孔质量。任取三根桩成孔检测结果如图 6-19 所示。

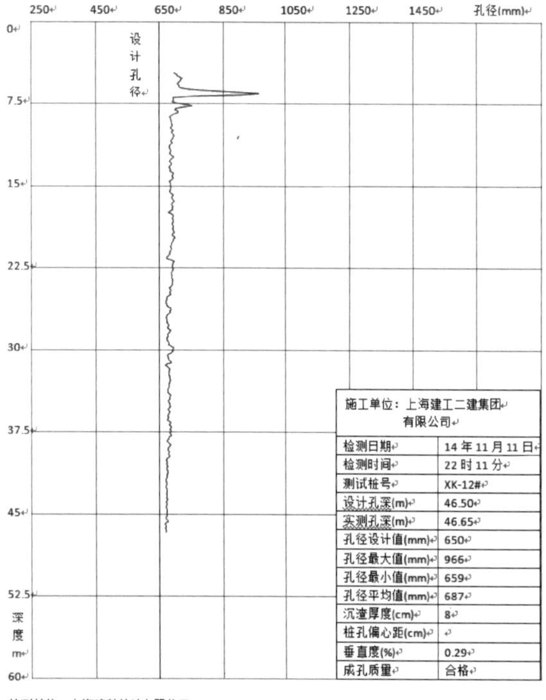

南京东路 179 号街坊成片保护改建项目

XK-12#桩孔成孔质量检测报告

横向比例：1：10

纵向比例：1：300

检测者：

施工单位：上海建工二建集团有限公司	
检测日期	14 年 11 月 11 日
检测时间	22 时 11 分
测试桩号	XK-12#
设计孔深(m)	46.50
实测孔深(m)	46.65
孔径设计值(mm)	650
孔径最大值(mm)	966
孔径最小值(mm)	659
孔径平均值(mm)	687
沉渣厚度(cm)	8
桩孔偏心距(cm)	
垂直度(%)	0.29
成孔质量	合格

检测单位：上海建科检验有限公司

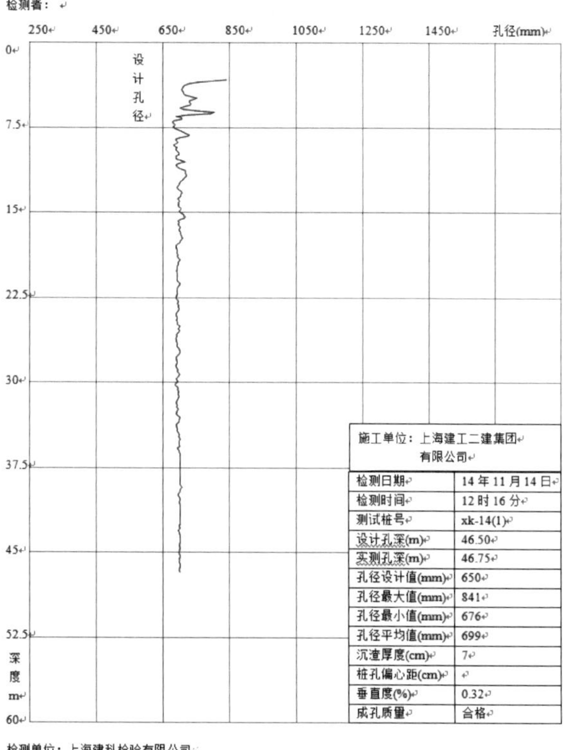

南京东路 179 号街坊成片保护改建项目

XK-14#(1)桩孔成孔质量检测报告

横向比例：1：10

纵向比例：1：300

检测者：

施工单位：上海建工二建集团有限公司	
检测日期	14 年 11 月 14 日
检测时间	12 时 16 分
测试桩号	xk-14(1)
设计孔深(m)	46.50
实测孔深(m)	46.75
孔径设计值(mm)	650
孔径最大值(mm)	841
孔径最小值(mm)	676
孔径平均值(mm)	699
沉渣厚度(cm)	7
桩孔偏心距(cm)	
垂直度(%)	0.32
成孔质量	合格

检测单位：上海建科检验有限公司

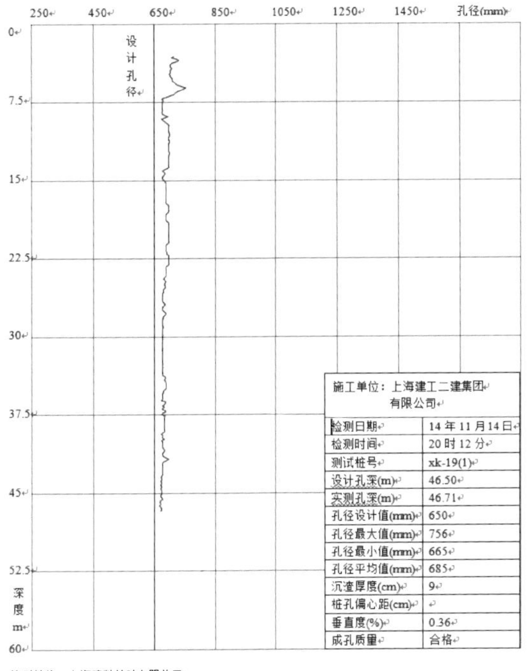

图 6-19　灌注桩成孔质量检测报告

依据检测数据，孔径稳定，没有缩颈和塌孔的情况发生，孔径满足设计要求。沉渣厚度不大于 10 mm，均在 50 mm 以内，效果非常理想。成孔垂直度分别为 0.29%，0.32%和 0.36%，小于 1%的规范要求。

6.3.4　内胆与外墙连接及结构转换

在基础加固完成后先施工内胆的外框，内胆外框贴着老墙体施工并充分拉结，这是为了增加原墙体的强度并加强外墙的整体性，另一方面是为了给水平拉结提供搁置点，为拆除内部结构做准备。内胆外框拆除后依次拆除老建筑内部结构并穿插架设水平支撑，保证建筑整体稳定，最后根据设计要求进行永久结构施工。内胆外框建议使用混凝土结构，混凝土结构强度较大，且和老建筑连接较好。水平支撑建议使用钢结构，钢结构形成体系较快，比较符合旧房改造的需求。

1. 永久结构

“热水瓶换胆”施工主要内容就是原结构体系与新结构体系的转换，所以新结构形成体系的时间非常关键，本工程新结构采用钢结构形式。采用钢结构有几个优点：

（1）钢结构形成结构体系快，安装方便，有利于风险控制。

（2）与钢筋混凝土结构相比，采用钢结构可以从上往下进行拆除及结构施工，使结构在拆除过程中更加稳定。

(3) 与钢筋混凝土结构相比,采用钢结构能减少临时支撑的使用,能加快施工进度与成本。

(4) 钢结构梁中可以开孔安装管线,可以有效地增加净空高度。

然而,钢结构也存在一些缺点,与钢筋混凝土结构相比,钢结构的耐火性能较差。但通过后期的防火涂料涂刷及外包混凝土等形式能弥补这一缺点。

2. 保留外墙的"内胆"加固结构

基础加固施工完毕后进行钢筋混凝土"内胆"施工。由于"内胆"施工时原有建筑还是依靠原结构支撑,所以"内胆"施工需要最大限度减少对原结构的破坏。为了保护楼板,内胆与原结构楼板冲突地方建议先不施工,后期再补。如图 6-20 所示,内胆首先施工水平和垂直板带,垂直板带为永久钢结构搁置点位置,从上至下贯通的混凝土墙板,水平板带位置在原结构楼板标高以上。这样施工完后能在外墙内部形成一个混凝土内框,能很好地提升外墙的整体性,同时施工时只需要在局部楼板开洞就能实现,如图 6-21 所示。

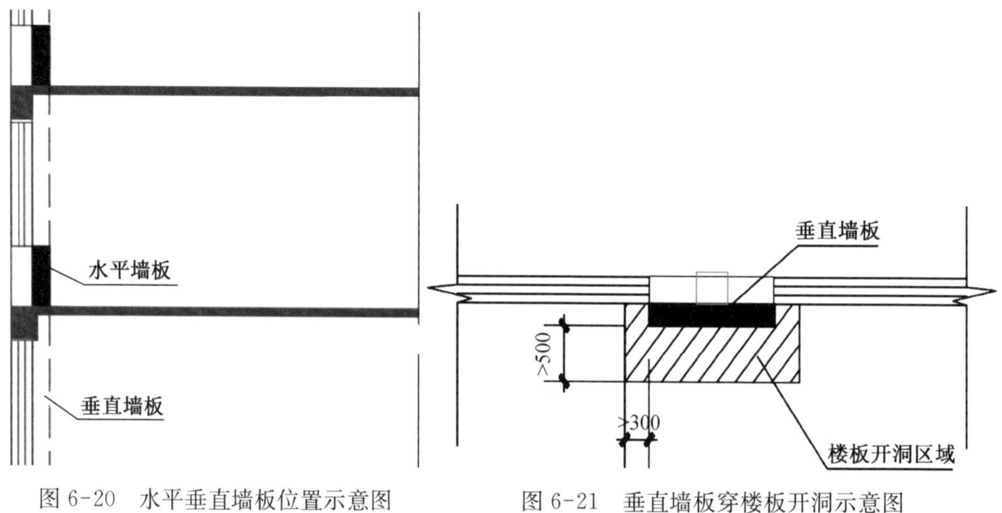

图 6-20 水平垂直墙板位置示意图

图 6-21 垂直墙板穿楼板开洞示意图

由于美伦大厦原结构是钢筋混凝土结构,所以内胆与原有墙体采用植筋的方式连接,如图 6-22 所示。由于楼层高度较高,内胆混凝土附墙柱一次性浇筑高度太大会产生较大的侧压力,附墙柱支模可采用对拉螺栓的形式。

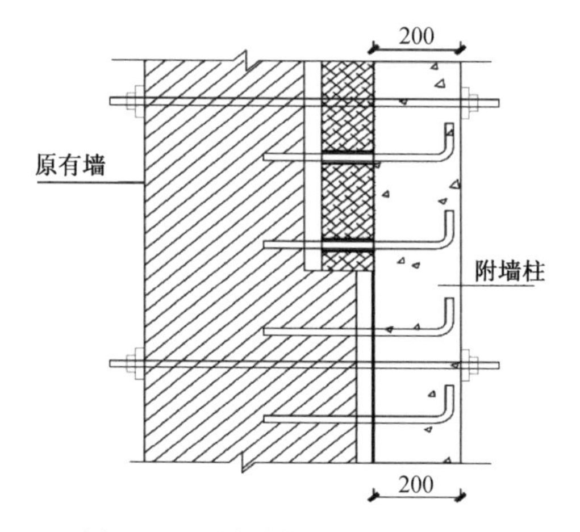

图 6-22 原有墙与附墙柱拉结详图

6.3.5 外墙支撑方案计算分析

1. 计算模型

以中央商场的外墙支撑方案为例，如图 6-23 所示，内胆框架采用钢筋混凝土框架，柱截面为 500 mm×500 mm，梁截面为 500 mm×300 mm，内部一榀框架，柱截面为口 400×400×16×16，梁截面为 H500×300×10×16 和 H300×250×10×16。钢结构采用 Q345，混凝土采用 C35。

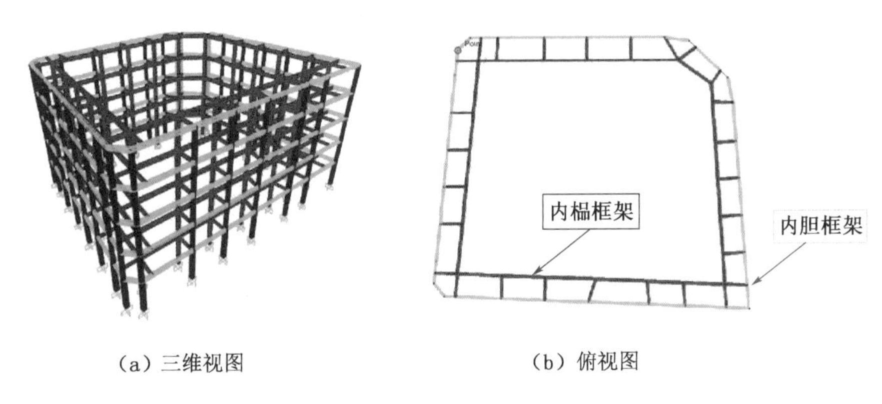

（a）三维视图　　（b）俯视图

图 6-23　四面外墙支撑方案计算模型

荷载考虑恒荷载（结构自重）、风荷载（基本风压为 $\omega_0=0.4\ \mathrm{kN/m^2}$，地面粗糙度为 D 类，风振系数为 2.4，风压高度变化系数为 0.51）和地震荷载（地震影响系数为 $\alpha_{max}=0.03$，场地类别为上海Ⅳ类，设计地震分组为第一组，场地特征周期 $Tg=0.9\ \mathrm{s}$）。

提取前六阶模态，自振周期如表 6-2 所示。有图表可知，结构反映正常，在悬挑部分和中部桁架跨度较大处结构刚度较弱。

表 6-2　外墙支撑前六阶模态列表

模态	Mode 1	Mode 2	Mode 3	Mode 4	Mode 5	Mode 6
周期/s	0.56	0.54	0.49	0.47	0.46	0.44
频率/s^{-1}	1.77	1.85	2.03	2.11	2.17	2.30
主振方向	水平振动	水平振动	相向振动	相向振动	相向振动	整体扭转

2. 变形计算

在风荷载标准值作用下，外墙顶最大位移为 29 mm，位移角为

$$29/22\,200=1/765<1/550，满足要求。$$

在地震荷载作用下，外墙顶最大位移为 6 mm，位移角为

$$6/22\,200=1/3\,700<1/550，满足要求。$$

通过以上计算，可知外墙的层间位移是满足规范要求的。

3. 极限承载力计算

通过极限承载力计算可得：内胆框架柱配筋率(最大配筋率 1.15%)，内胆框架梁配筋率(最大配筋率 0.85%)，内胆框架柱轴压比(最大轴压比 0.20)，内榀框架柱应力比(最大值 0.21)，内榀框架梁应力比(最大值 0.30)。通过以上计算结果可知，外墙支撑体系和保留柱满足承载力的要求。

6.4 新康大楼三面墙体保留专项研究

根据上海建筑科学研究院检测报告，新康大楼原设计为 6 层混凝土结构，目前加建为 9 层，其中两层为早期加建，后期在屋面(9 层)搭建一层砖混结构房屋，如图6-24 所示。

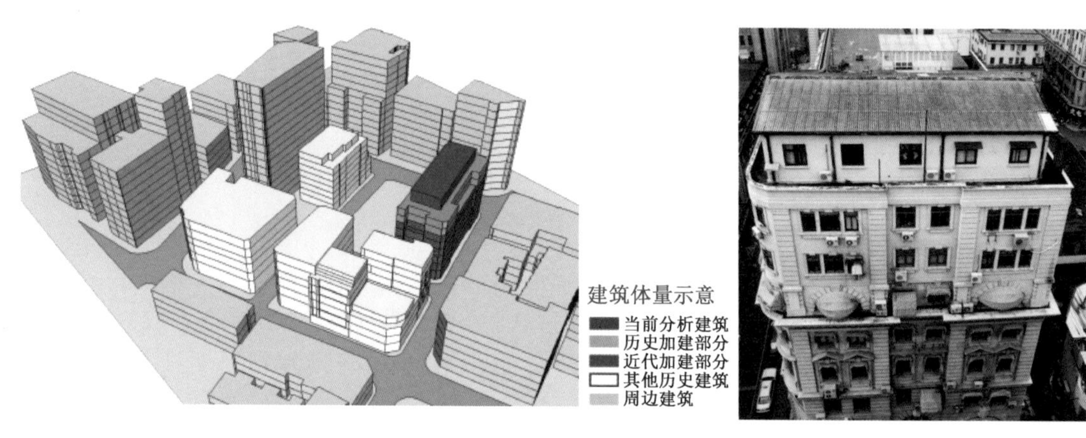

图 6-24 新康大楼原建筑概况

1. 新建筑方案

新康大楼保留南面、西面、北面三个立面外墙。拆除重建，新建新康大楼总层数地上 10 层，地下 5 层，另有屋顶机房层。屋面结构标高 44.200 m、女儿墙高度 45.000 m。

2. 新结构方案

地下室结构均采用现浇混凝土梁板结构。地下室顶板作为上部结构的嵌固端，地下一层的抗震等级同上部结构，地下一层往下抗震等级逐层降低，但不低于三级。新康大楼上部结构采用钢框架结构，楼面采用压型钢板或钢筋桁架组合楼板，楼板厚度为 120 mm，框架抗震等级三级。

本节重点介绍新康大楼三面墙体保护及地上结构施工，增设地下室结构的关键技术将在 6.5.3 节中进行阐述。

6.4.1 总体施工流程

为了减少基坑施工对周边保护建筑的影响，周边保护建筑完成结构桩基托换，新康大楼完成保留外墙基础加固及桩基托换后进行基坑的槽壁加固、地墙施工、坑内加固及桩基施工，确保基坑开挖前完成周边保护建筑结构改建。部分新建地下室在新康大楼内部，新康大楼改建与地下室施工紧密联系。地下室围护施工前必须拆除新康大楼原有结构，地下室施工阶段新康大楼只剩三面外墙，施工风险相当大，所以施工前必须制定妥善的施工流程来应对。

由于部分地下室在新康大楼内部，该部分围护必须穿插在建筑拆除过程中交替进行。如图 6-25 所示，本工程主要有以下施工步骤。

工况 1：加层拆除

工况 2：外墙基础加固施工

工况 3：保留外墙临时加固钢架及混凝土内胆施工

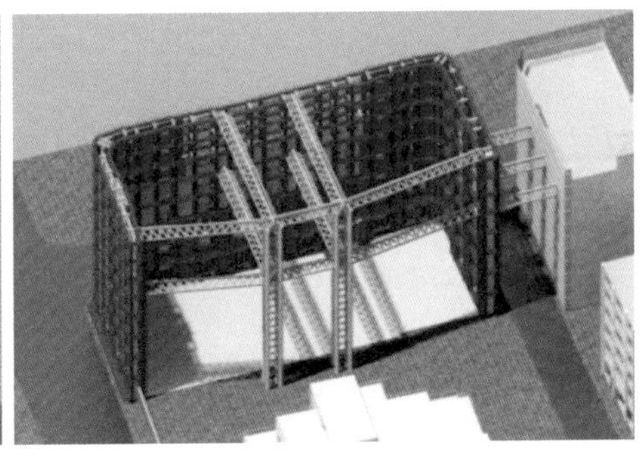

工况 4：内部结构拆除

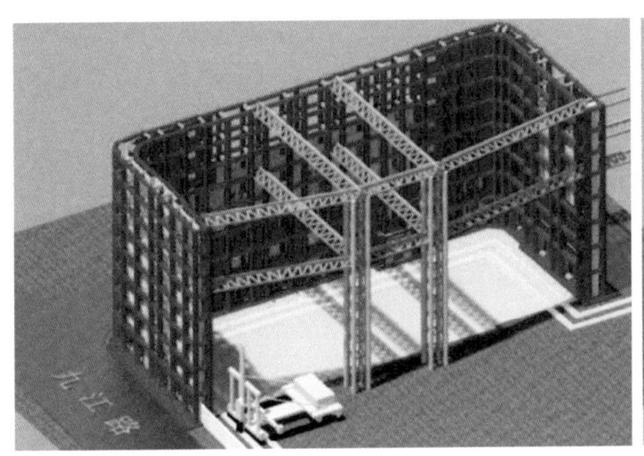

工况 5：TRD 槽壁加固施工

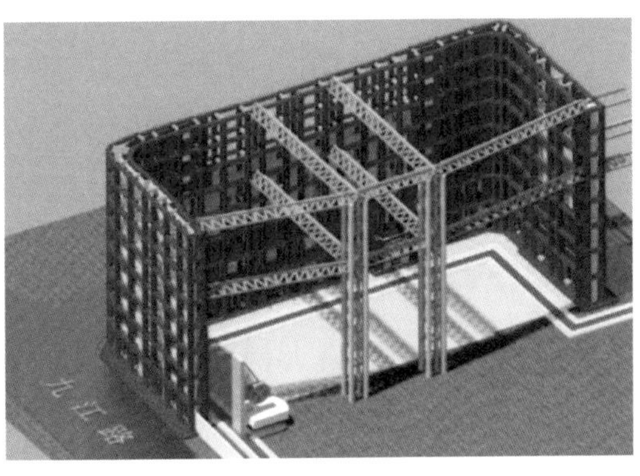

工况 6：地下连续墙施工

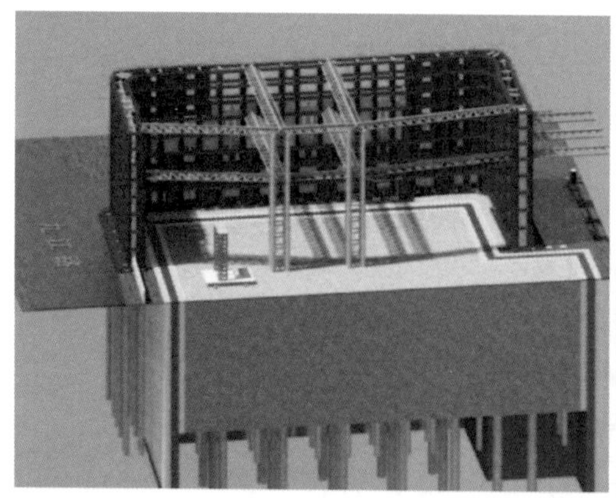

工况 7：坑内加固及桩基施工

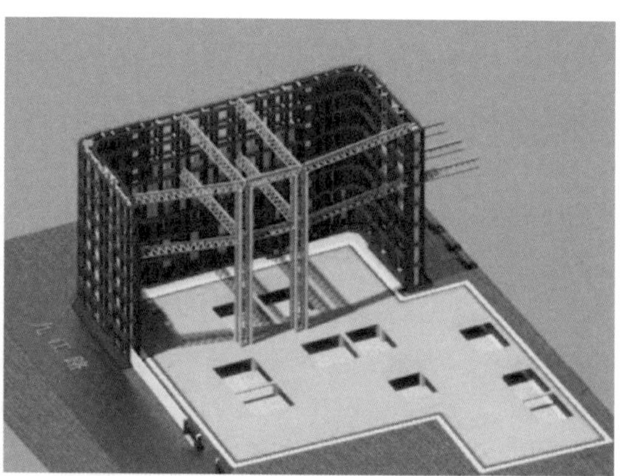

工况 8：地下室顶板施工

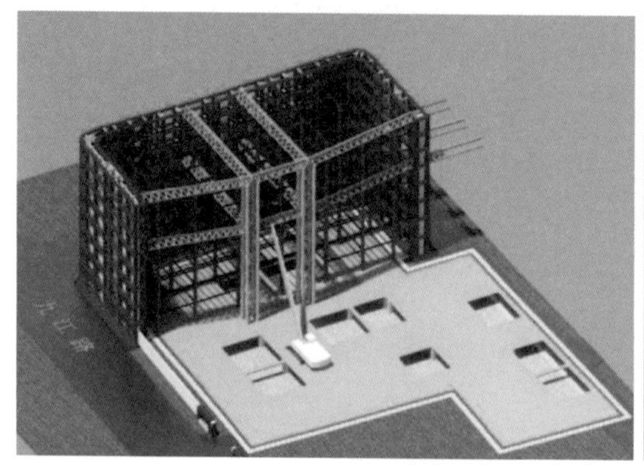

工况 9：原新康大楼范围钢结构柱梁框架吊装

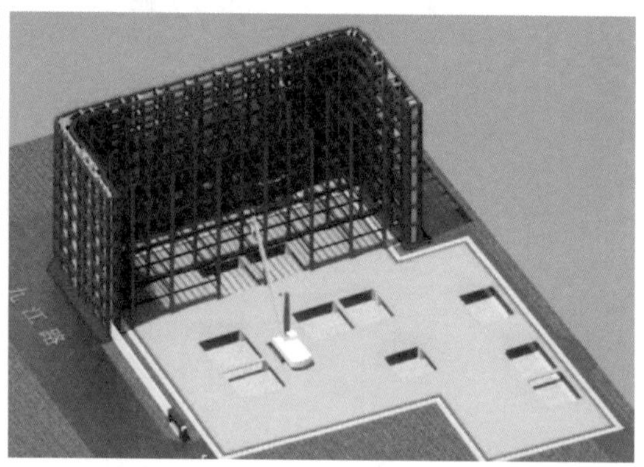

工况 10：东立面保护架立柱及顶部桁架拆除

工况 11：地下室开挖及回筑

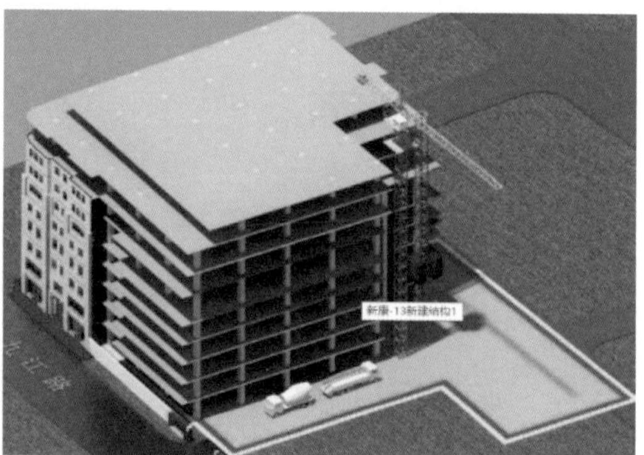

工况 12：保护架拆除及新建新康部分上部结构施工

图 6-25　新康大楼同步逆作改建流程

6.4.2　新康大楼三面外墙保留的关键技术措施

1. 重难点分析

（1）保留的三面外墙失稳的风险较大。依据上海建科院的检测报告，保留墙体混凝土强度等级为 C15，钢筋强度满足 HPB235 级热轧钢筋的要求。因此，如何加强外墙自身的强度，也是需要考虑的关键问题。

新康大楼设计为保留三面外墙，墙体高度为30.9 m，当拆除内部结构、屋顶及剩余的一面墙时，拆除的过程中局部墙体都处在不稳定状态。由于三面外墙紧靠商业街，过往人口密度非常大，外墙失稳倒塌将会造成严重的工程事故和人员伤亡，因此必须考虑墙体在风载下的自身稳定，以及各种加固加强措施、非保留墙体拆除过程、施工方式和施工过程等对墙体的影响。

(2) 内部结构拆除过程对保留外墙的破坏风险较大。拆除施工工序对保留外墙安全的影响较大；由于新康大楼北立面外墙5层以上向内凹进了2 m左右，下面无立柱支撑，形成悬挑区域，尽管支撑方案中采用钢框架支撑，但在拆除过程中，切割附件梁柱，保留此悬挑区域，仍是较大的风险源。

(3) 地下室开挖引起地面的沉降对保留外墙的沉降控制风险较大。原有墙体为刚性天然，虽然其地基经历长时间的作用，变形已趋于稳定，但由于新建筑有较深的地下室(22.5 m)，必然会导致周围土体的变形。依据类似基坑工程实测经验，若不进行基础加固，受基坑施工扰动等影响，其最终沉降量一般能达到50～60 mm，保留外墙一定无法承受这么大的变形，故需要采取有效的基础加固方案，沉降量要严格控制在一定范围以内，且必须控制差异沉降。因此要考虑保留墙体的沉降和差异沉降的控制。

(4) 保留墙体与新建建筑的沉降差使保留外墙出现裂缝的风险较大。新建筑施工完成后，保留墙体作为新建筑的围护墙和整体建筑之间将会出现较大的沉降差，这样沉降差是保留外墙所无法承受的。在正常使用阶段，由于是相对永久情况，故也必须保证保留墙体与新建结构的共同协调工作，必须保证不出现裂缝以满足建筑美观要求。

(5) 施工机械意外碰撞保留外墙的风险较大。地下室围护阶段施工大型机械较多，三面老墙离地下室的地墙较近，特别是地墙成槽和钢筋笼吊装作业时，如果没有防范措施，较易出现大型机械碰撞外墙的支撑结构；主体结构的钢结构吊装也有碰撞外墙支撑体系的风险；沿路面的一圈钢桁架支撑也存在施工车辆碰撞的风险。因此必须采取措施(结构措施、防范措施)避免意外碰撞的出现，不然将会造成不可估量的工程事故。

(6) 支撑加固对保留外墙的外貌破坏的风险较大。由于三面保留外墙高度30.9 m，需要较多的支撑体系对其进行加固，以防止保留外墙失稳，甚至倒塌。内胆和支撑体系部分需要与外墙连接，对其外貌造成破坏；另外新旧结构之间的沉降差也会使外墙不可避免出现裂缝。因此采用较为合理的支撑体系方案、“修旧如旧”的修缮技术，保证保留墙体的原有风貌，也是很关键的。

2. 关键技术措施

(1) 保留外墙基础加固和支撑措施。新康大楼保留三面外墙施工的前提是必须对基础的承载能力进行改善，必须对基础进行加固。保留外墙基础加固形式如图6-26所示。

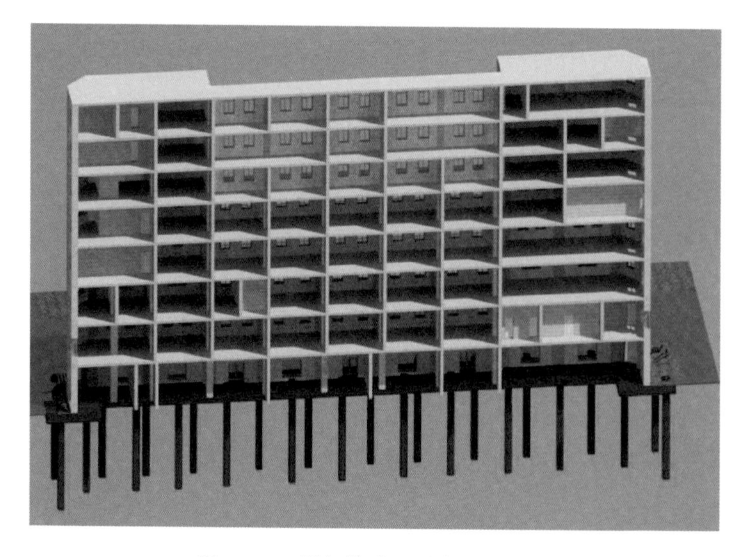

图 6-26　保留外墙基础加固示意图

为了保留外墙在其他部分拆除后具有很大的刚度和增强保留外墙自身的强度，采取的策略是在原有墙体内部增加一个钢筋混凝土内胆，如图 6-27 所示，这个内胆与保留外墙需要紧密连接，一方面，增加保留结构的强度及刚度，另一方面，内胆形成以后具有很好的整体性。

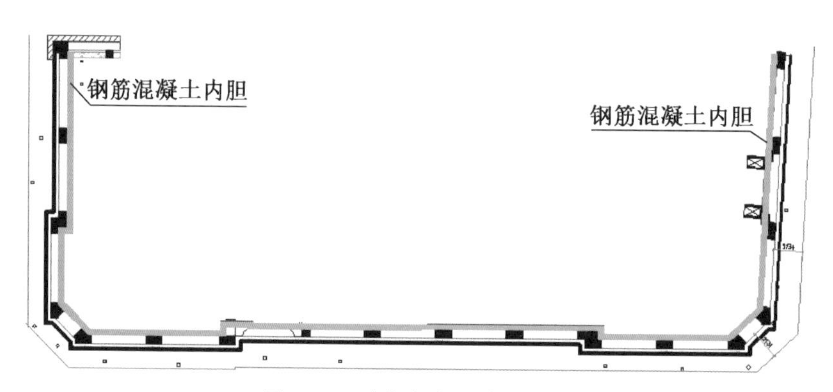

图 6-27　内胆框架示意(绿色)

在保留墙体的外侧设置一圈钢桁架，由于钢桁架宽度越大，侧向刚度越大，因此钢桁架宽度尽量做大。其中南侧墙由于无其他支撑措施，所以在其内外都设置一榀钢桁架，沿街路面钢桁架宽度为 1.2 m 左右，内钢桁架宽度建议在 1.7 m 以上，在考虑地墙施工空间的因素下，尽量做宽，提高安全储备。在西侧墙和北侧墙局部单面墙的地方，增加一榀钢框架。新康大楼三面保留外墙钢桁架加固形式如图 6-28 所示。

图 6-28 新康大楼保留墙体钢桁架加固

为了增强新康大楼三面外墙之间的整体性，提高南北侧单面墙的侧向稳定，在内部结构拆空后在阴角位置设置桁架拉结，如图 6-29 所示。

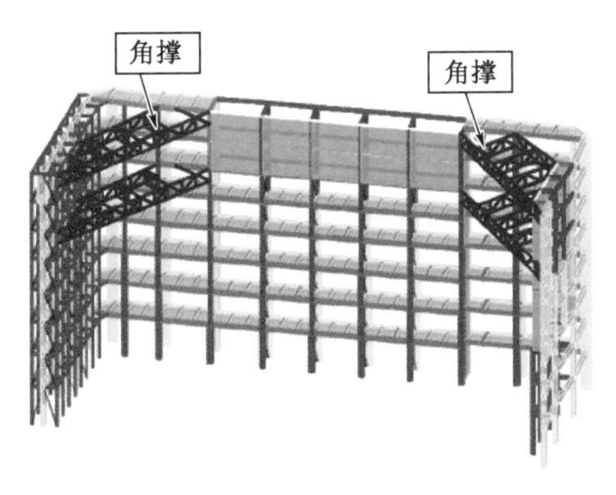

图 6-29 阴角位置角撑拉结示意

新康大楼北侧墙距离美伦大楼外墙 12 m 左右，因此在北侧墙和美伦大楼之间设置如图 6-30 所示的跨街钢桁架支撑，以增强北侧墙的稳定性，美伦大楼保留6 层，基本和新康大楼 6 层标高相近，因此在 6 层和 3 层位置设置两道钢桁架支撑，由于三层标高为 12.6 m 左右，不影响路面交通。

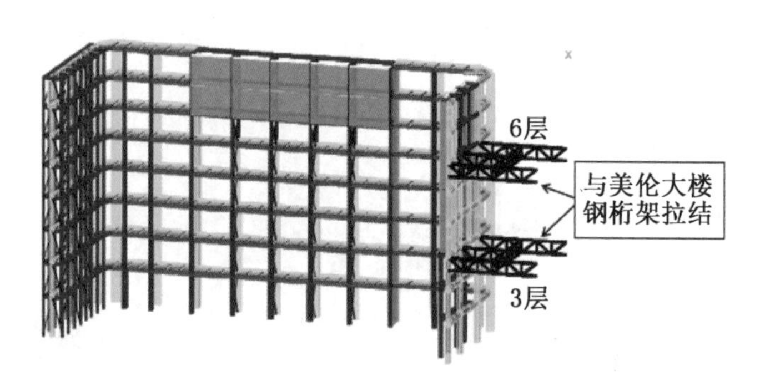

图 6-30　北侧墙和美伦大楼之间跨街钢桁架支撑示意

(2) 新康大楼拆除流程。在内部结构及一面外墙拆除前，首先要对原有建筑进行减荷处理，拆除楼顶的加建建筑，减少基础的负担，然后对保留的三面墙体依次进行基础加固、外墙加固，使保留墙体形成一个整体。地下室围护靠近新康大楼一侧施工时需要对新康大楼内部结构进行拆除，拆除可分为两步进行，北面先拆除，然后施工北面的地下室围护，围护做完后进行临时拉结，这时南面未挖的区域可以稳定整个建筑。北面施工完毕后进行南面的内部结构拆除以及地下室围护施工，在新的内部结构施工完成之前在南面也设置临时拉结。

北侧墙凹进 2 m 的外墙，处于对施工安全及结构改造风险的考虑，建议新康大楼北侧留一跨，这将大大减小风险和支撑体系，但如果无法保留一跨，则需要增加临时钢结构柱以及一些临时构件对其外墙进行保护，如图 6-31 所示。在拆除过程，要特别注意先支撑加固，后拆除切割，要制定严格的拆除工序，避免拆除过程中机械对外墙的碰撞，注意保护临时支撑钢柱的安全。

图 6-31　增加临时钢结构柱示意

西侧墙由于采取保留一跨柱的方案保证西侧墙身的稳定，因此在拆除过程中对保留的一跨柱应采取一定的加固措施和防范措施，以确保保留一跨柱的安全。南侧墙拆除由于无其他结构支撑和无法保留一跨柱，因此全靠支撑体系来保证自身稳定性，因此注意先支撑后拆除，同时拆除过程对支撑的保护也至关重要。

(3) 制定减少地下室挖土对新康大楼影响的措施。对地下室采用逆作法施工能很好地解决这个问题，首先，逆作法围护刚度较大,顶部变形较小,能有效地控制保留墙体变形。另外,逆作法施工有上下同步施工的优点,当B0板混凝土达到设计强度后,地上的新康大楼就能施工,这样就大大地减少了三面保留墙体处在不良状态下的时间,降低施工风险。

(4) 避免大型机械影响的应对措施。支撑体系与地墙之间有一定的施工空间,大概2.5 m左右,同时在支撑体系附近设置一定的隔离措施和警示标牌,避免出现施工机械碰撞外墙支撑体系。

支撑体系设计时增加安全储备,采用多道防御体系,即使出现局部支撑破坏,也不会出现外墙失稳甚至倒塌的风险。

当主体结构钢结构吊装时,在吊装方案中采取足够的防范措施,以确保不发生碰撞的风险。

(5) 减小保留外墙外貌破坏的影响措施。支撑体系设计时,尽量减少外墙之间的对穿,通过墙体预设槽钢与其连接,或者尽量通过明窗对穿;对于不可避免的破坏,严格控制质量标准,重点在于混凝土墙的修缮,分"施工前、过程中、完工后"三个阶段进行控制。

施工前:对外墙的损坏情况进行全面勘测,了解分析墙体有哪几种病害及病害的严重程度。在详细的勘测和检测后,按照今后修复时拟采用的材料及工艺试做样板,并邀请各方予以评定,待样板被认可后方可全面实施。

过程中:根据设计要求及企业标准,采取修复混凝土墙面专业工艺,每道施工工艺均有严格的施工工艺流程,采用符合设计规格性能要求的修复材料并采用传统的专用工具,实施人员具有长期修缮的施工经验,同时在每道施工工艺结束后采取相应的验收方法评定工序质量。

完工后:对修复后的效果进行综合评定,包括外观质量是否达到修旧如旧的标准,是否满足设计的修复要求,等等。

6.4.3 三面保留墙体支撑体系

1. 三面保留外墙的刚架支撑体系

新康大楼三面保留外墙的保留高度较高,在原内部结构拆除及地下室施工阶段存在极大安全风险,通过与所属的设计院协商,设计了一套针对新康大楼保留外墙在拆除及地下室施工阶段的支护体系,如图6-32、图6-33所示。该体系由两根钢管格构柱、外墙两侧为H型钢框架结构以及两层桁架梁组成,总重约860 t。

2. 跨路钢桁架支撑体系

北侧墙距离美伦大楼外墙距离12 m左右,美伦大楼外墙也需要保留,和新康大楼基本完全相同,两墙之间的道路为施工现场区域。因此在北侧墙和美伦大楼之间设置跨路钢桁架支撑,同时保证了北侧墙和美伦大楼外墙的稳定性。设置两道水平桁架,高度在30 m和15 m左右,不影响路面交通。

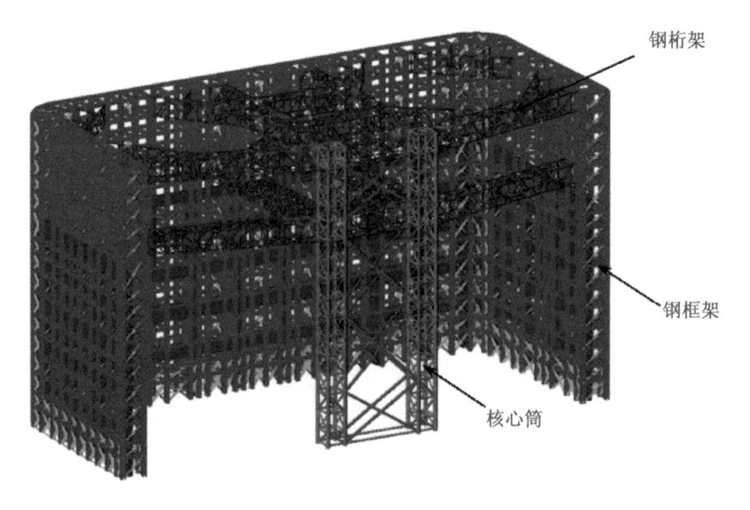

三维视图

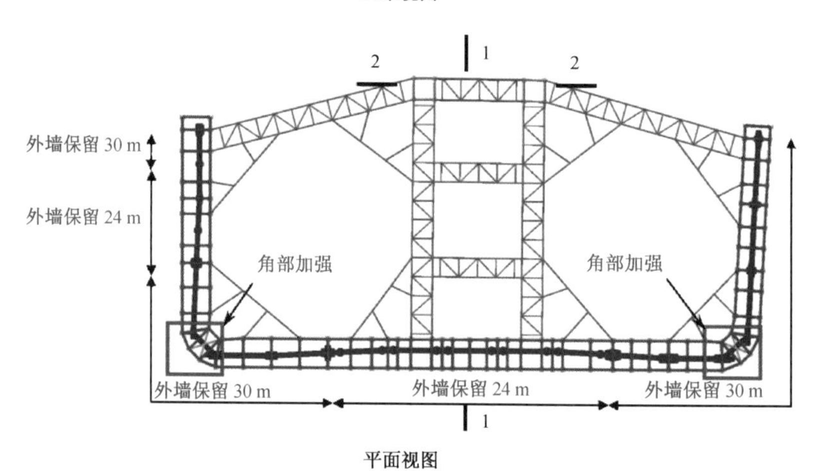

平面视图

图 6-32　新康大楼外墙保护钢架平面布置示意图

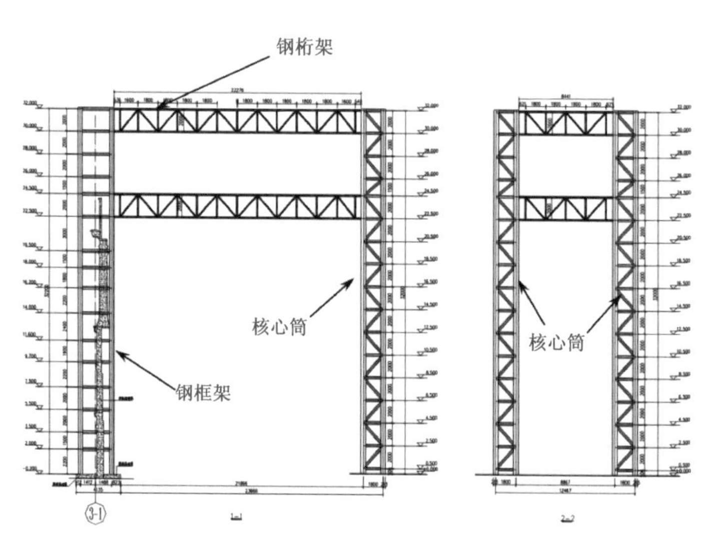

图 6-33　新康大楼外墙保护钢架剖面图

3. 钢筋混凝土墙内胆

为了保留外墙在其他部分拆除后具有很强的刚度和增强保留外墙自身的强度，在保留外墙内部增加一个钢筋混凝土内胆，而且内胆与保留外墙需要紧密连接，一方面，增加保留结构的强度及刚度，另一方面，内胆形成以后具有很好的整体性。另外，保留外墙上下位置局部区域不一致，可以通过增强内胆的方法，减少上下墙的位置偏差。钢筋混凝土内胆厚度可依据建筑空间的大小而定。

6.4.4 新建钢结构与保留外墙的连接

1. 保留外墙墙体加固

保留外墙通过植筋与混凝土内胆方式进行加固，保留外墙与柱连接加固方式亦是通过植筋方式进行连接，具体连接方式如图 6-34、图 6-35 所示。

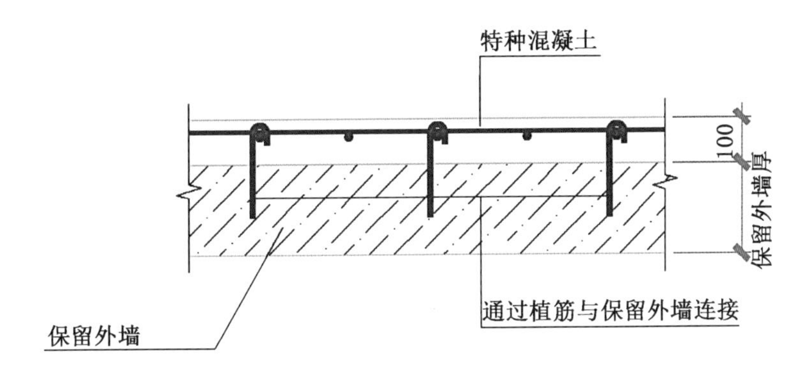

图 6-34 保留外墙加固

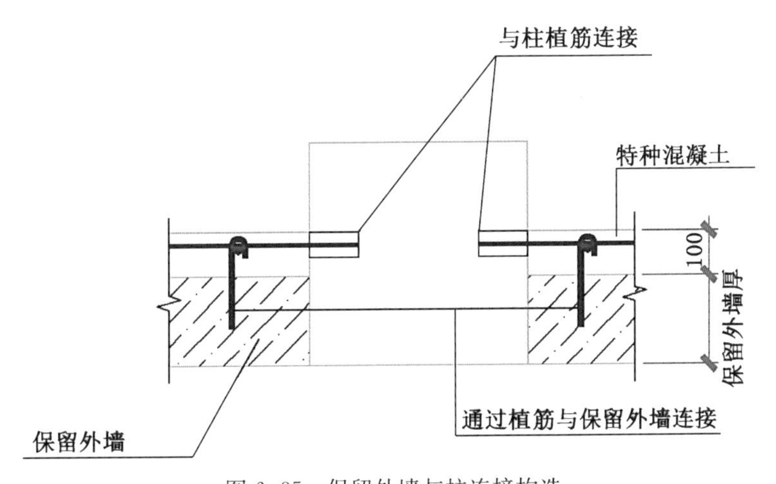

图 6-35 保留外墙与柱连接构造

2. 新钢结构与外墙支护钢框架连接

外墙临时支护结构及地墙施工完成后，即开始内部永久结构施工，当内部永久钢柱、钢梁施工，但由于钢桁架支撑会影响施工作业面积，待内部永久钢柱、钢梁施工完成时，将其拆除，并将外墙支护钢框架与内部永久钢柱进行临时拉结实现结构转换，保证此阶段的整体稳定性，如图 6-36、图 6-37 所示。

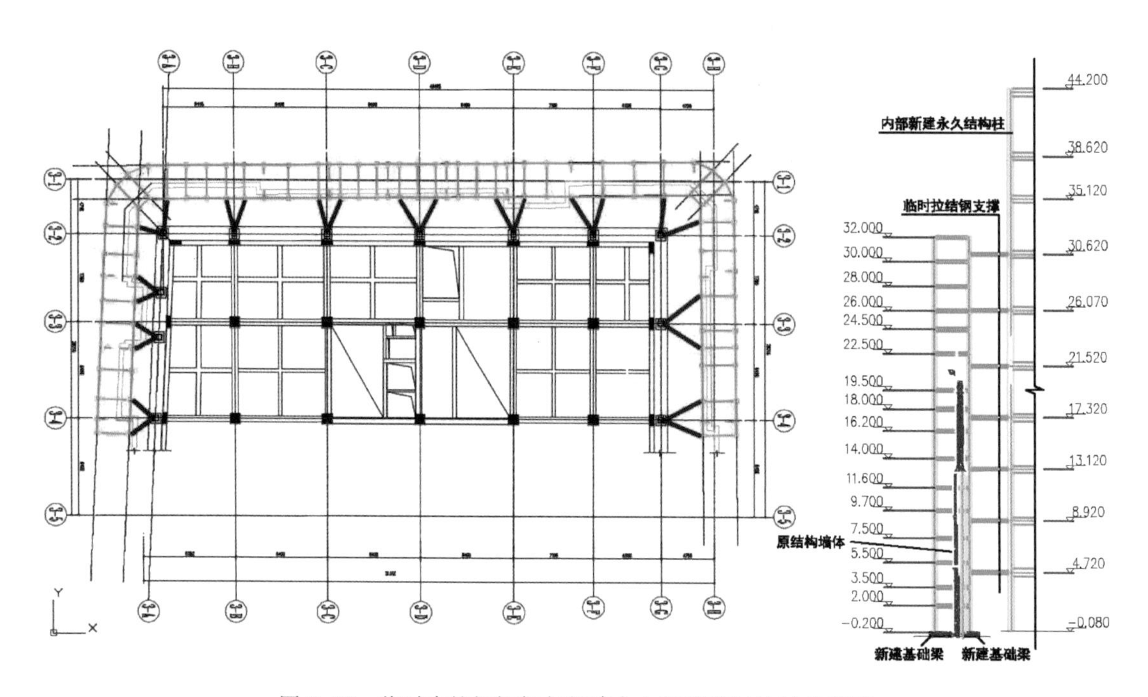

图 6-36　临时支护钢框架与新建永久钢柱临时拉结布置图

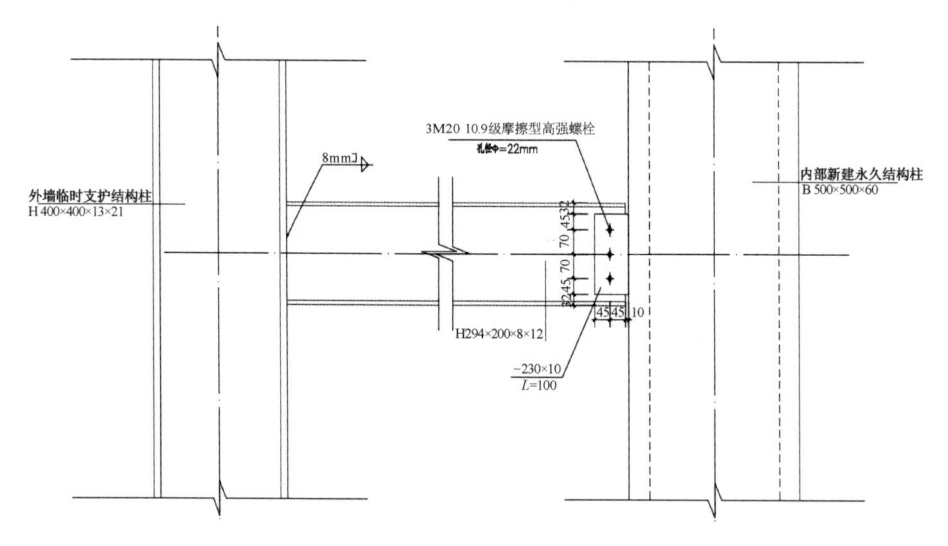

图 6-37　临时支护钢框架与新建永久钢柱临时拉结节点图

3. 新建钢梁与保留外墙连接

钢梁与保留外墙连接方式如图6-38所示，钢梁通过墙体植筋、后置埋件与墙体连接。

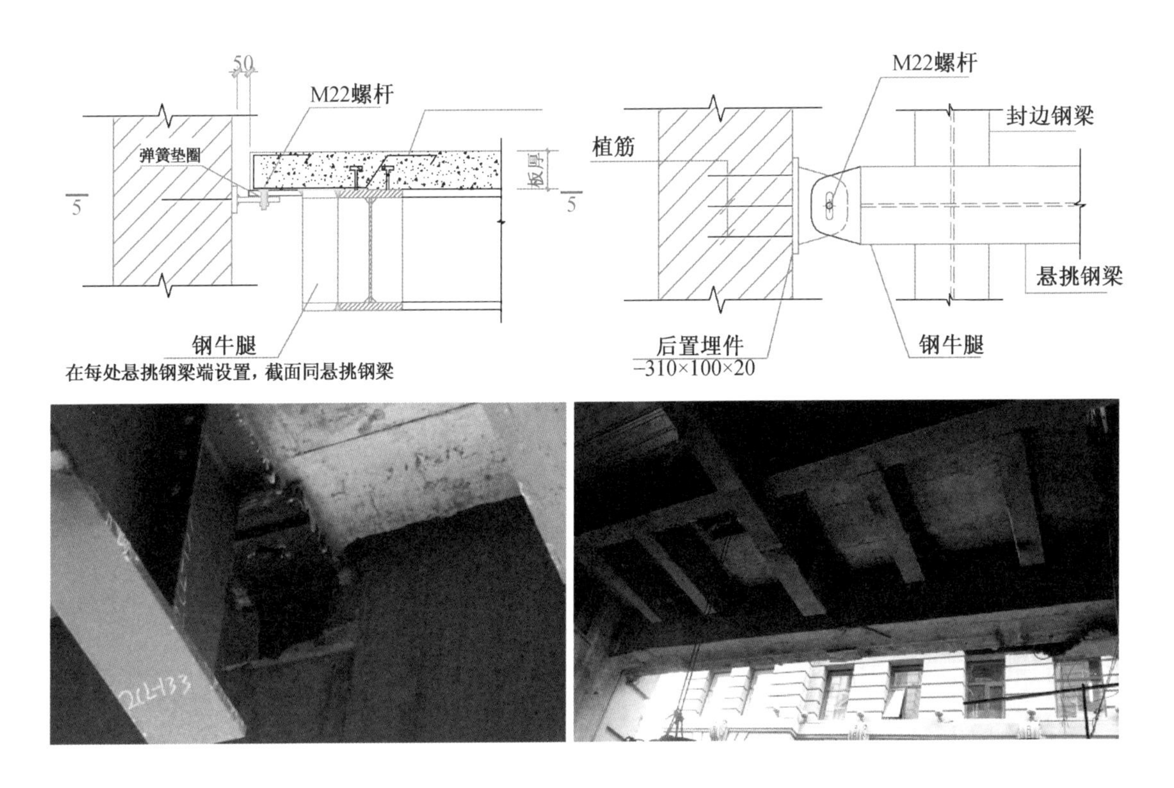

图6-38 钢梁与保留外墙连接详图

6.4.5 钢桁架监测分析

1. 监测内容

针对新康大楼深基坑逆作法施工过程中保护外墙用的钢桁架结构内力及变形进行的实时监控，可以给项目方提供外墙保护指导意见，以便采取相关安全措施，确保项目的安全施工。主要监测包括：

(1) 钢桁架结构倾斜变形监测，钢桁架结构在施工过程中因深基坑施工导致的平面内、外倾覆，从而引起侧向变形。

(2) 钢桁架结构沉降变形监测，钢桁架结构在施工过程中因深基坑施工导致的基础竖向沉降变形，即相邻位置的差异变形，沉降监测点布置如图6-39所示。

(3) 钢桁架结构应力监测，钢桁架结构在深基坑施工过程中钢桁架梁、柱体系各构件内力变化情况，应变监测点布置如图6-40所示。

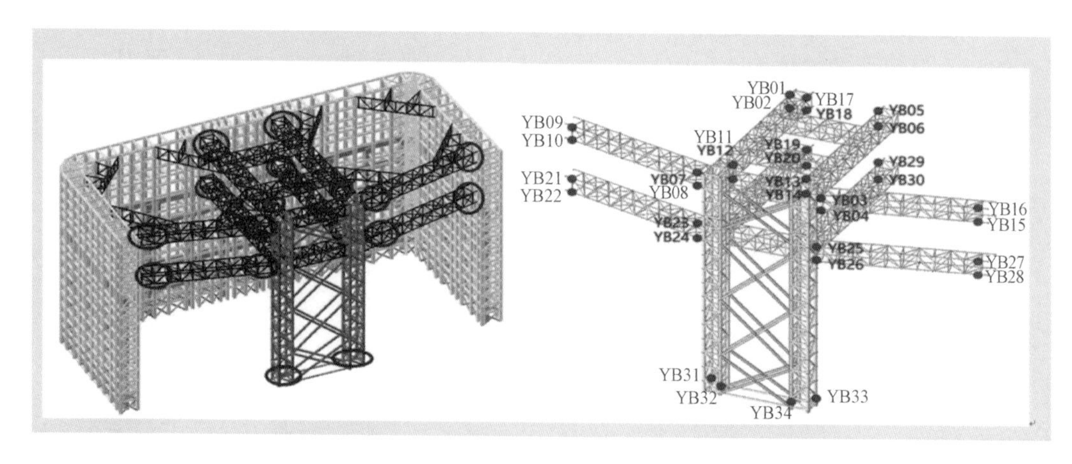

图 6-39　钢桁架应变监测点布置示意图

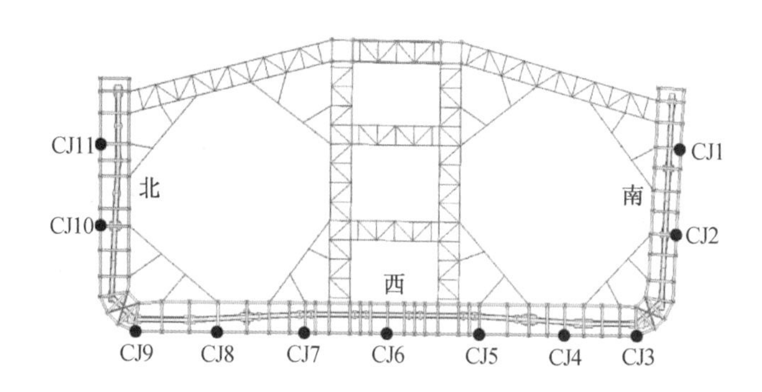

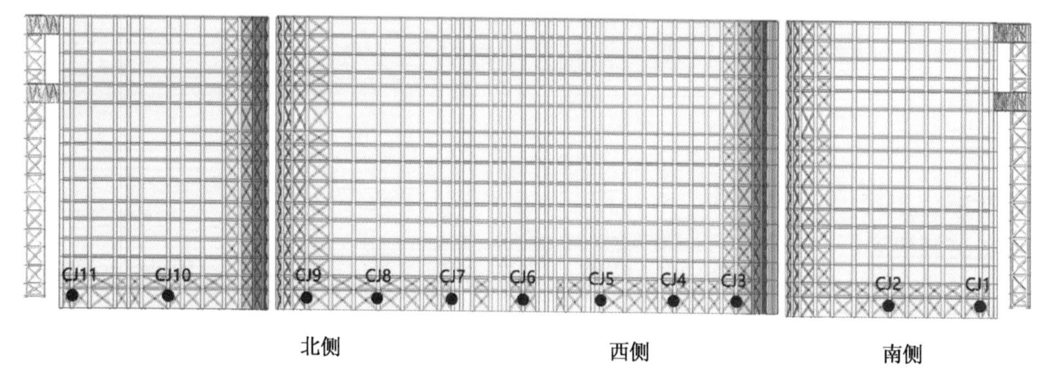

图 6-40　钢桁架竖向沉降变形测点布置示意图

2. 报警值设定

钢桁架结构监测数据报警值由上海建工二建建筑设计院提供，本着项目安全监控的需求，经过我方与建设单位（中央商场投资有限公司）、监理单位（上海建科工程项目管理有限公司）、施工单位（上海建工二建集团有限公司）开会讨论，达成一致意见，相关数据报警值设置如下：

(1) 2019 年 9 月 23 日，由设计院提供后续施工阶段对应的钢桁架结构应力报警值为：(a)钢桁架梁端：预警值取130 MPa，报警值取160 MPa；(b)巨型钢柱底：预警值取160 MPa，报警值取200 MPa。

(2) 2017年8月9日，由建设单位、设计院、施工单位、监理单位、监测单位开会讨论，并对平面内外倾斜变形报警值进行确定。自动化监测的单点倾斜不设报警值，我方重点以提供倾斜变化发展趋势作为参考性依据；整体倾斜率采用人工复核(以建科人工监测数据为准)，整体倾斜率预警值取1‰，报警值取2‰。

(3) 2017年8月9日，由建设单位、设计院、施工单位、监理单位、监测单位开会讨论决定：相邻测点沉降差异变形预警值取7 mm，报警值取10 mm。

3. 监测结果

(1) 应力监测结果。如图6-41所示，在基坑开挖期间，YB01测点应力在−5～5 MPa范围内变化浮动。在6/23～7/23(月/日，下同)，应力整体呈受压趋势，变化幅度在−5～0 MPa范围内波动；在7/25左右，应力突然出现增大趋势，且整体呈受拉状态；至8/5左右应力出现减小趋势，呈受压状态波动变化；至8/9应力呈波浪式上下浮动，变化幅度在−5～5 MPa之间波动。

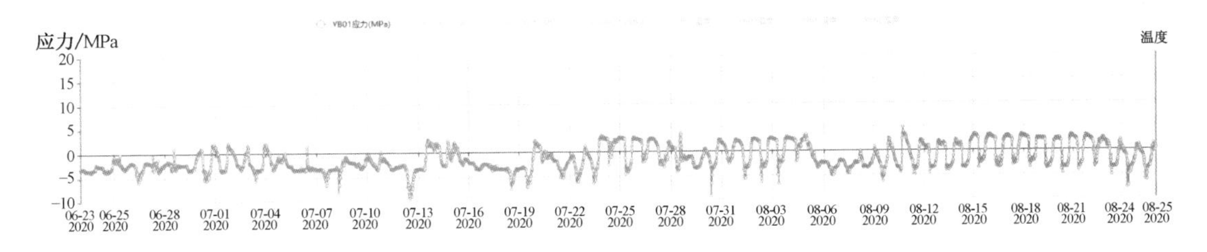

图6-41 应力监测测点YB01

如图6-42所示，YB02测点整体应力在−10～30 MPa范围内变化浮动，呈现先增后减的变化趋势。在3/29～4/28，应力变化较平稳(受压)，变化幅度在−5～0 MPa范围内波动。在4/28～5/28，应力呈小幅度增长趋势受拉，变化幅度在0～5 MPa范围内波动；在5/27～5/28，应力出现明显递增趋势，变化幅度较大，截至5/28 24:00，测点变化趋于平稳(受拉)，呈小幅度增长趋势。直至8/7，应力出现明显减小趋势，后趋于平稳，缓慢递减。

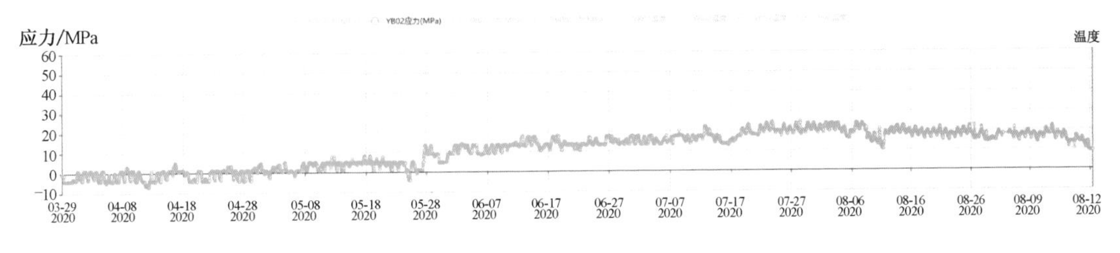

图6-42 应力监测测点YB02

如图 6-43 所示，YB03 测点整体应力在 5～20 MPa 范围内变化浮动，呈现先减后增的变化趋势。在 7/30～8/5，应力变化较平稳(受拉)，变化幅度在 10～20 MPa 范围内波动；在 8/5～8/6，应力出现明显递减趋势，变化幅度较大，截至 8/6 20:20 左右，测点变化趋于平稳(受拉)，且呈小幅度增长趋势。8/12～8/13，应力出现明显增大趋势，后趋于平稳，呈波浪式浮动变化。

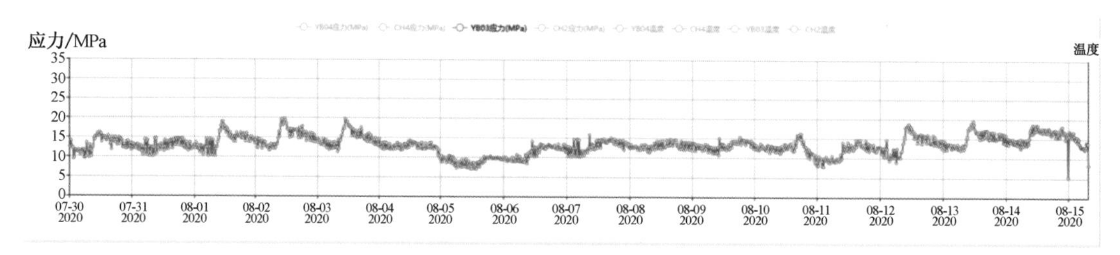

图 6-43 应力监测测点 YB03

如图 6-44 所示，YB04 测点整体应力在－50～－10 MPa 范围内变化浮动，呈现缓慢增大变化趋势(受压状态)。在 6/5～7/25，应力变化较平稳(受压)，变化幅度在－15～－25 MPa 范围内波动；至 7/25～8/6，应力出现明显递增趋势(受压状态)，截至 8/6 20:20，测点变化趋于平稳(受压)，呈波浪式浮动变化。

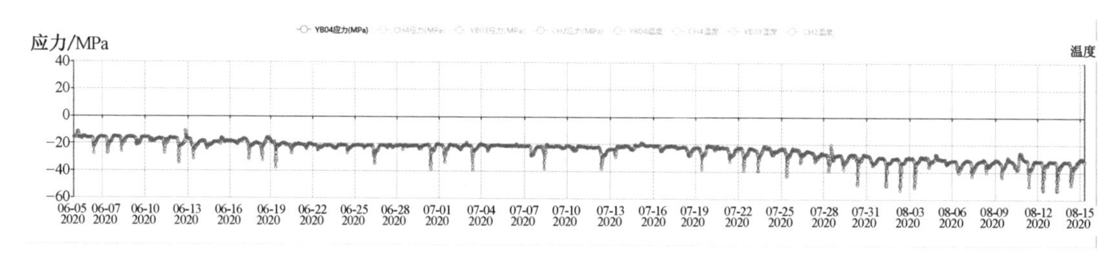

图 6-44 应力监测测点 YB04

如图 6-45 所示，YB05 测点整体应力在－10～5 MPa 范围内变化浮动，呈现先减后增变化趋势。在 3/28～4/3，应力变化较平稳，变化幅度在－5～5 MPa 范围内波动；4/3～4/5，应力出现明显递减趋势(受压状态)；在 4/5 20:20，测点变化趋于平稳(受压)，呈波浪式浮动变化。直至 4/29，应力变化出现缓慢增长趋势。5/2，应力变化趋于平缓。

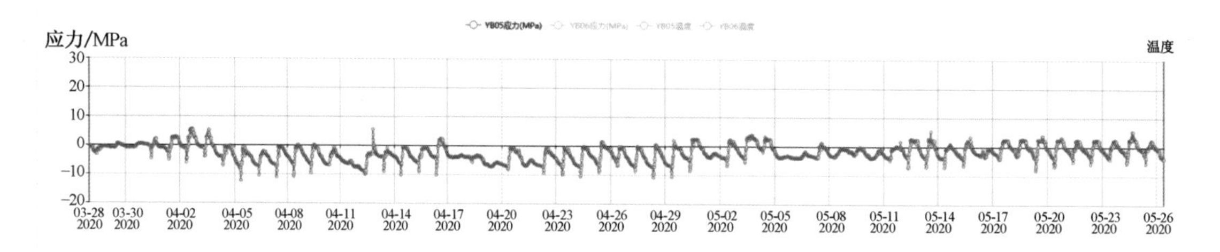

图 6-45 应力监测测点 YB05

如图 6-46 所示，YB08 测点整体应力在－20～0 MPa 范围内变化浮动，变化幅度较平缓(受压)。

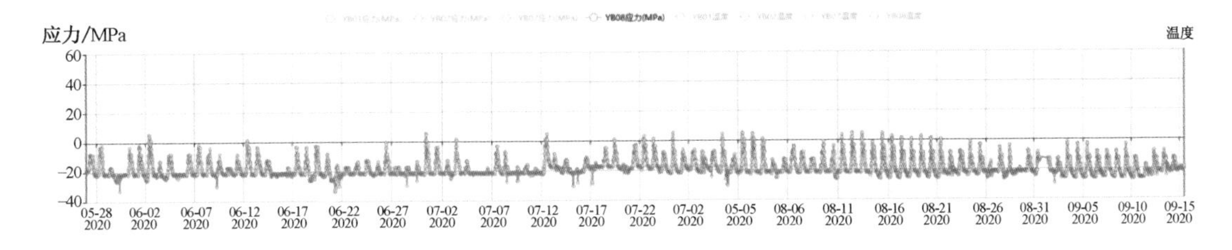

图 6-46　应力监测测点 YB08

如图 6-47 所示，YB09 测点整体应力在－15～－3 MPa 范围内变化浮动，变化幅度较平缓(受压)。

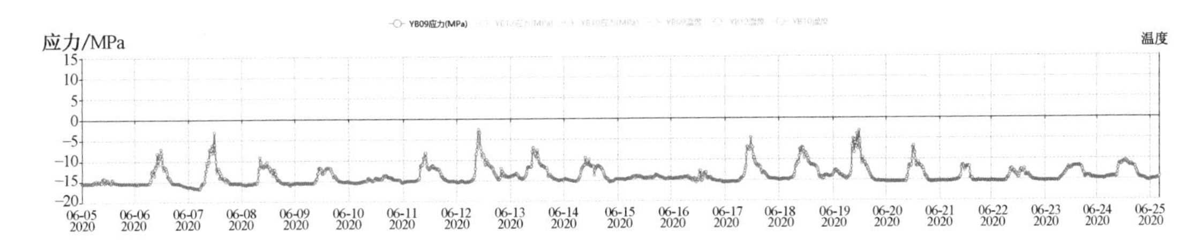

图 6-47　应力监测测点 YB09

如图 6-48 所示，YB10 测点整体应力在 5～20 MPa 范围内变化浮动，变化幅度较平缓(受拉)。

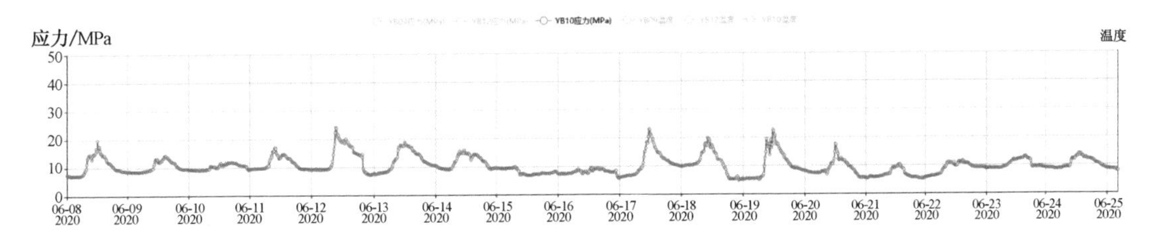

图 6-48　应力监测测点 YB10

如图 6-49 所示，YB11 测点整体应力在－10～25 MPa 范围内变化浮动，变化幅度较平缓。

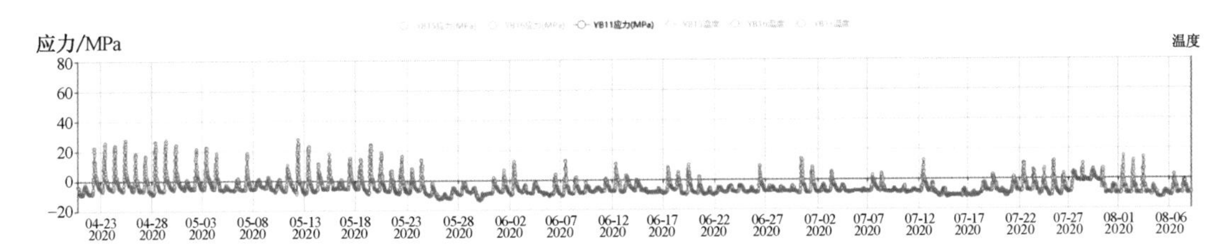

图 6-49　应力监测测点 YB11

如图 6-50 所示，YB12 测点整体应力在 8～16 MPa 范围内变化浮动，呈现缓慢增长趋势(受拉)。在 8/1～8/15，应力变化较平稳，变化幅度在 7～10 MPa 范围内波动；8/15～8/16，应力出现明显递增趋势(受拉状态)；直至 8/16 20:20，测点变化趋于平稳。

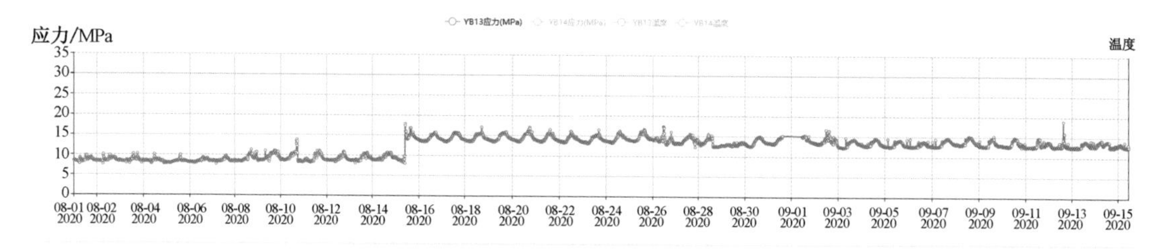

图 6-50　应力监测测点 YB13

如图 6-51 所示，YB14 测点整体应力在 55～70 MPa 范围内变化浮动，呈现缓慢递减趋势(受拉)。在 8/9～8/14，应力变化较平稳，变化幅度在 65～70 MPa 范围内波动；8/15～8/16，应力出现明显递减趋势，直至 8/16 20:20，测点变化趋于平稳。

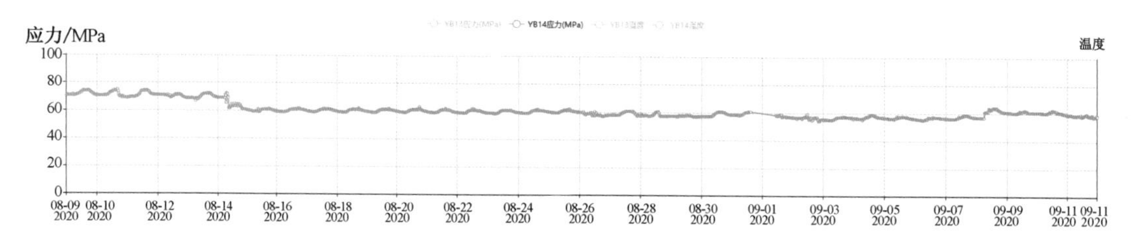

图 6-51　应力监测测点 YB14

如图 6-52 所示，YB16 测点整体应力在－5～20 MPa 范围内变化浮动，呈现先减后增的变化趋势。在 4/10～5/18，应力变化较平稳，变化幅度在 0～20 MPa 范围内波动(受拉)；5/18～5/20，应力出现明显递减趋势，直至 5/20 20:20，应力变化趋于平稳(受压)。7/16～7/20，应力变化呈缓慢增长趋势(受拉)，直至 7/20 20:20，应力变化趋于平稳(受拉)。

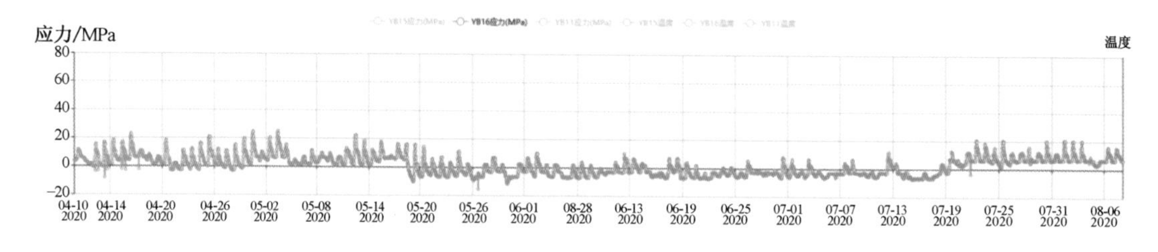

图 6-52　应力监测测点 YB16

(2) 结构沉降变形监测结果。如图 6-53—图 6-62 所示结构沉降变化稳定，CJ01

测点累计沉降 17.69 mm；与 CJ02 测点的沉降浮动在－2.16～2.47 mm，在 5/12～5/21，沉降数据变化稳定，变化浮动在 2～5 mm。CJ03～CJ09 测点在 7/6～8/1 期间沉降数据变化稳定，变化浮动均匀。CJ10 测点，7/7～7/24，沉降数据变化稳定；7/25～8/1，沉降数据呈现递增浮动，变化浮动在－12.5～－2.5 mm 之间，整体结构沉降变化稳定。

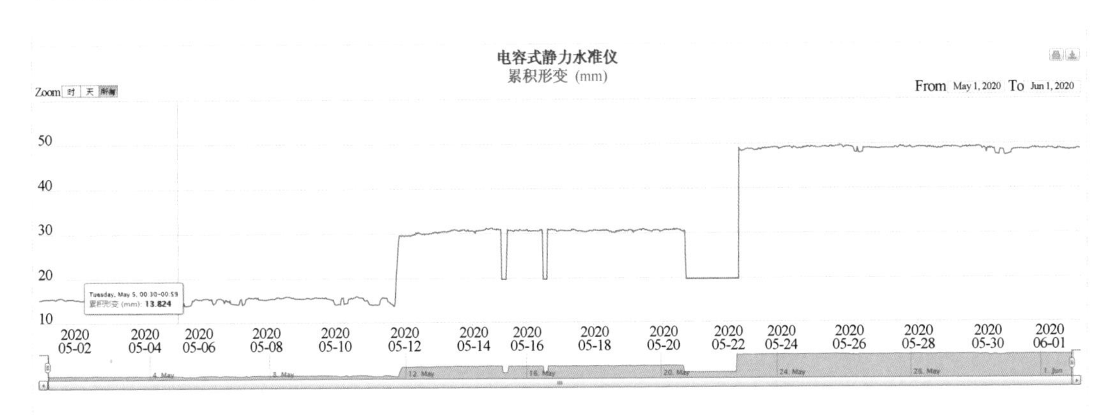

图 6-53　沉降变形测点 CJ01

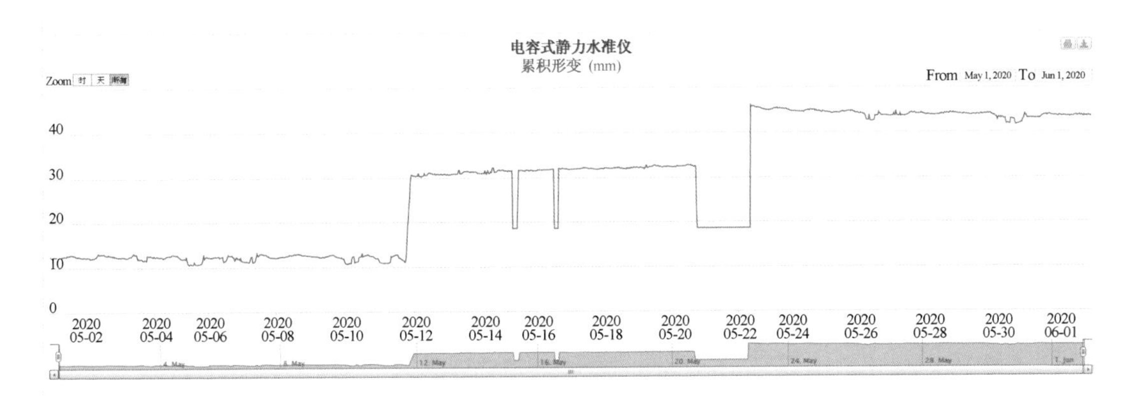

图 6-54　沉降变形测点 CJ02

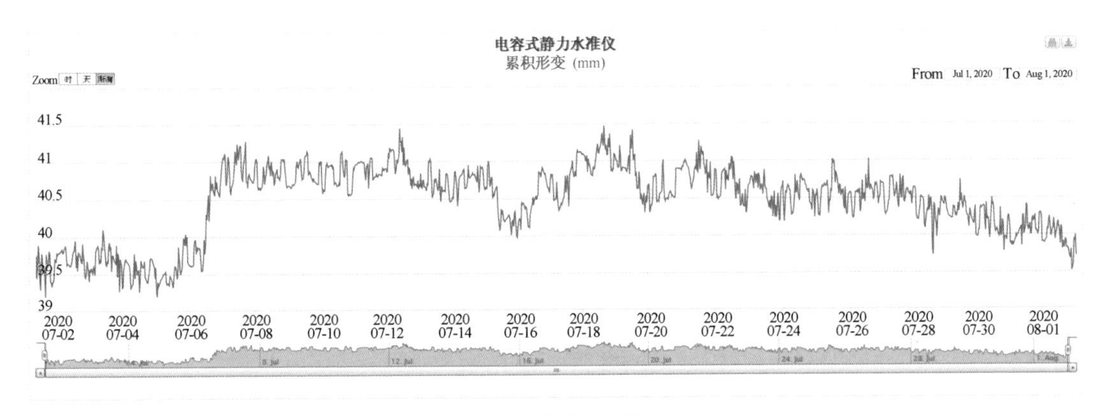

图 6-55　沉降变形测点 CJ03

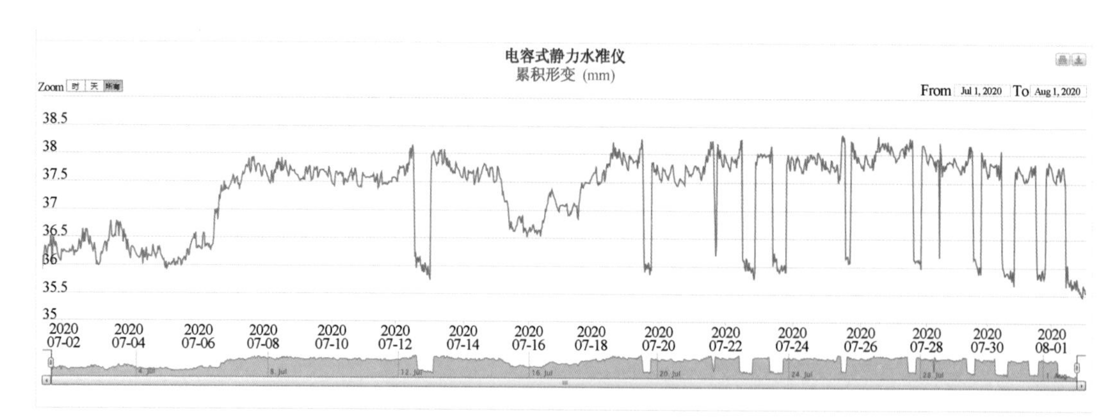

图 6-56　沉降变形测点 CJ04

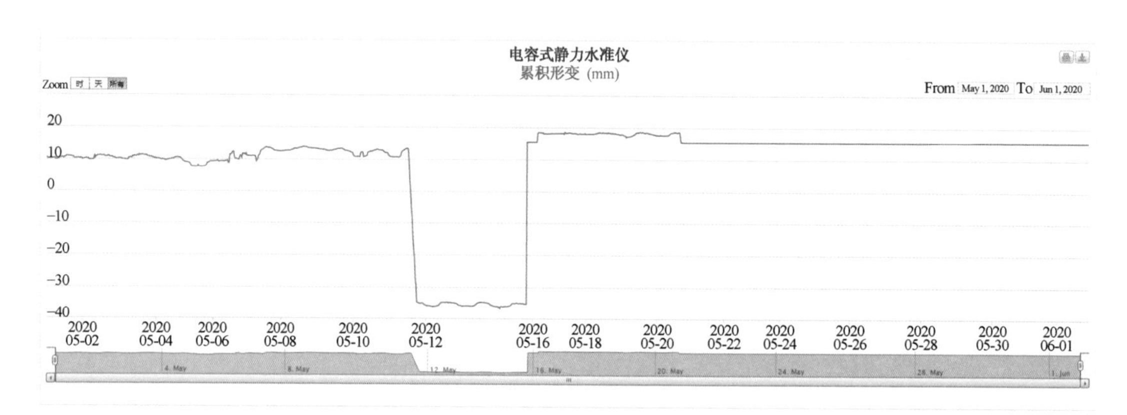

图 6-57　沉降变形测点 CJ05

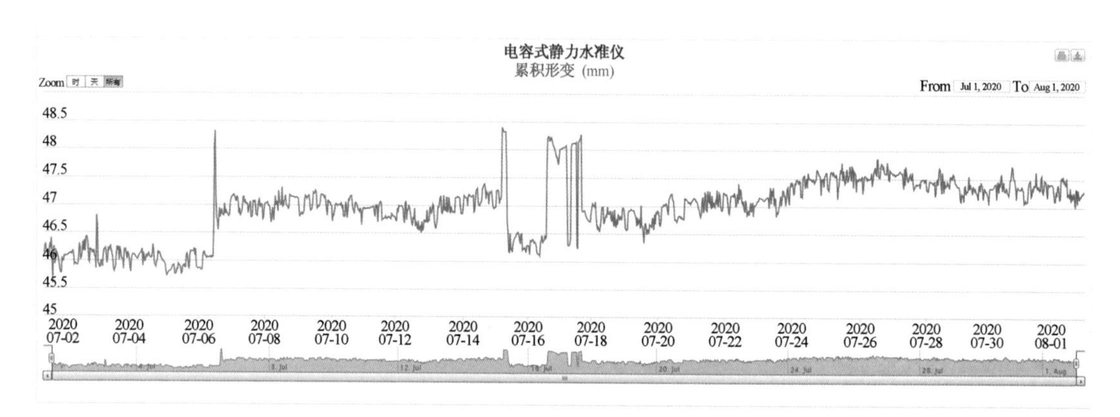

图 6-58　沉降变形测点 CJ06

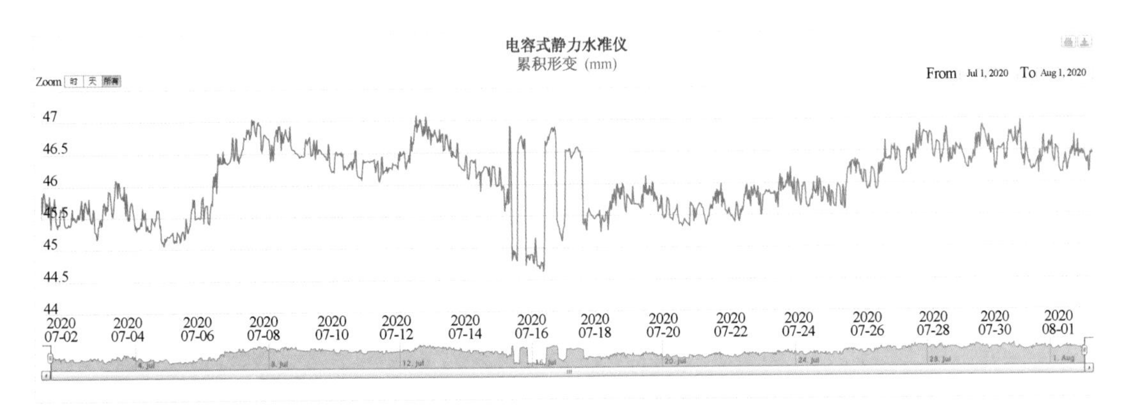

图 6-59　沉降变形测点 CJ07

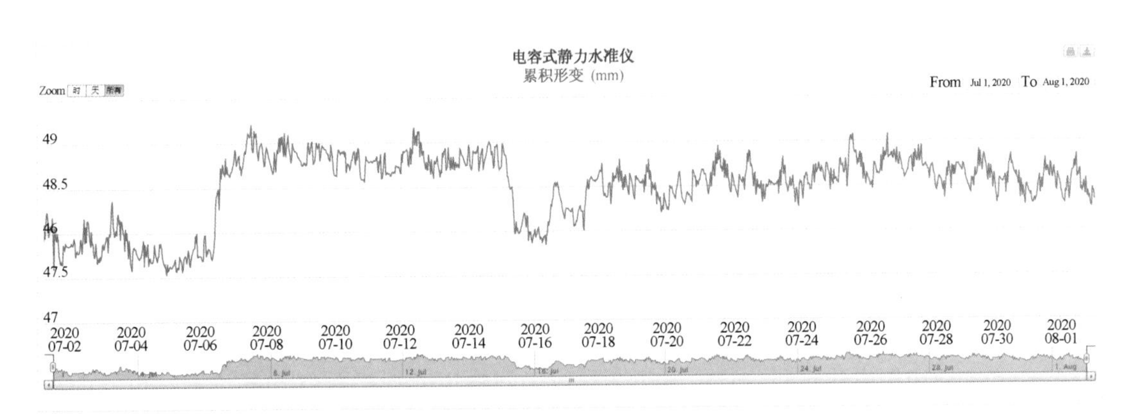

图 6-60　沉降变形测点 CJ08

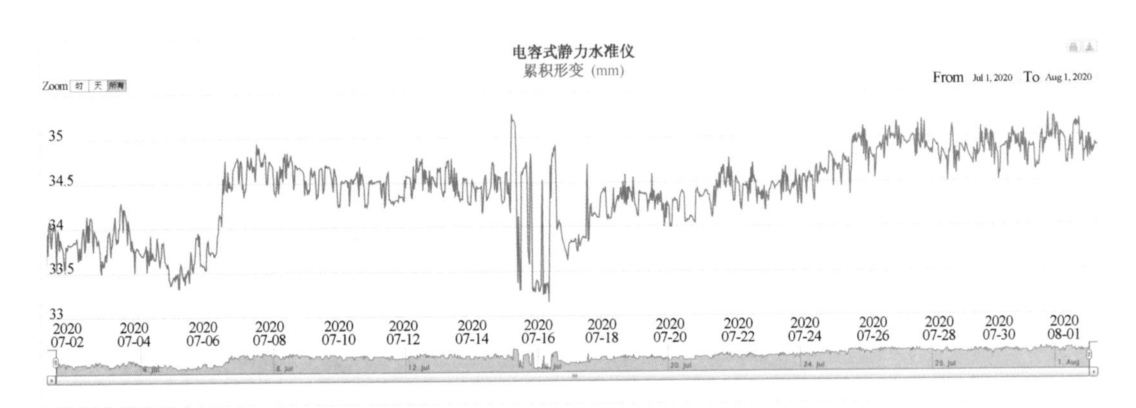

图 6-61　沉降变形测点 CJ09

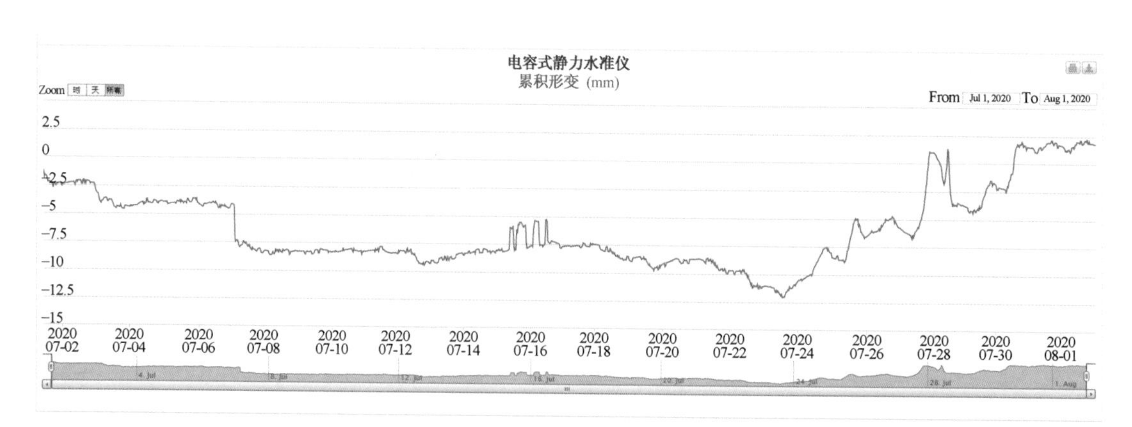

图 6-62　沉降变形测点 CJ10

(3) 钢桁架倾斜监测结果。钢桁架倾斜数据 QX08 单点面外倾斜率为 5.28‰；QX05 单点面外倾斜率为 5.04‰，超过 2‰(单点不做报警处理，仅供趋势分析)；其他各点单点变化率在－2.12‰～2.27‰，累计变化在－2.45‰～5.28‰。钢桁架倾斜数据基本保持在设计报警值范围内。监测点布置示意图如图 6-39、图 6-40 所示。

6.5 既有建筑原位地下空间开发技术

6.5.1 新康大楼原位地下空间开发概况

本基坑开挖深度达 22.5 m，周边紧邻多栋历史保护和保留建筑，且历史建筑与基坑围护体的间距为 0.4～2.8 m，此外，基坑北侧为运营中的地铁 2 号线区间隧道，基坑周边历史建筑和运营中地铁 2 号线区间隧道的保护是制约基坑围护设计的至关重要因素，是本基坑工程重点保护对象，深基坑项目与地铁线路的位置管线如图 6-63 所示。本工程深基坑施工主要的危险源来自两方面，一是地下室离地铁隧道较近，施工时需要考虑对地铁的影响；二是基坑地处市中心闹市地区，周边有许多历史保护建筑和地下管线，施工时需要严格控制基坑变形，保证环境安全。基坑围护设计时应对周边历史建筑和地铁 2 号线区间隧道做好相对应的保护措施。

图 6-63　深基坑项目与地铁线路的位置关系

根据地质勘察报告可知，本场地内土层、地下水及不良地质现象如下：

1. 地基土构成

纵观本场地，本拟建场地内浅部分布有③夹层粉性土；本场地处于古河道切割槽区域，第⑤层黏、粉性土层厚度较大；上海地区标准土层第⑥层、第⑦层土缺失；第⑧层埋藏深度为48.0～65.0 m，根据土性不同又可分为⑧1层、⑧2层土；第⑨层土层面埋藏深度约为65.0 m，直至96.0 m未穿该层土。

2. 地下水

上海第四纪松散沉积物厚度200～300 m，地下水类型主要为松散孔隙水。按水理特征，拟建场地地下水可分为浅部土层中的潜水和深部粉（砂）性土层中的承压水。

（1）潜水。本基地对工程有影响的地下水主要是浅部的潜水，主要补给来源为大气降水，施钻期间的初见水位埋深为2.4～2.7 m，稳定水位埋深为0.72～1.03 m。按上海市对地下水位长期观察资料：

地下水位埋深一般在0.3～1.5 m，水位随季节而变化，年平均地下水位埋深在0.5～0.7 m，建议实际工程应用时应考虑不利情况，地下水高水位埋深取0.5 m，低水位埋深取1.5 m。

（2）承压水。本场地基坑开挖深度为25.0 m，在本基地范围内第⑤2层属微承压含水层，第⑧2层属承压含水层，第⑨层属第二承压含水层。根据上海地区已有工程的长期水位观测资料，微承压水层和承压水层水位呈年周期性变化，其中微承压含水层的水位埋深的变化幅度一般在3～11 m，承压含水层的水位埋深的变化幅度在3～12 m，场地典型地层与含水层分布图如图6-64所示。

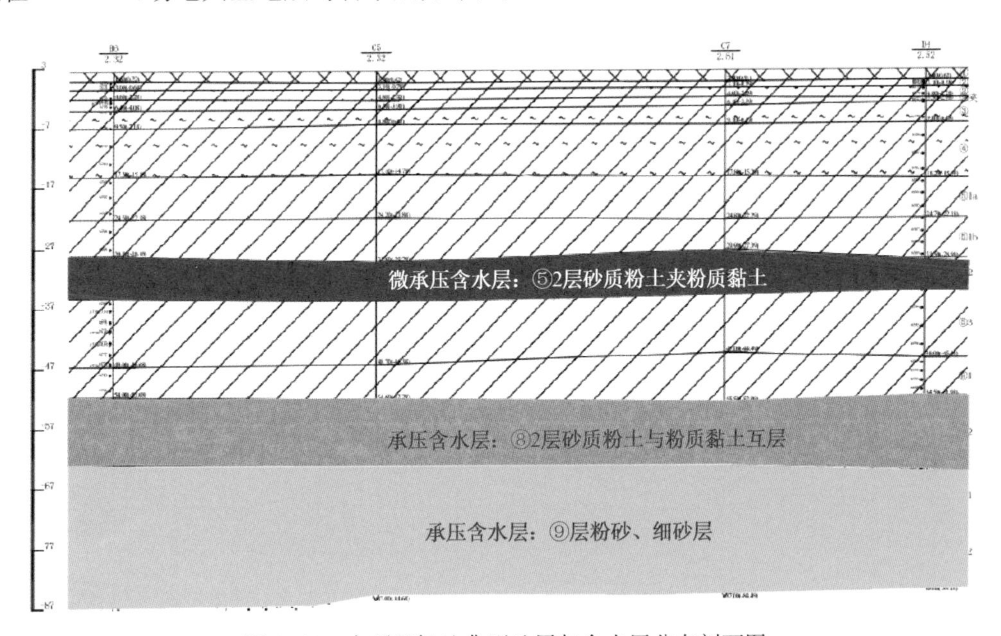

图6-64　本项目场地典型地层与含水层分布剖面图

3. 不良地质现象

(1) 根据场地及周边管线图,拟建场地中部沙市二路旁有供电、雨水、配水、煤气、信息等管线,根据经验,各类管线埋藏深度一般为 0.5～3.0 m,其中信息管线也可能采用顶管施工,则其埋藏深度根据经验一般为 6.0～8.0 m,施工前需对场地中部的管线进行探明。

(2) 根据勘察报告,在拟建场地东南侧和西南侧,在地面 1.3～2.5 m 下遇障碍物,小螺纹钻孔无法钻下。

6.5.2 基坑设计顺、逆作法方案比选

1. 顺作法及围护方案

如图 6-65 所示,围护墙体采用地下连续墙结构形式,并利用其作为地下主体结构的外墙。地下连续墙墙体厚 1 200 mm,墙底设计深度为自然地面下 52 m,南侧九江路区域为 57 m,隔断 5②微承压含水层。

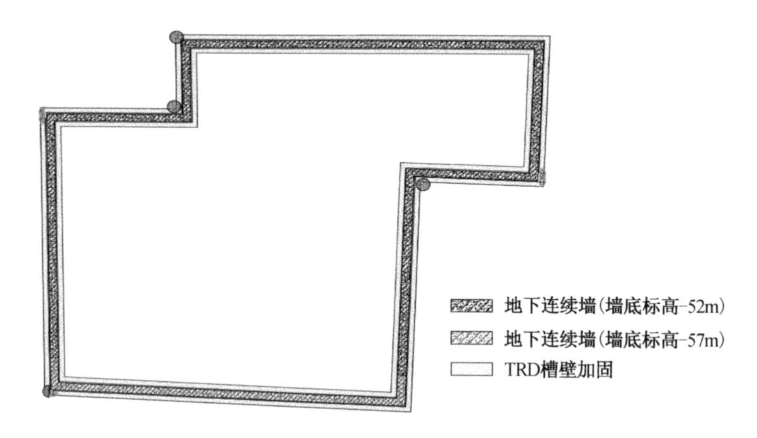

图 6-65 围护平面布置图

等厚度水泥土搅拌墙墙体厚度为 800 mm,深度为 41 m 和 44 m。TRD 内插轻型 40 号工字钢(400×155×8×13)。如 TRD 遇周边保护建筑物等无法施工区域,采用 MJS 工法桩槽壁加固和封堵。

根据以往工程经验,建议该基坑设置五道水平向支撑。支撑顶标高分别为 −1 m, −6.2 m, −10.8 m, −14.2 m, −17.8 m,各道支撑截面如表 6-3 所示。

表 6-3 基坑顺作法施工支撑布置表

部位	标高/m	主撑截面/(mm×mm)	围檩截面/(mm×mm)	连杆截面/(mm×mm)
第一道支撑	−1.000	650×650	1 200×800	600×600
第二道支撑	−6.200	1 000×1 000	1 300×1 000	650×650
第三道支撑	−10.800	1 100×1 200	1 400×1 200	800×1 000
第四道支撑	−14.200	1 100×1 200	1 400×1 200	800×1 000
第五道支撑	−17.800	1 000×1 000	1 300×1 000	800×1 000

栈桥及堆场如图6-66所示。栈桥及堆场区域面积1 871 m²，占基坑面积比约50%。

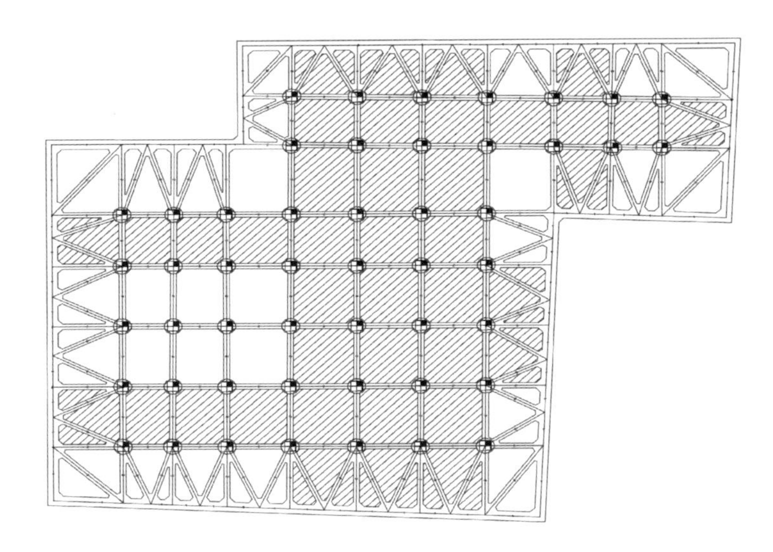

图6-66 支撑栈桥平面布置图

2. 逆作法及围护方案

逆作法的围护形式与顺作法相同，采用地下连续墙结构形式，并利用其作为地下主体结构的外墙。地下连续墙墙体厚1 200 mm，墙底埋深分为50 m和57 m两种。

本工程逆作法地下室竖向支承系统采用的一柱一桩为永久Φ550×16钢管内灌C60混凝土柱以及520×520格构柱两种形式，钢管混凝土柱及格构柱待逆作法完成后外包钢筋混凝土形成主体结构柱。临时格构柱待地下室形成并达到强度后割除。钢格构立柱在穿越底板的范围内需设置止水片。钢管混凝土柱，立柱钢管采用Φ550×16，钢材设计强度为Q345B，钢管底部插入工程桩桩身4 m，并在端部设置封头环板。内填混凝土设计强度等级C60，并浇筑至钢管底部以下3 m。永久柱位置钢管逆作施工结束后外包混凝土作为主体结构，中心偏差不得大于5 mm，垂直度要求为1/600，其余钢构柱立柱中心偏差不得大于150 mm，垂直度要求为1/300。

针对基坑施工道路及施工场地紧张的难点，利用逆作法施工有利于场地及行车道布置，对基坑施工变形控制较好的优势。如图6-67所示，考虑将基坑划分为6个小区进行逆作法施工，合理控制分坑面积，尽量减少每个分区的施工时间，基坑考虑各区在进行细分组织流水施工，逆作法分块施工计划交错进行，采用尽早在坑内形成对撑的原则进行土方开挖及结构施工，合理安排搭接及各工种之间的配合工作。

根据本工程结构特点取土口布置参照以下原则：第一，每个分区根据其面积划

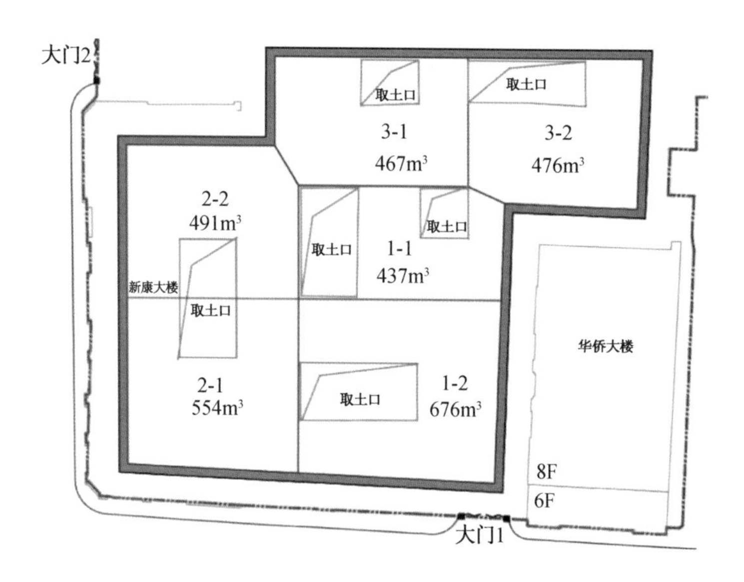

图 6-67　基坑分块及取土口布置

分至少布置一个取土口，取土口间距控制在 30 m 以内，以保证逆作阶段的出土效率。第二，尽量利用原结构楼梯、坡道等楼板空洞位置设置次取土口，尽量避免为方便出土而新开洞口，整个开挖阶段考虑布设取土口 6 个，共计 437.2 m^2，占本区总建筑面积的 14.1%。

在分区块施工的过程中对车行路线进行合理布置，分块时对场地内部车行路线进行翻交，保证地下室挖土车行路线，如图 6-68 所示。取土口处部分上部结构考虑后做，保证挖土净空要求。

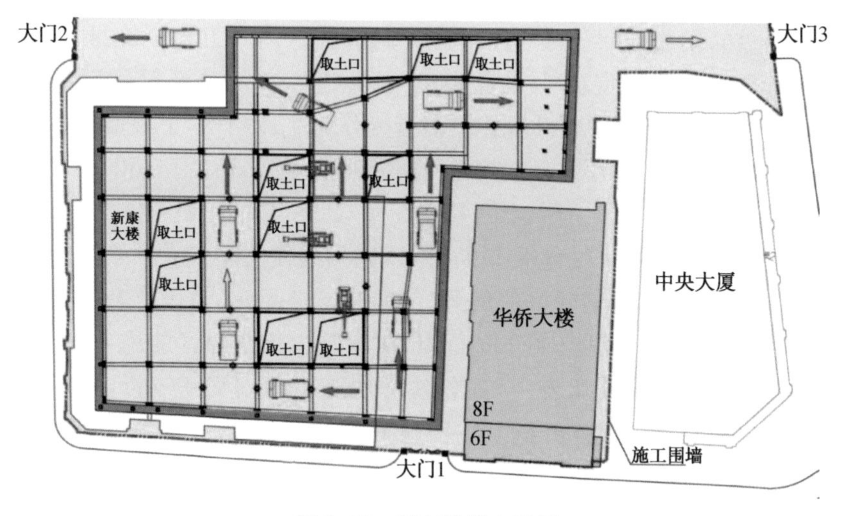

图 6-68　行车路线布置图

3. 顺逆方案比选

基于对本基坑工程面临主要问题的思考，本工程周边地下管线众多且紧邻多栋保护建筑，基坑变形控制显得尤为关键，而且施工场地十分狭小、施工难度高，如何在满足基坑变形控制、保护周边环境的前提下提高基坑工程的经济和工期合理性，以及施工场地的合理安排布置是本基坑工程必须解决的关键问题。而主体地下结构与支护结构相结合的逆作法设计思想正是顺应了这一要求。本项目基坑设计方案顺、逆作法比选主要从以下几个方面进行：

（1）控制基坑变形，保护周边环境。

（2）施工场地狭小、难度高。

（3）经济、工期技术指标。

（4）可以上下同步施工上部钢结构，尽早形成与历史保留外墙的约束，保证施工安全。因此本项目经过必选，选择逆作法方案。

6.5.3 地下室逆作法施工技术

1. 地下室逆作法施工的主要流程

为了减少基坑施工对周边保护建筑的影响，周边保护建筑完成结构桩基托换，新康大楼完成保留外墙基础加固及桩基托换后再进行地下室施工。地下室逆作法施工主要包括围护结构施工、一柱一桩施工、先期结构施工、后期结构施工等步骤。现场逆作法“一柱一桩”施工情况如图6-69所示。

图6-69 逆作法“一柱一桩”施工

本工程地下室约3 100 m^2，共分6次挖土，每次挖土分3个区域，出土口共6处。为方便取土，新康大楼内部取土口上二层两根钢梁暂不施工，周边用斜撑拉住。地下室逆作法具体施工总流程如图6-70所示。

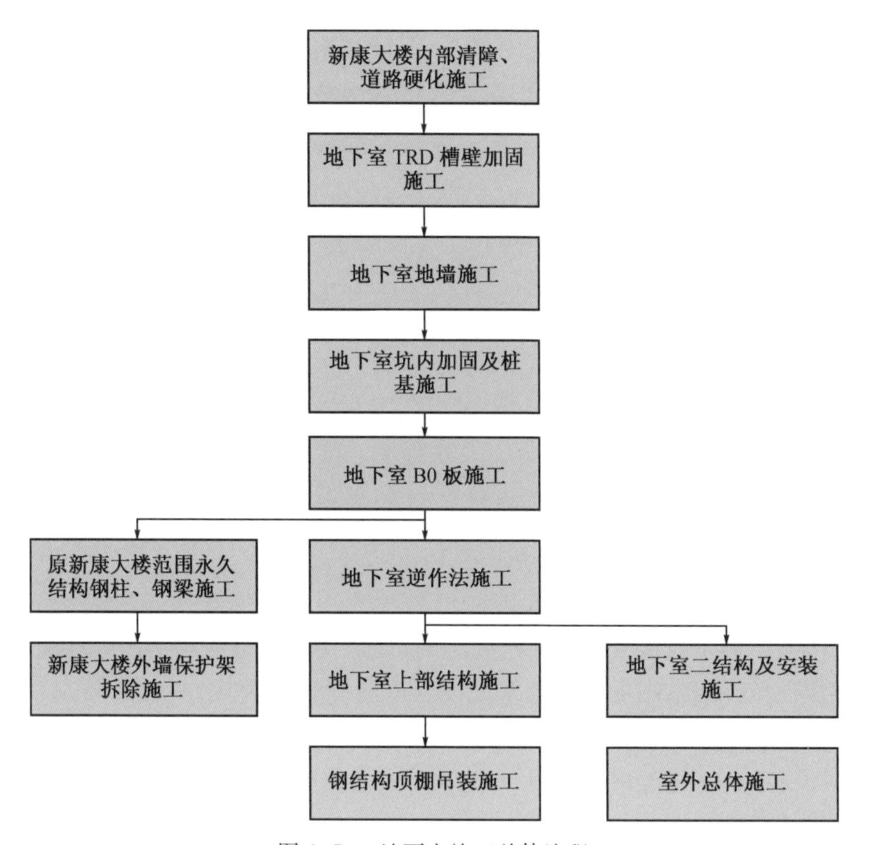

图 6-70 地下室施工总体流程

第一皮土分三块，从西向东挖。由于 B0 板局部有落差，所以首皮土挖至 −2.500 m 标高，不采用盆式挖土，随挖随浇筑 150 mm 混凝土垫层，分块搭设排架施工 B0 板结构及临时支撑结构，同时施工顶圈梁。施工顺序为①区→②区→③区，具体分区及取土口分布情况如图 6-71 所示。图 6-72 为地下室 B0 板钢筋绑扎施工情况。

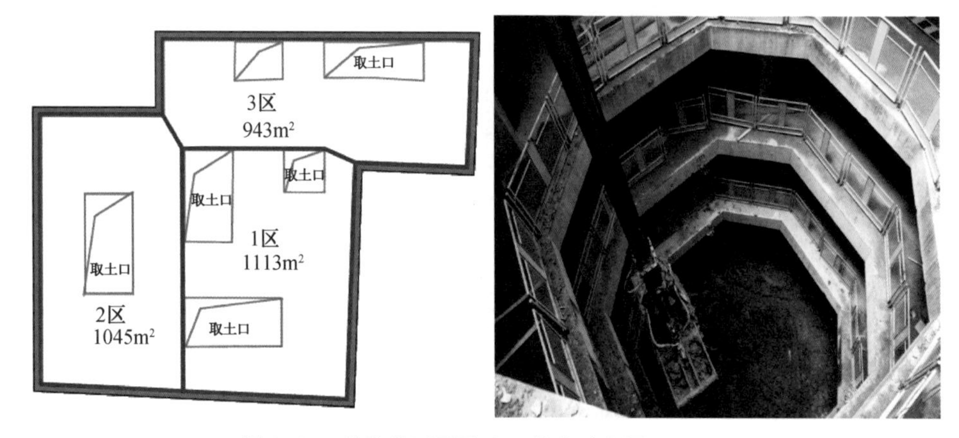

图 6-71 基坑分区及取土口分布示意图

图 6-72 B0 板钢筋绑扎施工

B0 板完成后为保证新康大楼外墙安全，先对新康大楼老楼区域新钢结构框架进行吊装。利用顶板作为堆场及施工道路之用。车行道路及堆场分界采用障碍栏杆分隔设置，明显区分加固及非加固区域的界限。车行道路设置避开结构插筋，道路宽度不小于 7 m。待 B0 板混凝土强度达到设计要求，分两层开挖第二皮土方。首次开挖至−5.00 m 标高，挖至−7.760 m 标高后随挖随浇筑 150 mm 混凝土垫层，分块搭设排架施工 B1 板结构及临时支撑结构。随后，按顺序施工进行各皮土方开挖及楼板结构施工。分别挖至−12.300 m，−15.58 m，−19.450 m，并分块搭设排架跟进施工结构。施工顺序均为①→②→③。

待 B4 板混凝土强度达到设计要求，开挖最后一皮土方。开挖时直接挖至−22.900 m，随挖随浇筑混凝土垫层。垫层采用 C40 混凝土，厚度 300 mm，并内配单层双向 D12@200 钢筋。垫层施工完毕后养护一天就立即进行大底板施工。大底板施工的同时可以进行上部钢结构施工，如图 6-73 所示。

图 6-73 上部钢结构同步施工

本工程 B0 板以下梁、板钢筋主要采用环梁法连接。底板环梁抗剪上下皮钢筋采用接驳器连接大截面(≥25 mm),采用焊接形式连接小截面钢筋(<25 mm),分别位于上层楼板的板底和本层中间层高处。否则每层设置一个钢筋接头,位于上层楼板的板底。

由于采用逆作法施工,施工水平向结构时需留设上下插筋,柱主筋采用直螺纹连接。根据柱子的形式,方柱或矩形柱模板采用机制大模板,围檩采用方木与槽钢相结合的形式,采用 ϕ16 对拉螺栓;圆柱形式则采用双拼定型圆柱钢模的形式,定型钢模间采用螺栓固定。

2. 低净空、零距离的地下连续墙施工技术

本工程位于黄浦区,四周由南京东路、四川中路、九江路、江西中路所包围,如图 6-74 所示,施工场地狭小,围挡内总面积约 4 822 m^2,且场内有新康大楼保护钢架存在,对地下连续墙大型机械设备的施工运行带来相当大的难度。

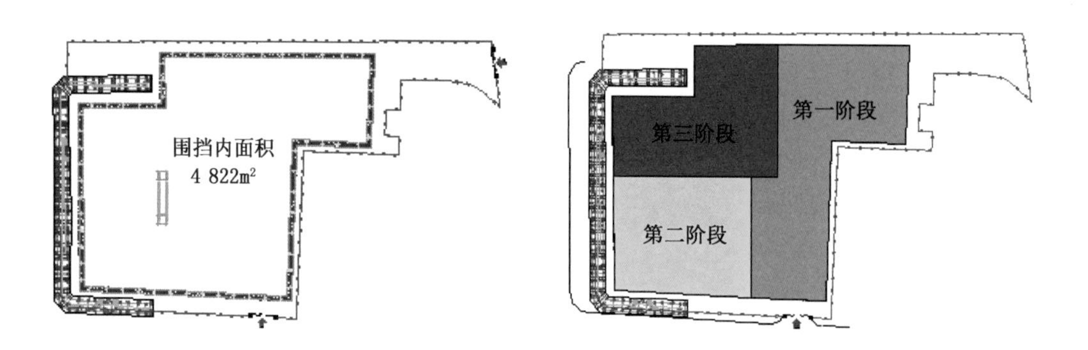

图 6-74　场地围挡示意图及分区施工阶段划分示意图

针对施工场地现状,本方案拟定了三阶段施工的总体流程安排,主要施工临时设施(泥浆制作工厂、钢筋笼加工平台、集土坑)分阶段布设,以便满足各阶段施工机械的运转,减少相互干扰。

1) 外墙保护钢架低净空下的地下连续墙施工技术

保护建筑新康大楼保留外墙的保护钢架水平支撑桁架共上下两道,设计时已考虑了后续施工要求,8 根支撑中因施工需要可临时拆除 1 根。因此,地下连续墙施工时下道支撑拆除则上道支撑不可拆除,也就是该部位施工时,机械设备高度、地墙钢筋笼长度、接头箱长度等均需低于上道支撑的底标高。上道支撑底标高为 +32.000 m,现场自然地面(场内硬地坪)标高为 ±0.000 m,净空高度为 32 m。因此,所有机械设备、钢筋笼分节长度、接头箱场地均需小于 32 m。

(1) 成槽机选用金泰 SG60a,总高度 18.3 m,满足要求。

(2) 履带吊选用三一 SCC1500 型 50 T 履带吊,机高 2.264 m,把杆节 30 m,把杆由主臂上节臂(10.91 m)、两节 6 m 标准节(6.14×2)和主臂下节臂(7.76 m)组成,每个连接点连接长度 0.14 m,3 个连接点共搭接 0.42 m,总长度=30.95−0.42=

30.53 m，在钢架保护区内 9 m 工作半径时把杆垂直高度为 29.17 m，总高度＝垂直高度＋机高＝31.44 m，满足要求。

(3) 钢筋笼总长度最长 55.5 m，采用同胎制作、分节吊装、槽口拼接的施工方法，最大分节长度 21.4 m，如图 6-75 所示。满足要求。钢筋笼纵向吊点布置：按钢筋笼长度方向，布置 3 个吊点，主吊设 1 点，副吊设 2 点。保留外墙范围内地下连续墙钢筋笼吊装施工情况如图 6-76 所示。

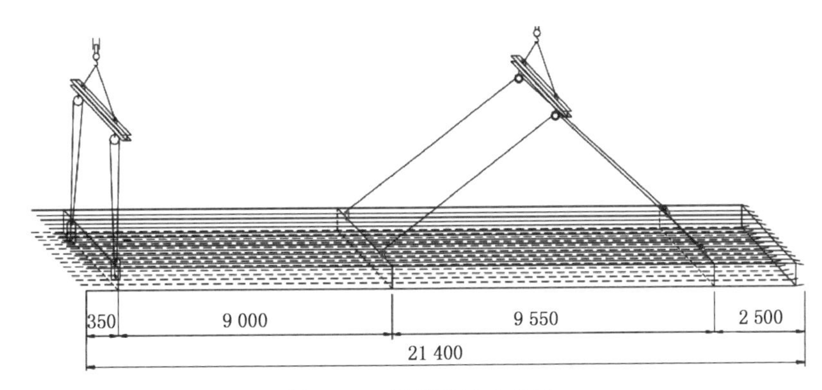

图 6-75　钢筋笼吊点布置

图 6-76　保留外墙范围内地墙钢筋笼吊装

2）地下连续墙转角幅成槽技术

本工程采用 TRD 工法桩作地下连续墙槽壁加固，由于 TRD 工法施工方法的限制，地下连续墙转角部位无法留出倒角空间，使转角部位施工难度加大，如图 6-77 所示。

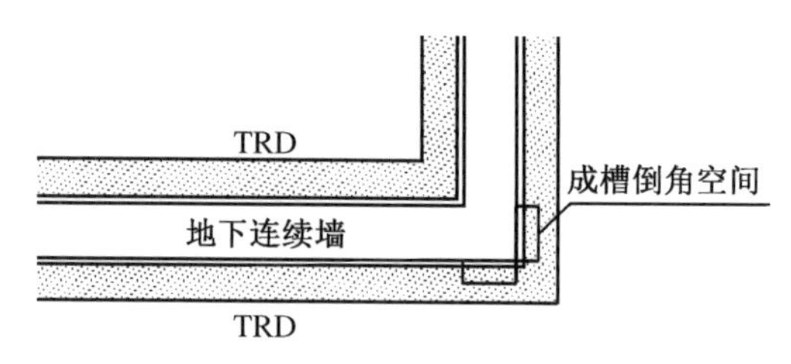

图 6-77　地下连续墙、TRD 关系及倒角空间示意图

为了确保转角幅的成槽质量，需要进行分幅调整，首先确保转角一个完整断面的成槽空间，使抓斗在均质土层中掘进，确保转角完整。

抓斗宽度 2.85 m，如图 6-78 所示，转角第一抓位置分幅应为 2.4 m，第二抓位置分幅需大于 3.1 m，如图 6-79 所示。

3）地下连续墙防绕流技术

常规绕流产生原因主要有以下几点：

（1）槽壁垂直度不满足要求，接头箱吊入槽内摆正后与槽壁有空隙。

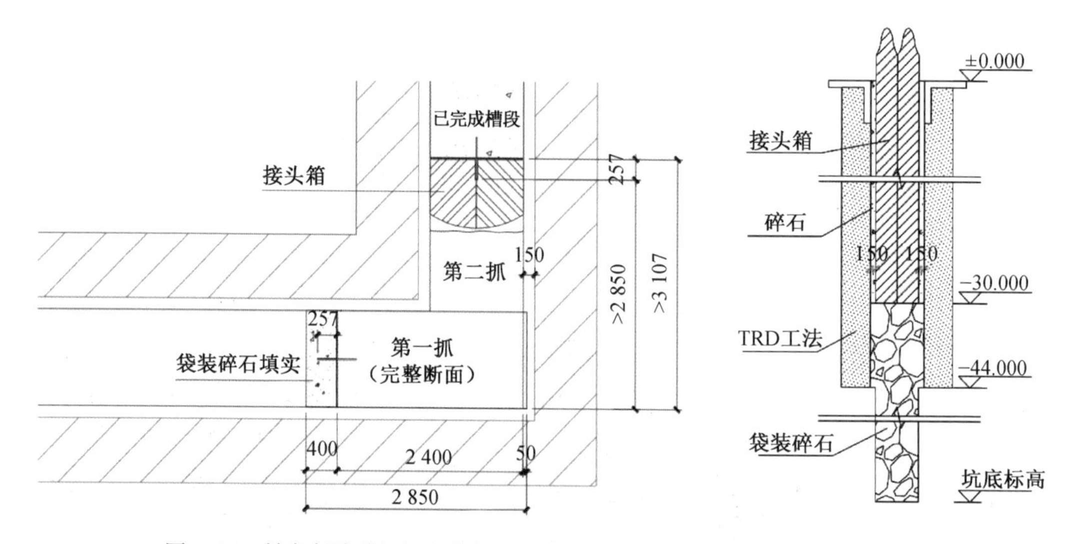

图 6-78　转角部位分幅调整依据示意图

图 6-79　接头施工方法

（2）接头箱吊放时，多次上下才就位，使接头箱与槽壁间产生缝隙。

（3）在成槽过程中，槽壁土体产生局部塌方。

（4）钢筋笼吊放困难，碰落槽壁土体。

本工程绕流最难以防控的是工程上部约 18 m 范围内，地下连续墙与 TRD 工法桩之间的 150 mm 间隙，该部位土层由上至下为第②层粉质黏土、第③层淤泥质粉质黏土、第③夹层砂质粉土、第④层淤泥质黏土，土层性质差，成槽后难以附着在TRD工法桩上，一旦脱落，就形成150 mm宽的空隙，当混凝土浇筑至该部位时，混凝土通过空隙绕过十字钢板，回灌至接头箱部位的空隙中，形成绕流。

针对本工程实际情况，如图6-80所示，30 m以下采用袋装碎石回填，防止30 m以下绕流产生，30 m以上使用刚性接头箱固定钢筋笼，接头箱侧背缝隙散装碎石回填的接头施工方法。

图6-80　人工碎石袋回填

(1) 下部袋装碎石应采用人工逐袋回填，使其依次沉入槽底。

(2) 每回填5～10 m使用重锤轻夯密实。

(3) 回填至30 m左右时吊放接头箱，同时使用接头箱夯压，使接头箱底部密实，承载力良好。

(4) 接头箱固定后侧背缝隙回填碎石。

(5) 混凝土浇筑达到30 m以上后4 h左右开始进行少量、多次顶拔接头箱，防止绕流混凝土抱死接头箱，混凝土浇筑结束后4～5 h拔出接头箱。

3. 逆作法高精度一柱一桩施工工艺

工艺流程：硬地坪上放出桩位纵横轴线→护筒埋设→桩机就位对中调平→钻孔→第一次清孔→钻架移位→定位架对中、焊接安放→下笼、钢管柱及注浆管→安放校正架→钢管柱对中、调垂、固定→下导管→第二清孔→水下混凝土灌注（两种强度等级混凝土灌注方法见另页）→待混凝土凝固→拆除定位架及校正架→起拔护筒。

(1) 本工程采用的调垂基本原理。本工程中采用50T履带式吊机将钢笼与钢柱（钢管柱与格构柱统称钢柱）同时下入孔内，但钢柱的下部不与钢笼焊接，当钢柱上部接近地表时，将笼、柱分离，钢笼与立柱各有自己的悬吊装置，使钢柱一直处于自由悬垂状态，加之在地面上有校正架与之相连，根据地面水准仪的数据指示，通过安放在垂直方向和水平方向上的两组千斤顶调节地面上的校正架，从而保证了钢柱的垂直度。

立柱下放应平缓，在下放过程中，用经纬仪从互相垂直的两个方向观测露出地面立柱的垂直度，根据经纬仪的观测结果，调整千斤顶使立柱垂直。

通过实时监测系统，取得钢构柱偏斜状态的实时数据，经过计算机处理后，发出指令给液压泵站系统控制相对应千斤顶的伸缩，以调整钢构柱的偏斜状态，达到设计施工所要求的垂直度精度要求，同时能对调垂整个过程实时监控。

液压全自动调垂系统具有自动化程度高、效率高、精度高、操作方便、安全可靠的特点。

(2) 调垂工艺。一柱一桩液压全自动调垂系统主要由激光测斜仪、高精度实时监测系统、自动控制系统、伸缩同步千斤顶、调垂及定位机构、程序及软件系统等组成。利用主激光测斜仪垂直度读数对钢管垂直度进行调整，直至达到垂直度要求，如图6-81、图 6-82 所示。

图 6-81　激光测斜仪光靶

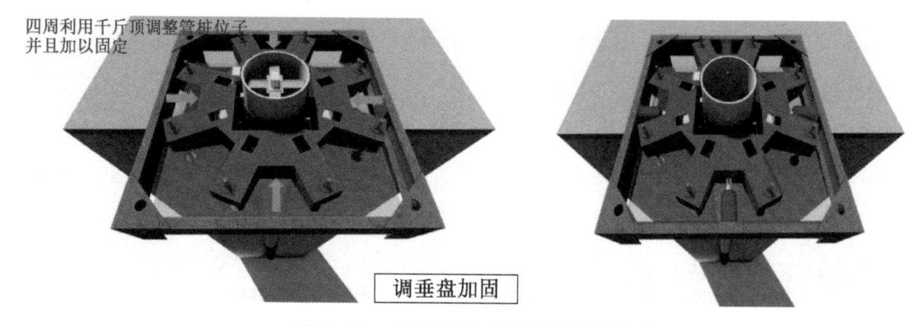

图 6-82　调垂盘与千斤顶调垂形式

(3) 质量控制。立柱桩成孔垂直度不大于 1/200，立柱范围内的成孔垂直度不大于 1/300；立柱桩成孔垂直度应全数检查；立柱和立柱桩定位偏差不应大于 10 mm；钢管混凝土立柱的垂直度不大于 1/400；临时钢格构柱的垂直度不大于 1/300；立柱桩可采用超声波透射法检测桩身完整性，桩身完整性应全数检测。钢管混凝土立柱应采用敲击法检测立柱质量，检测数量不应少于 20%。必要时可采用超声波透射法或钻孔取芯方法对立柱质量作进一步检测。

6.5.4　基坑施工对外墙保护钢架、邻近结构和管线影响的数值分析

1. 基坑施工分析模型

采用专业的大型岩土工程有限元分析软件 PLAXIS 按平面应变连续介质有限元方法进行分析。PLAXIS 是一个专门用于岩土工程变形和稳定性分析的有限元计算程序，可以模拟土体的非线性、时间相关性和各向异性的行为。

(1) 土体的本构模型与参数。本工程分析时采用了较高级的弹塑性本构模型，即 Hardening Soil(HS)模型。HS 模型为等向硬化弹塑性模型，既可适用于软土，也适用于较硬土层。HS 模型的基本思想与 Duncan-Chang 模型相似，即假设三轴排

水试验的剪应力 q 与轴向应变成双曲线关系，但前者采用弹塑性来表达这种关系，而不是像 Duncan-Chang 模型那样采用变模量的弹性关系来表达。此外模型考虑了土体的剪胀和中性加载，因而克服了 Duncan-Chang 模型的不足。与理想弹塑性模型不同的是，HS 模型在主应力空间中的屈服面并不是固定不变，而是可以随着塑性应变而扩张。该模型可以同时考虑剪切硬化和压缩硬化，并采用 Mohr-Coulomb 破坏准则。HS 模型应用于基坑开挖分析时具有较好的精度。

(2) 结构计算参数。结构参数涉及围护结构材料参数以及支撑的计算参数。围护结构采用梁单元来模拟，相应的截面积与惯性矩等几何参数按每延米宽度等效计算。支撑采用弹簧单元来模拟，其刚度按设计的支撑布置情况进行计算。

(3) 接触面单元。围护结构与土体的相互作用采用接触面(Goodman 单元)来模拟，该接触面单元切线方向服从 Mohr-Coulomb 破坏准则。由于接触面的强度参数一般要低于与其相连的土体的强度参数，考虑用一个折减系数 Rinter 来描述接触面强度参数与所在土层的摩擦角、黏聚力之间的关系。

2. 三面保留墙体支撑体系稳定性计算

重点考虑内部结构拆除、TRD 施工及地下连续墙施工对新康大楼保留外墙支撑钢架体系的影响。新康大楼外墙保护钢架设计时，东立面立柱间距满足 TRD 施工要求。东立面立柱间的间距需要满足 TRD 设备长度加上 TRD 与老墙的退界，若 TRD 机械长 9 m、TRD 与老墙退界为 3.5 m，则立柱间间距需达到 12.5 m，如图 6-83 所示；现在具体工况施工情况如图 6-84 所示。

(1) 施工阶段一：取最不利情况，内部结构完全拆除，TRD 未施工前。保留外墙临时支护结构施工完成，内部结构被完全拆除，但还未进行 TRD 施工，此时不考虑支座位移。设为工况 1，考虑温度荷载情况设为工况 2。

工况 1：外墙临时支护结构施工完成＋原结构内部全部拆除，此工况称为初始状态。

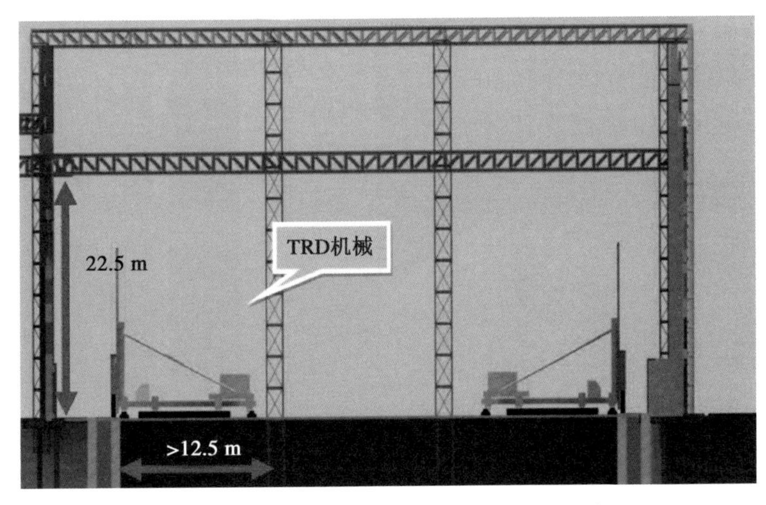

图 6-83　新康大楼内部 TRD 施工间距图

图 6-84　新康大楼内部 TRD 施工图

如图 6-85 所示，初始状态结构最大位移为 26.6 mm，发生在顶部桁架支撑位置，该位置非关键位置，关键位置最大位移发生在西侧中部钢框架顶部，为23.9 mm，位移角为 1/1339，满足整体稳定性控制要求。同样钢结构构件验算也均满足，应力比最大不超过 0.6，且大部分构件应力比较小，均在 0.3 以下。如果不带入原混凝土

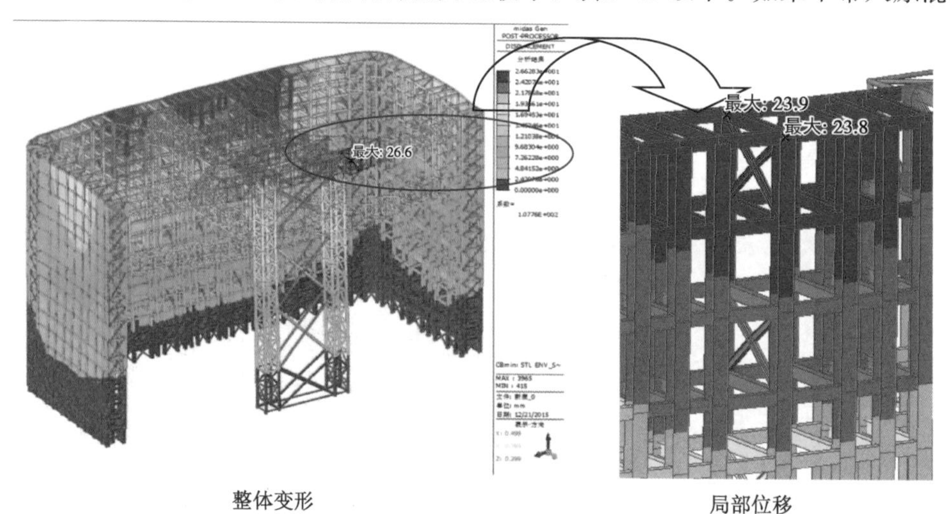

图 6-85　应力比(工况 1)

结构进行计算，所得最大位移为 27.2 mm，位移角为 1/1176，位移略有增加，但仍在可控范围内。

工况 2：外墙临时支护结构施工完成＋原结构内部全部拆除＋温度荷载。

如图 6-86 所示，考虑温度作用后结构最大位移为 37.9 mm，发生在顶部桁架支撑位置，该位置非关键位置，关键位置最大位移发生在西侧中部钢框架顶部，为 28.4 mm，位移角为 1/1127，较初始状态有一定增大，但仍满足整体稳定性控制要求。同样钢结构构件验算均满足，应力比最大约为 0.9，且大部分构件应力比均在 0.6 以下，钢构件应力比较初始状态增大较多，可见温度作用对钢框架应力影响较大。如果不带入原混凝土结构进行计算，所得最大位移为 31.3 mm，位移角为 1/1023，位移略有增加，但仍在可控范围内。

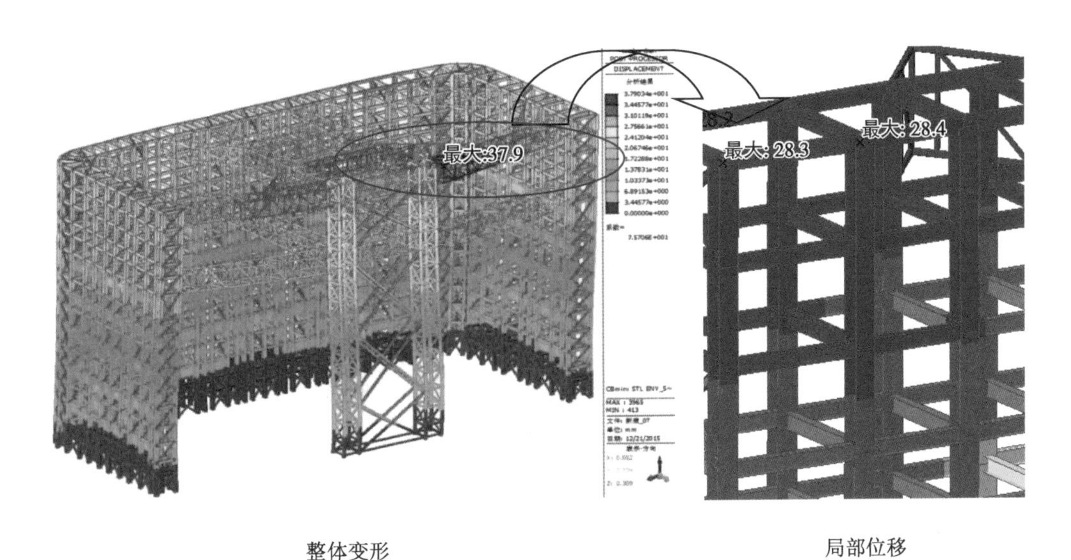

图 6-86　应力比（工况 2）

（2）施工阶段二：TRD 施工阶段，存在支座位移。待内部结构全部拆除后，进入 TRD 施工时，此时支护结构及外墙随着 TRD 的施工可能会发生支座位移，根据 TRD 施工情况，分 5 段考虑其引起的支座扰动，且支座位移假定为线性变化，各工况分别如图 6-87—图 6-92 所示。

工况 3：①段向内水平支座位移＋向下竖向支座位移。

如图 6-87 所示，考虑分段一支座位移影响后结构最大位移为 26.8 mm，发生在顶部桁架支撑位置，该位置非关键位置，关键位置最大位移发生在西侧中部钢框架顶部，为 24.6 mm，位移角为 1/1301，较初始状态有一定增大，但仍满足整体稳定性控制要求。同样钢结构构件验算均满足，应力比最大为 0.75，且绝大部分构件应力比均在 0.5 以下，钢构件应力比较初始状态增大较多。可见支座位移对钢构件影响较大，对结构整体稳定性影响并不是很大。如果不带入原混凝土结构进行计算，所得最大位移为 27 mm，位移角为 1/1185，位移略有增加，但仍在可控范围内。

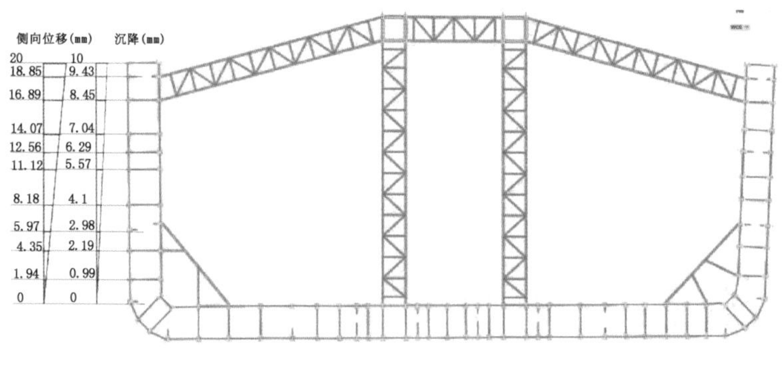

分段一示意图

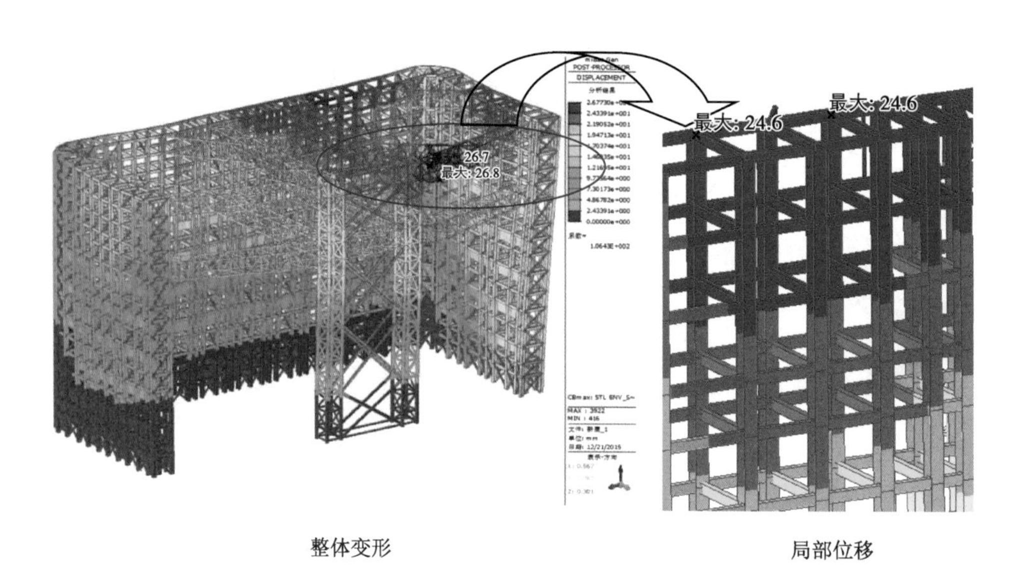

整体变形　　　　局部位移

图 6-87　应力比(工况 3)

工况 4：②段向内水平支座位移＋向下竖向支座位移。

如图 6-88 所示，考虑分段二支座位移影响后结构最大位移为 27.1 mm，位移角为 1/768，发生在西侧中原结构柱顶位置，较初始状态略有增大，要注意采取相关措施控制顶部结构位移。钢结构构件验算均满足，极个别构件应力比达到 0.95，绝大部分构件应力比均在 0.6 以下，钢构件应力比较初始状态增大较多。可见支座位移对钢构件影响较大，但对结构整体稳定性影响并不是很大。如果不带入原混凝土结构进行计算，所得最大位移为 26.8 mm，位移角为 1/776，位移略有增加。

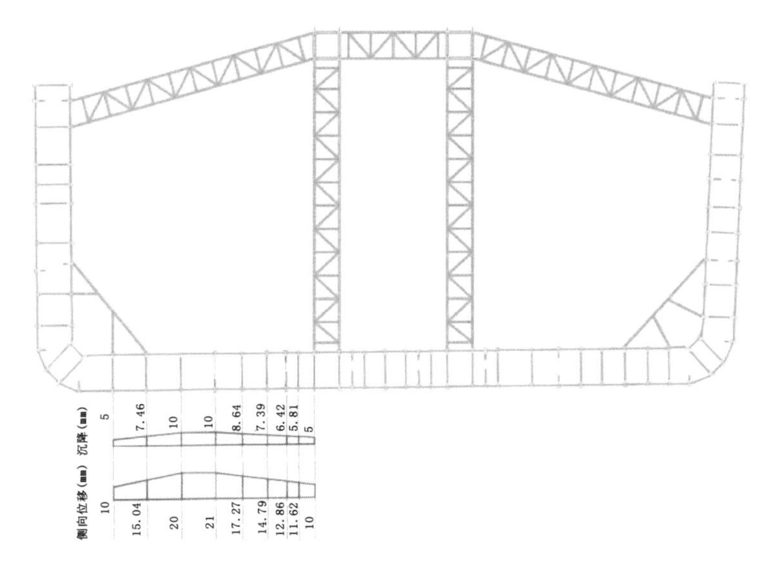

分段二示意图

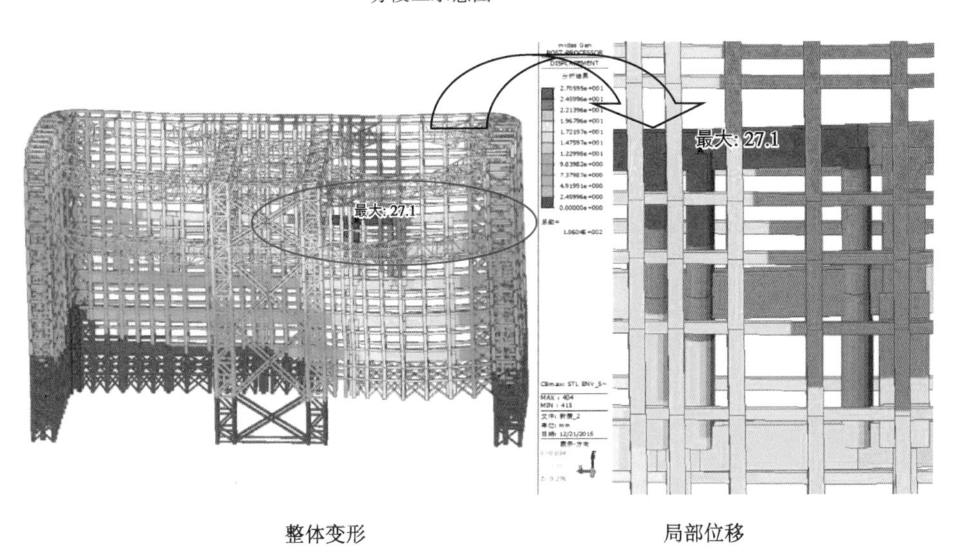

整体变形　　　　局部位移

图 6-88　应力比(工况 4)

工况 5：③段向内水平支座位移+向下竖向支座位移。

如图 6-89 所示，考虑分段一支座位移影响后结构最大位移为 27.01 mm，发生在顶部桁架支撑位置，该位置非关键位置，关键位置最大位移发生在西侧中部钢框架顶部，为 24.2 mm，位移角为 1/1322，较初始状态有一定增大，但仍满足整体稳定性控制要求。同样，钢结构构件验算均满足，应力比最大为 0.95，且绝大部分构件应力比均在 0.6 以下，钢构件应力比较初始状态增大较多。可见支座位移对钢构件影响较大，对结构整体稳定性影响并不是很大。如果不带入原混凝土结构进行计算，所得最大位移为 26.8 mm，位移角为 1/1194，位移略有增加，但仍在可控范围内。

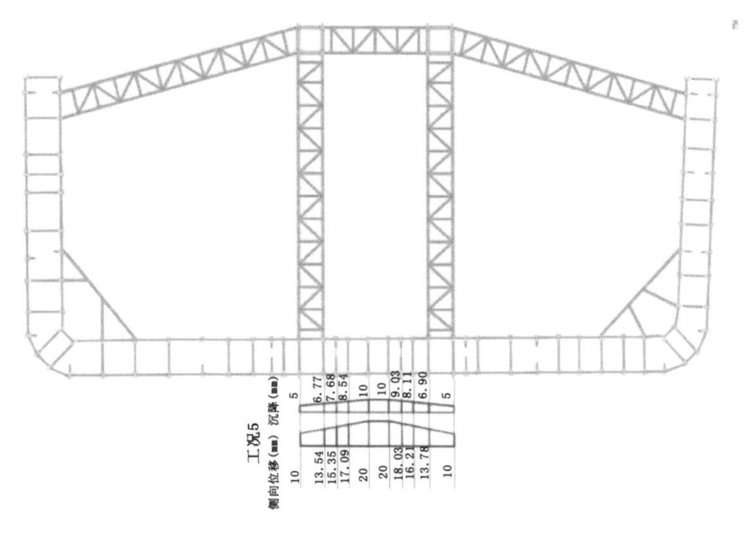

分段三示意图

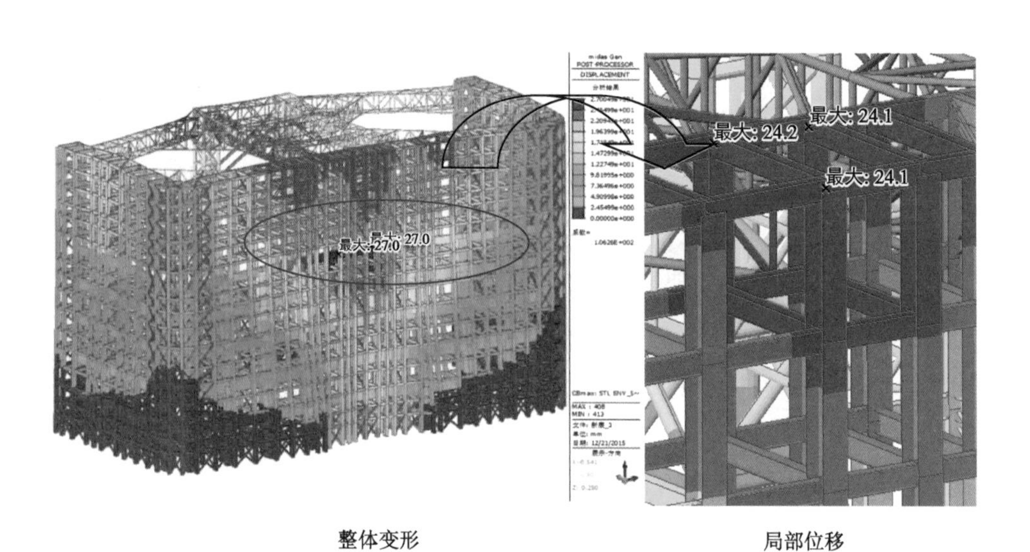

整体变形　　局部位移

图 6-89　应力比(工况 5)

工况 6：④段向内水平支座位移+向下竖向支座位移。

如图 6-90 所示，考虑分段四支座位移影响后结构最大位移为 21.6 mm，位移角为 1/1482，发生在西侧中部钢框架顶部，较初始状态略有降低。钢结构构件验算均满足，极个别构件应力比达到 0.95，绝大部分构件应力比均在 0.6 以下，钢构件应力比较初始状态增大较多。可见支座位移对钢构件影响较大，但对结构整体稳定性影响并不是很大。如果不带入原混凝土结构进行计算，所得最大位移为 23.5 mm，位移角为 1/1 362，位移略有增加，但仍在可控范围内。

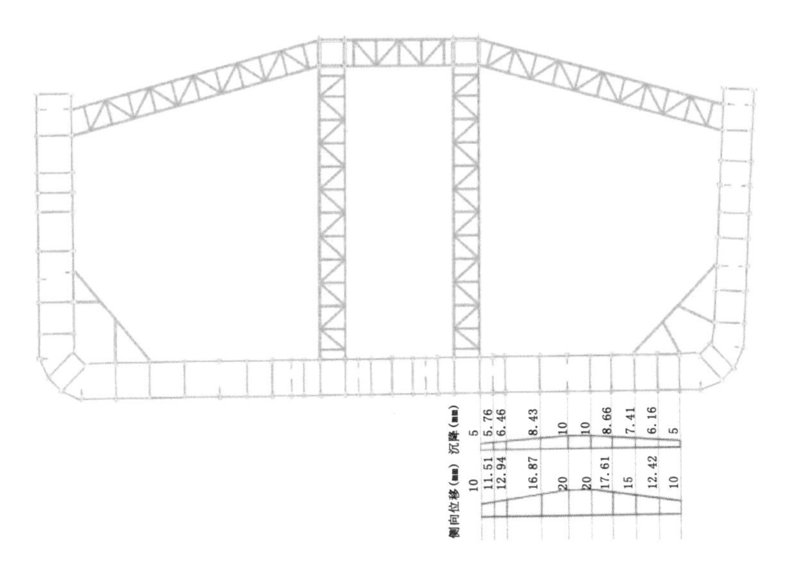

分段四示意图

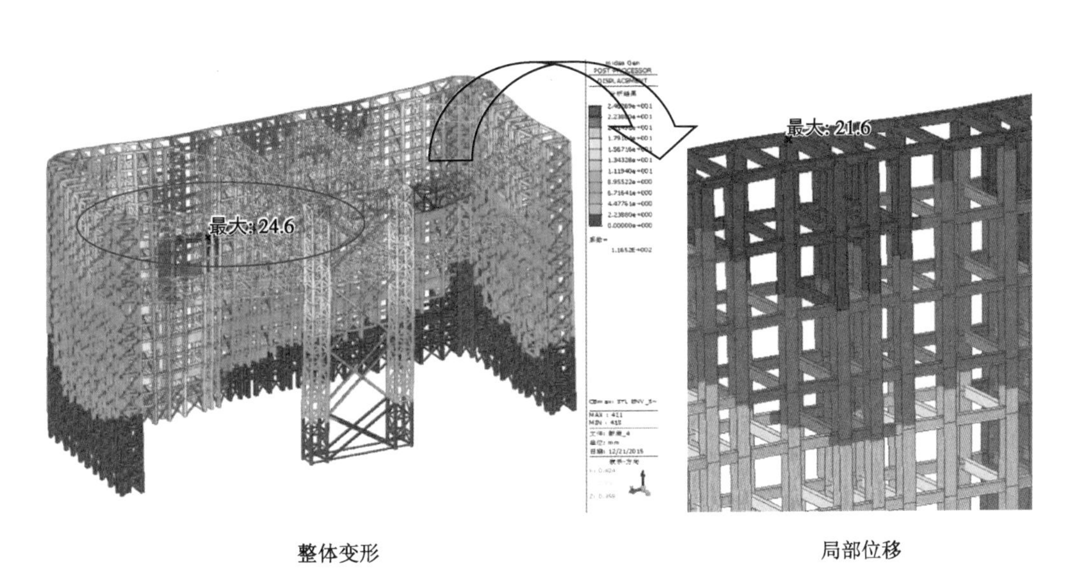

整体变形　　　　局部位移

图 6-90　应力比(工况 6)

工况 7：⑤段向内水平支座位移+向下竖向支座位移

如图 6-91 所示，考虑分段五支座位移影响后结构最大位移为 24.1 mm，位移角为 1/1 328，发生在西侧中部钢框架顶部，较初始状态略有增加。钢结构构件验算均满足，极个别构件应力比达到 0.75，绝大部分构件应力比均在 0.5 以下，钢构件应力比较初始状态增大较多。可见支座位移对钢构件影响较大，但对结构整体稳定性影响并不是很大。如果不带入原混凝土结构进行计算，所得最大位移为 26.1 mm，位移角为 1/1 226，位移略有增加，但仍在可控范围内。

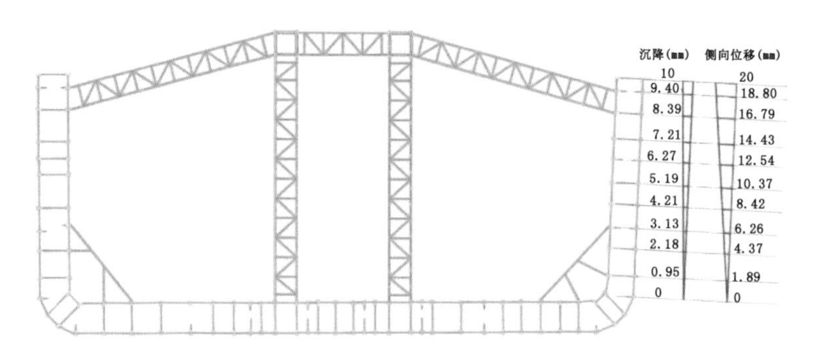

分段五示意图

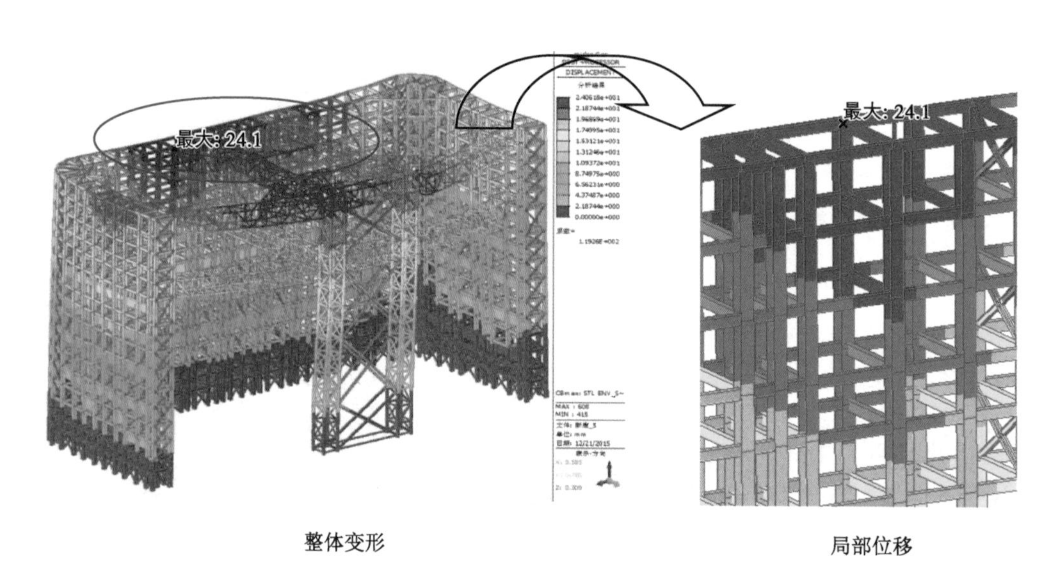

整体变形

局部位移

图 6-91　应力比(工况 7)

(3) 施工阶段三：地下连续墙施工阶段。

工况 8：临时支护第 2 道水平伸臂桁架拆除。

如图 6-92 所示，由于地下连续墙施工净高的要求，第 2 道水平钢桁架需要拆除，经验算该工况结构最大位移为 26.0 mm，位移角 1/1 231，钢结构构件验算均满足，位移比均在0.65以下，较初始状态变化不大。如果不带入原混凝土结构进行计算，所得最大位移为 30.1 mm，位移角为 1/1063，位移略有增加，但仍在可控范围内。

经过各工况的统计分析，此保留外墙围护结构方案在模拟地下室施工和上部水平支撑拆除过程中的最大位移为 28.4 mm，为考虑温度作用时发生的最大位移，可见温度作用对结构变形影响较大。TRD 施工阶段位移最大发生在第二段 TRD 施工时引起的支座位移产生的结构最大位移。在无任何围护结构作用下保留外墙最大位移为 340 mm 增加围护体系后可有效降低保留外墙的侧向位移，围护结构可起到对保留墙体的保护作用。

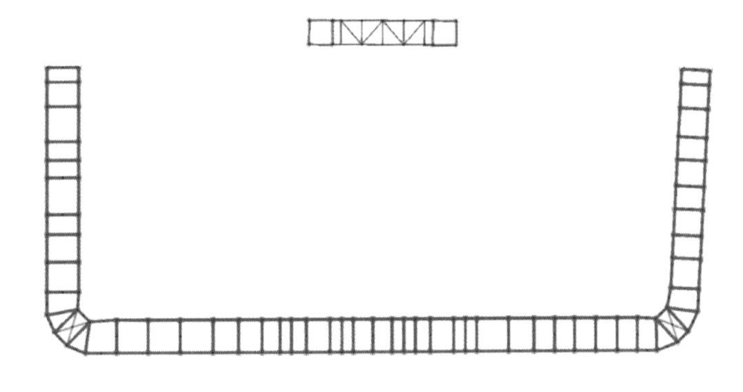

第 2 道水平钢桁架支撑拆除

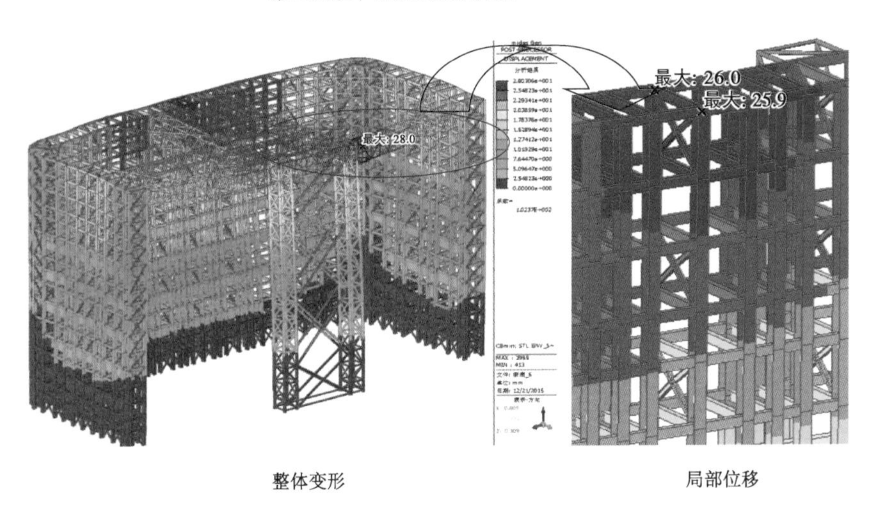

整体变形　　　　局部位移

图 6-92　应力比(工况 8)

从计算结果看,沉降差对结构构件承载能力影响较大,尤其西侧外墙中段位置对沉降和侧移非常敏感;在假定的支座位移工况下,需对局部构件进行铰接处理,释放弯矩,沉降交界位置处的构件方能验算通过,但由于 TRD 及地墙施工的不确定性,需特别注意 TRD 及地墙施工技术方案及施工组织的制定与实施,并加强监控措施,以确保保留外墙的整体稳定。

施工阶段三,地下连续墙施工时,虽第 2 道支撑完全拆除验算满足要求,但从安全角度考虑,建议采取下述施工流程,如图 6-93 所示。

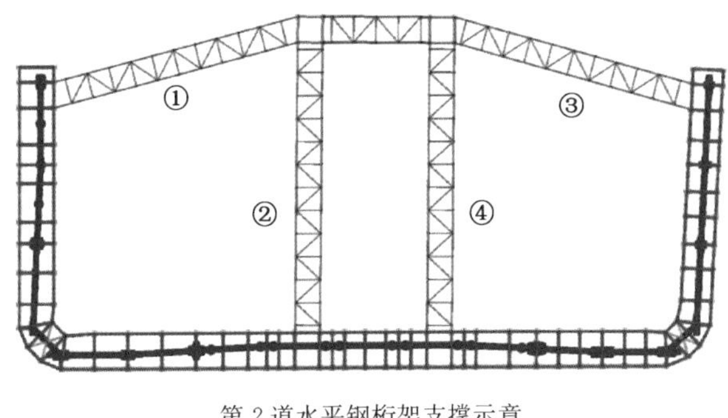

第 2 道水平钢桁架支撑示意

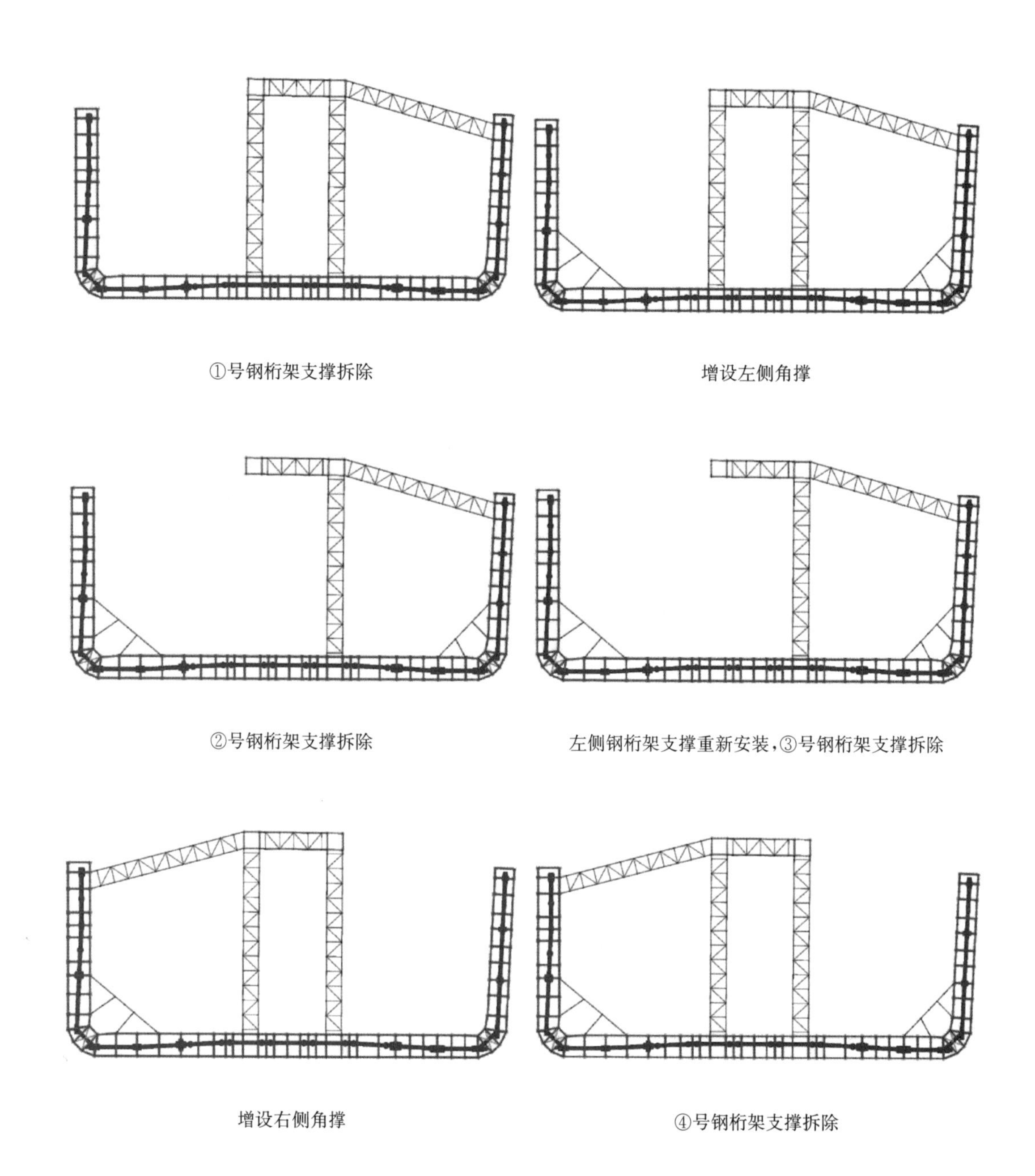

图 6-93　第 2 道水平钢桁架支撑拆除顺序示意图

3. 基坑施工对西侧新康大楼影响的有限元分析(2—2 剖面)

(1) 计算剖面。基坑西侧为新康大楼，大楼在基坑实施部分拆除，保留西侧局部并与本项目新建建筑连接。计算剖面关系如图 6-94 所示。

(2) 施工工况。为了反映初始应力状态及基坑开挖的施工过程，分析共分 9 个施工步进行，其具体各步施工工况如表 6-4 所示。

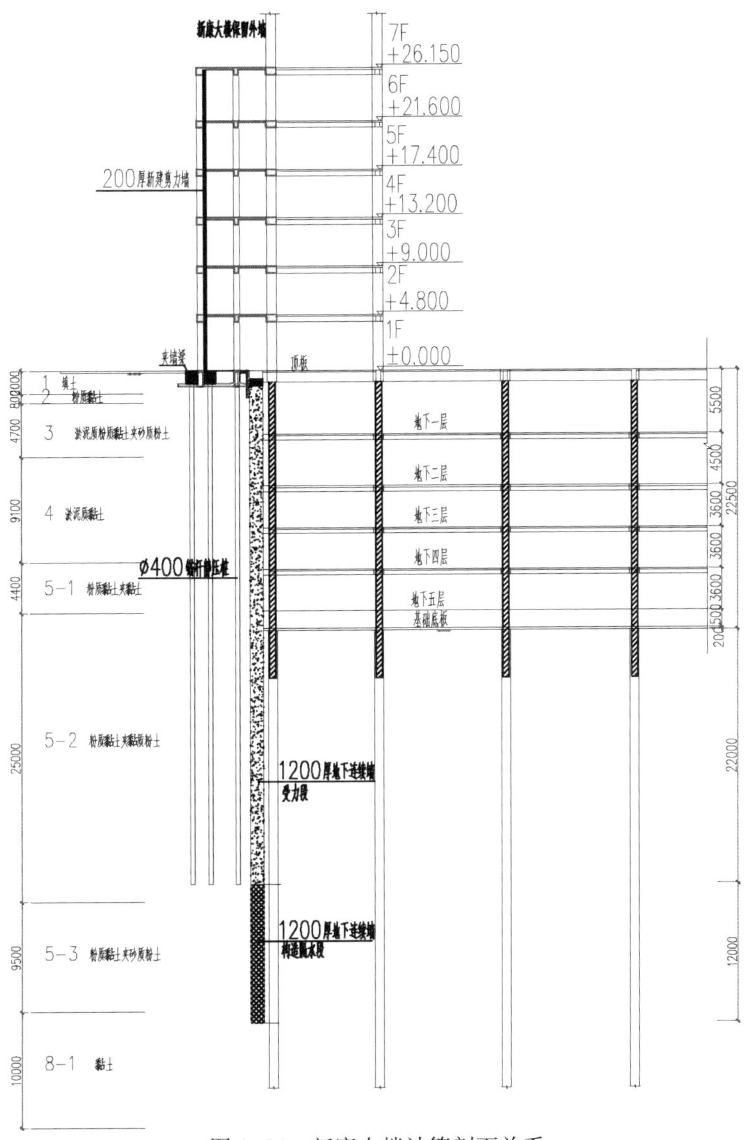

图 6-94 新康大楼计算剖面关系

表 6-4 新康大楼模拟工况表

工况	内容
施工步 1	已有建筑物对初始地应力场的影响
施工步 2	大楼静压桩加固施工对初始地应力场的影响
施工步 3	地下连续墙、逆作一柱一桩施工和被动区土体加固
施工步 4	施工 B0 板，同时逆作地上七层结构与西康大楼连接
施工步 5	第一皮土方开挖至 B1 板
施工步 6	施工 B1 板养护、第二皮土方开挖至 B2 板
施工步 7	施工 B2 板养护、第三皮土方开挖至 B3 板
施工步 8	施工 B3 板养护、第四皮土方开挖至 B4 板
施工步 9	施工 B4 板养护、第五皮土方开挖至坑底

详细分析工况如图 6-95 所示。

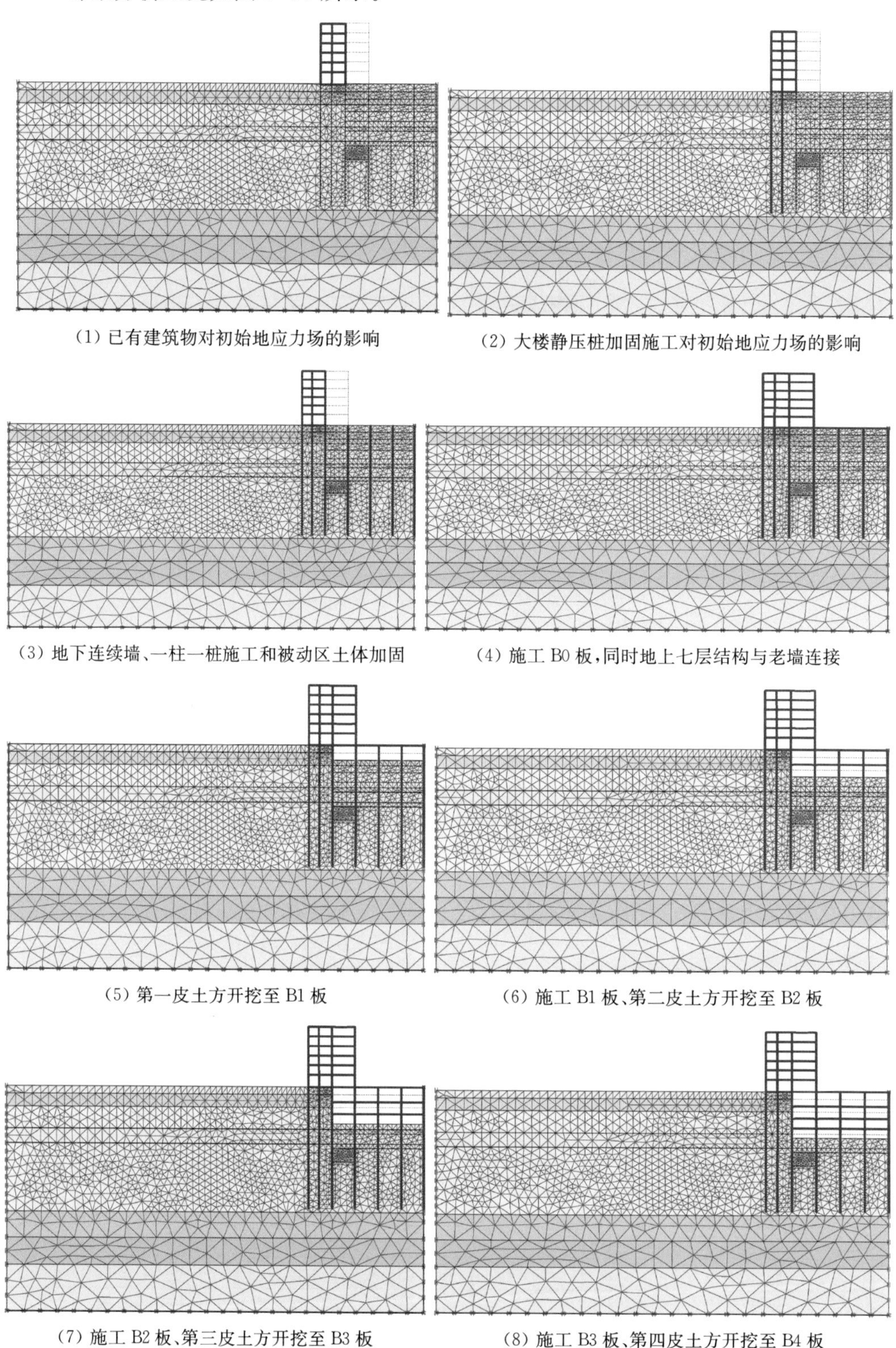

(1) 已有建筑物对初始地应力场的影响

(2) 大楼静压桩加固施工对初始地应力场的影响

(3) 地下连续墙、一柱一桩施工和被动区土体加固

(4) 施工 B0 板，同时地上七层结构与老墙连接

(5) 第一皮土方开挖至 B1 板

(6) 施工 B1 板、第二皮土方开挖至 B2 板

(7) 施工 B2 板、第三皮土方开挖至 B3 板

(8) 施工 B3 板、第四皮土方开挖至 B4 板

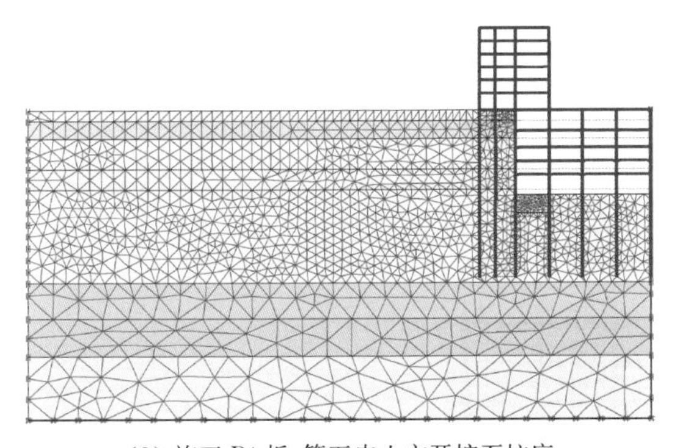

(9) 施工 B4 板、第五皮土方开挖至坑底

图 6-95 新康大楼具体工况模拟示意图

(3) 主要分析结果：图 6-96、图 6-97 为开挖至基底时的土体位移计算结果。

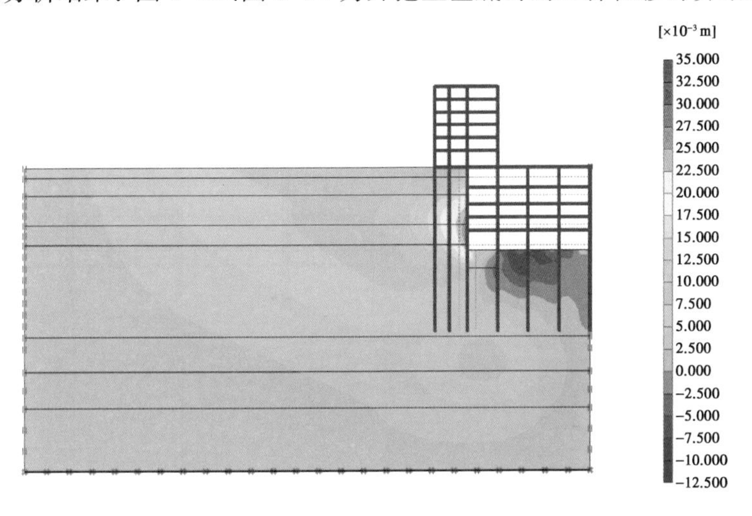

地下连续墙的最大水平位移 28.2 mm，新康大楼最大水平位移 8.2 mm(向坑内侧)

图 6-96 基坑开挖至坑底时的水平位移云图(mm)

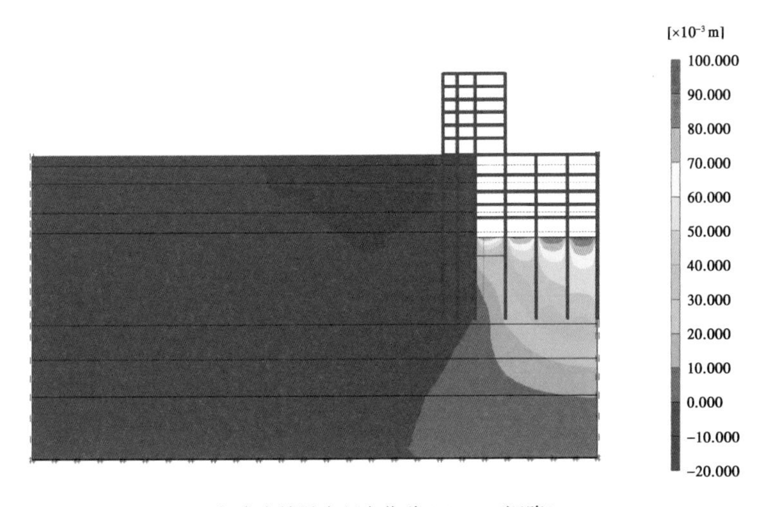

新康大楼最大竖向位移 8.1 mm(沉降)

图 6-97 基坑开挖至坑底时的竖向位移云图(mm)

4. 基坑施工对东侧华侨大楼影响的有限元分析(3—3 剖面)

(1) 计算剖面。基坑东侧为华侨大楼,大楼地下室采用木桩基础。计算剖面关系如图 6-98 所示。

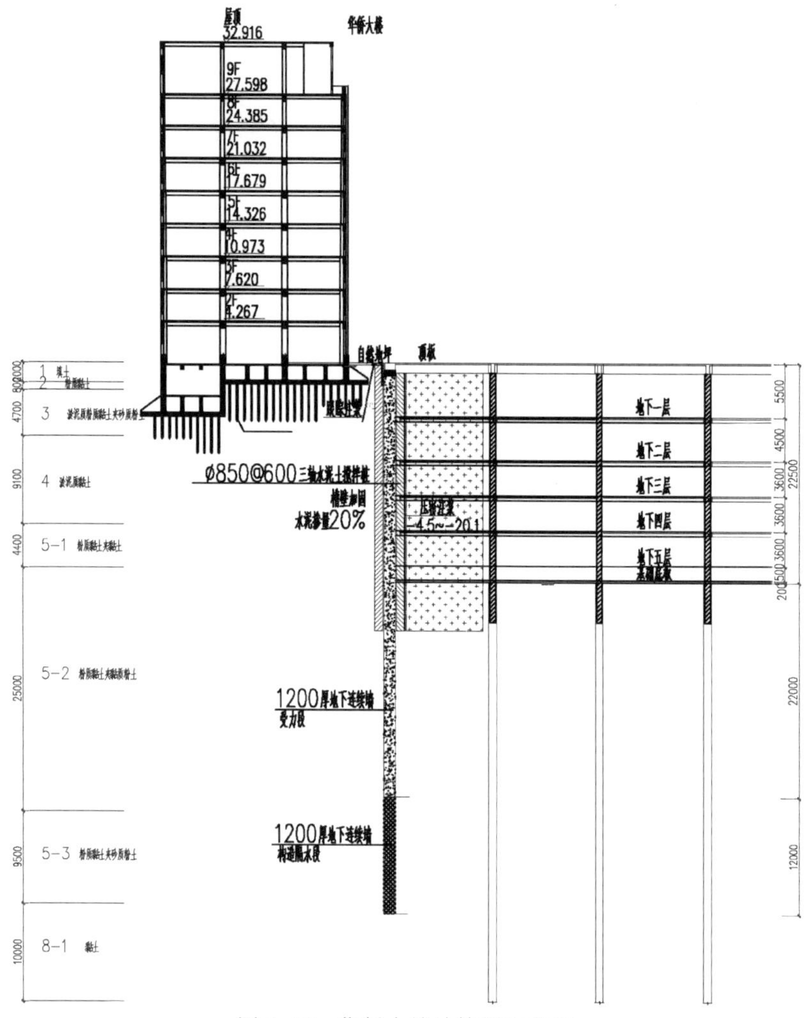

图 6-98 华侨大楼计算剖面关系

(2) 施工工况。为了反映初始应力状态及基坑开挖的施工过程,分析共分 8 个施工步进行,其具体各步施工工况如表 6-5 所示。

表 6-5 华侨大楼模拟工况表

工况	内容
施工步 1	已有建筑物对初始地应力场的影响
施工步 2	地下连续墙、逆作一柱一桩施工和被动区土体加固
施工步 3	施工 B0 板
施工步 4	第一皮土方开挖至 B1 板

（续表）

工况	内容
施工步 5	施工 B1 板、第二皮土方开挖至 B2 板
施工步 6	施工 B2 板、第三皮土方开挖至 B3 板
施工步 7	施工 B3 板、第四皮土方开挖至 B4 板
施工步 8	施工 B4 板、第五皮土方开挖至坑底

详细分析工况图以下不再赘述。

（3）主要分析结果。图 6-99、图 6-100 为开挖至基底时的土体位移计算结果。理论计算结果表明，基坑普遍开挖深度 22.5 m，基坑开挖至坑底时，地下连续墙的最大水平位移27.1 mm。新康大楼最大水平位移 4.7 mm（向坑内侧）、最大竖向位移 8.2 mm（沉降）。

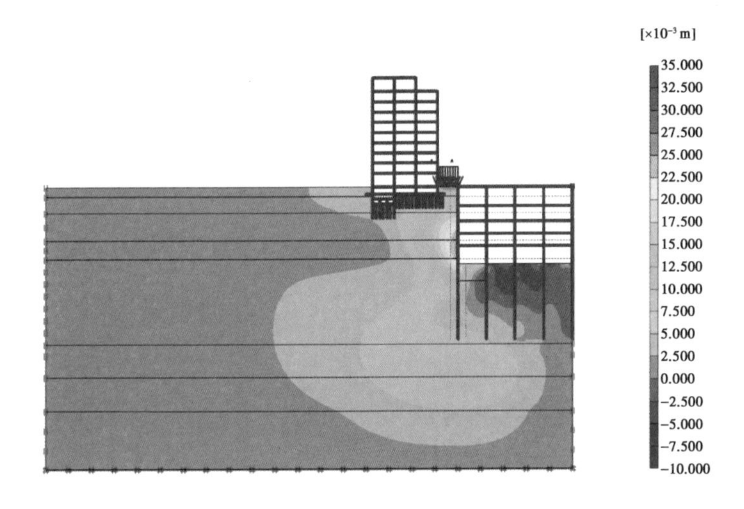

地下连续墙的最大水平位移 27.1 mm，华侨大楼最大水平位移 4.7 mm（向坑内侧）

图 6-99　基坑开挖至坑底时的水平位移云图（mm）

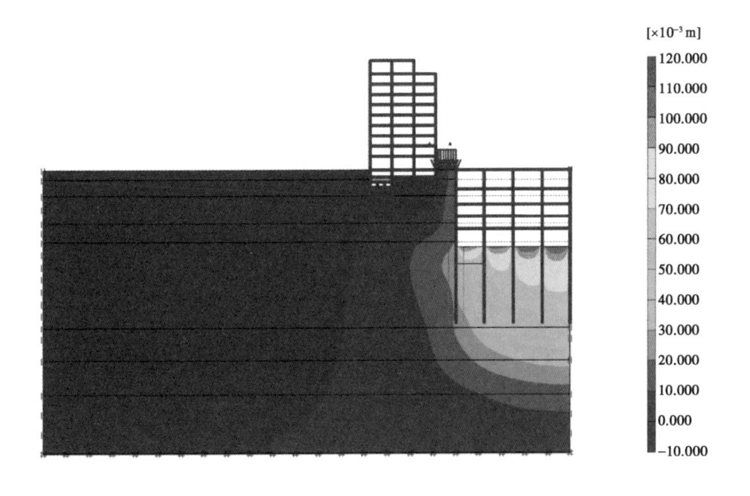

华侨大楼最大竖向位移 8.2 mm（沉降）

图 6-100　基坑开挖至坑底时的竖向位移云图（mm）

5. 基坑施工对东北侧中央商场和地铁隧道影响的有限元分析(4—4 剖面)

(1) 计算剖面。基坑东北侧邻近华侨大楼,中央商场大楼基础在基坑实施前采用静压桩进行加固。大楼北侧为地铁 2 号线盾构隧道。计算剖面关系如图 6-101 所示。

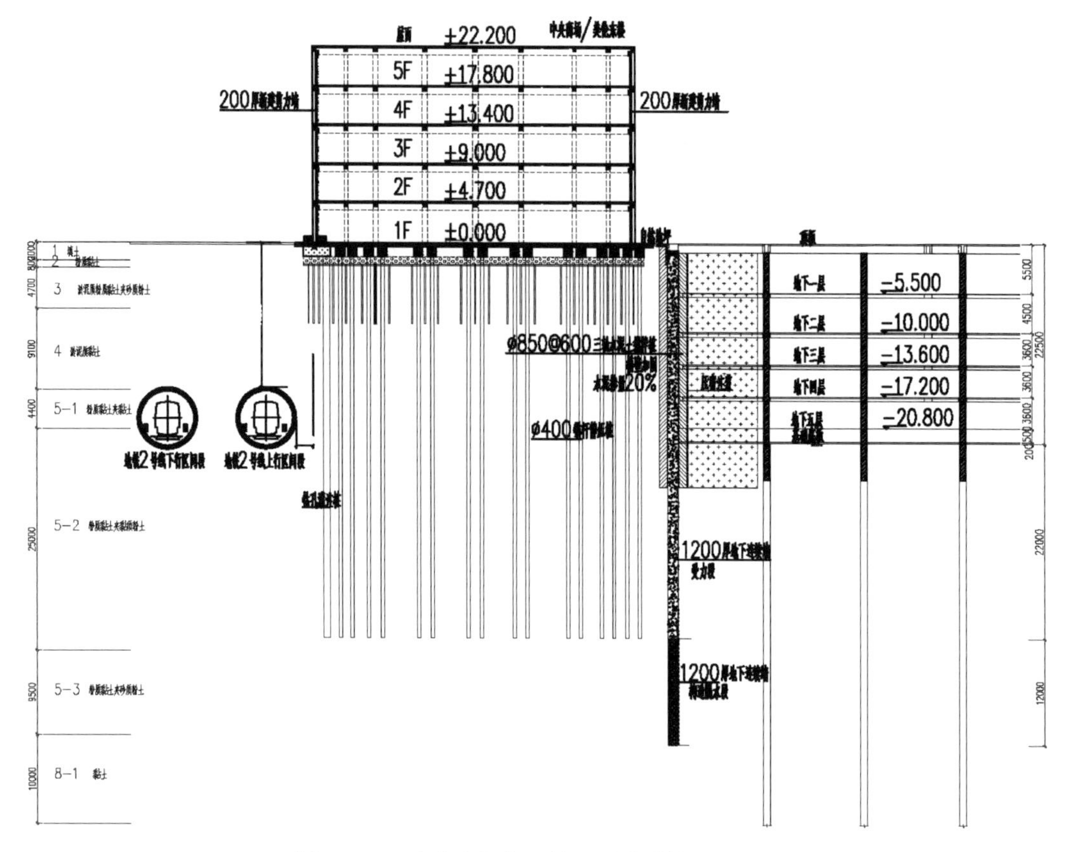

图 6-101　中央商场与地铁 2 号线计算剖面关系

(2) 施工工况。为了反映初始应力状态及基坑开挖的施工过程,分析共分 8 个施工步进行,其具体各步施工工况如表 6-6 所示。

表 6-6　　中央商场和地铁隧道模拟工况表

工况	内容
施工步 1	已有建筑物、地铁隧道对初始地应力场的影响
施工步 2	地下连续墙、逆作一柱一桩施工和被动区土体加固
施工步 3	施工 B0 板
施工步 4	第一皮土方开挖至 B1 板
施工步 5	施工 B1 板、第二皮土方开挖至 B2 板
施工步 6	施工 B2 板、第三皮土方开挖至 B3 板
施工步 7	施工 B3 板、第四皮土方开挖至 B4 板
施工步 8	施工 B4 板、第五皮土方开挖至坑底

(3) 主要分析结果。图 6-102、图 6-103 为开挖至基底时的土体位移计算结果。理论计算结果表明：基坑普遍开挖深度 22.5 m，基坑开挖至坑底时，地下连续墙的最大水平位移28.3 mm。中央商场大楼最大水平位移 4.9 mm(向坑内侧)、最大竖向位移 7.6 mm(沉降)；近侧地铁隧道最大水平位移 2.7 mm(向坑内侧)、最大竖向位移 mm1.9(沉降)；远侧地铁隧道最大水平位移 2.4 mm(向坑内侧)、最大竖向位移 0.8 mm(沉降)。

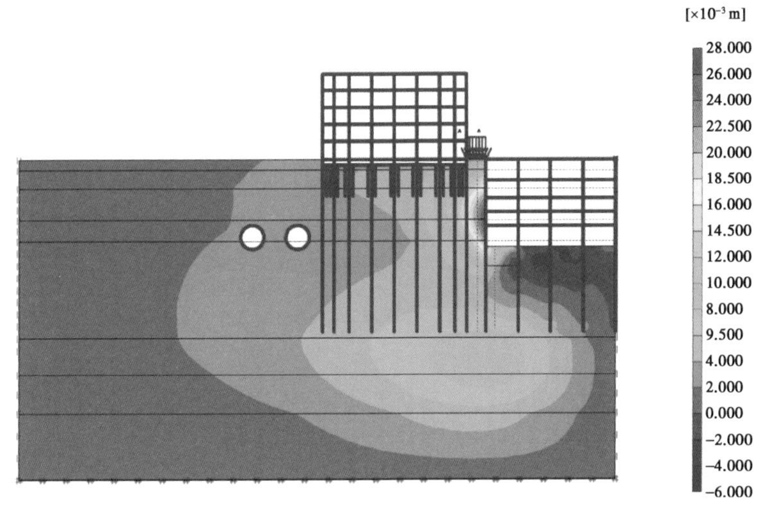

地下连续墙的最大水平位移 28.3 mm；中央商场大楼最大水平位移 4.9 mm(向坑内侧)
近侧地铁隧道最大水平位移 2.7 mm(向坑内侧)；远侧地铁隧道最大水平位移 2.4 mm(向坑内侧)

图 6-102　基坑开挖至坑底时的水平位移云图(mm)

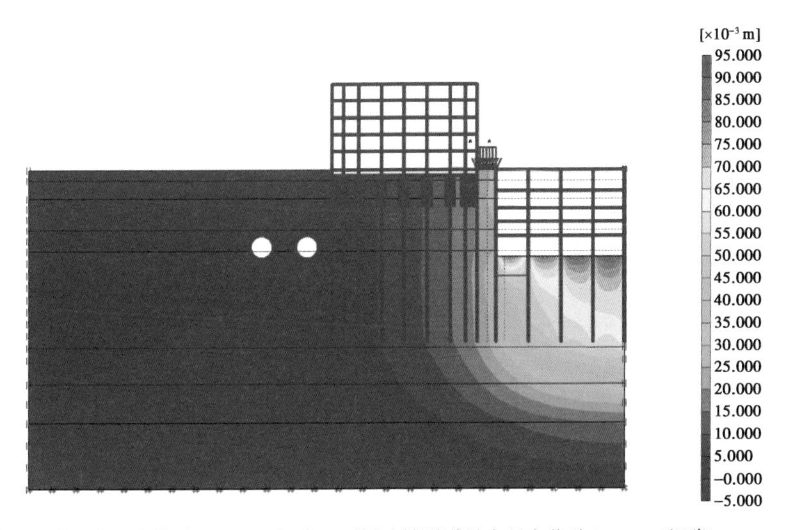

中央商场大楼最大竖向位移 7.6 mm(沉降)；近侧地铁隧道最大竖向位移 1.9 mm(沉降)
远侧地铁隧道最大竖向位移 0.8 mm(沉降)

图 6-103　基坑开挖至坑底时的竖向位移云图(mm)

6. 基坑施工对西北侧美伦大楼和地铁隧道影响的有限元分析(5-5 剖面)

(1) 计算剖面。基坑西北侧邻近美伦大楼，大楼基础在基坑实施前采用静压桩进行加固。大楼北侧为地铁 2 号线盾构隧道。计算剖面关系如图 6-104 所示。

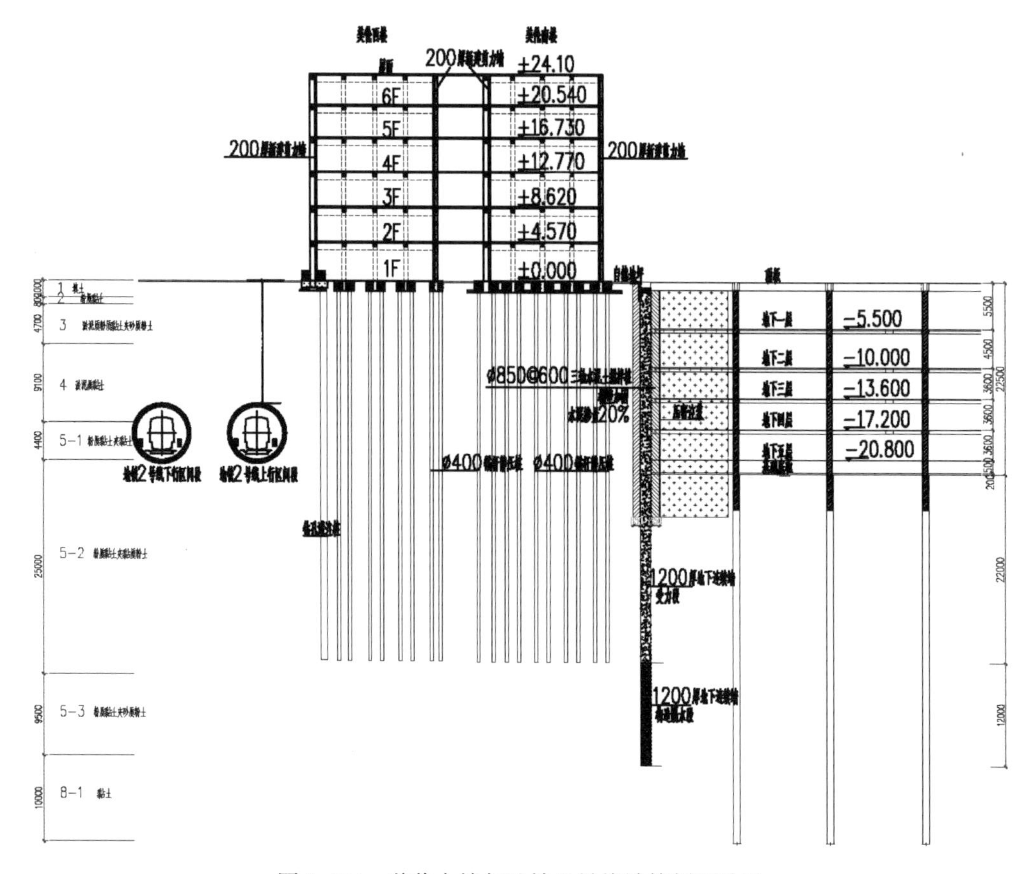

图 6-104　美伦大楼与地铁 2 号线计算剖面关系

(2) 施工工况。为了反映初始应力状态及基坑开挖的施工过程，分析共分 8 个施工步进行，其具体各步施工工况如表 6-7 所示。

表 6-7　　美伦大楼与地铁模拟工况表

工况	内容
施工步 1	已有建筑物、地铁隧道对初始地应力场的影响
施工步 2	地下连续墙、逆作一柱一桩施工和被动区土体加固
施工步 3	施工 B0 板
施工步 4	第一皮土方开挖至 B1 板
施工步 5	施工 B1 板、第二皮土方开挖至 B2 板
施工步 6	施工 B2 板、第三皮土方开挖至 B3 板
施工步 7	施工 B3 板、第四皮土方开挖至 B4 板
施工步 8	施工 B4 板、第五皮土方开挖至坑底

(3) 主要分析结果。图 6-105、图 6-106 为开挖至基底时的土体位移计算结果。理论计算结果表明：基坑普遍开挖深度 22.5 m，基坑开挖至坑底时，地下连续墙的最大水平位移27.5 mm。美伦大楼最大水平位移 4.3 mm(向坑内侧)、最大竖向位移 8.7 mm(沉降)；近侧地铁隧道最大水平位移 2.3 mm(向坑内侧)、最大竖向位移 1.7 mm(沉降)；远侧地铁隧道最大水平位移 1.9 mm(向坑内侧)、最大竖向位移 0.6 mm(沉降)。

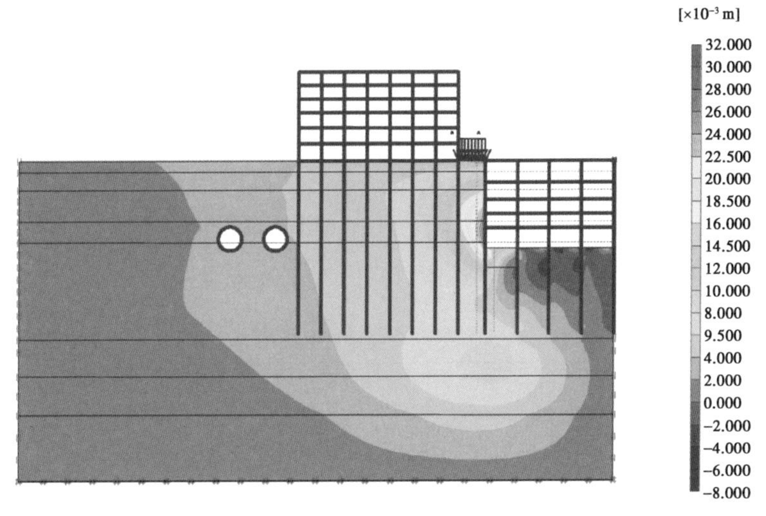

地下连续墙的最大水平位移 27.5 mm；美伦大楼最大水平位移 4.3 mm(向坑内侧)
近侧地铁隧道最大水平位移 2.3 mm(向坑内侧)；远侧地铁隧道最大水平位移 1.9 mm(向坑内侧)

图 6-105　基坑开挖至坑底时的水平位移云图(mm)

美伦大楼最大竖向位移 8.7 mm(沉降)
近侧地铁隧道最大竖向位移 1.7 mm(沉降)；远侧地铁隧道最大竖向位移 0.6 mm(沉降)

图 6-106　基坑开挖至坑底时的竖向位移云图(mm)

7. 分析结论

根据上述理论计算结果，本基坑工程采用逆作法设计方案，对于控制基坑变形和保护周边的敏感环境十分有利。本基坑围护设计方案能保证基坑开挖对附近建筑物和地铁隧道的变形影响在可控制的范围之内。基坑施工过程中，应加强对建筑物和地铁隧道的监测工作，通过信息化施工反馈并指导基坑施工，保证周边邻近建(构)筑物的安全。

6.5.5 基坑开挖对周边环境影响监测

1. 监测内容

为有效防范改造工程施工对原建筑保留部分已经周边环境的影响，采用先进、可靠的仪器及有效的监测方法，对保留结构和周围环境的变形情况进行监控，为工程实行动态化设计和信息化施工提供所需的数据，从而使工程处于受控状态，确保保留外墙及周边环境的安全，是本次监测的目的。在工程施工阶段将对保护改建建筑物、基坑围护体系进行监测，具体监测内容及报警值如表 6-8 所示。

表 6-8 监测项目报警值设定表

监测项目	速率/(mm·d^{-1})	累计/mm	备注
保护改建建筑物沉降	2	20	—
保护改建建筑物倾斜	新增倾斜率 0.2%		—
保护改建建筑物裂缝	新增裂缝超过 5 mm		—
地墙测斜	2/d 连续 2 d 以上	30	临近新康保留外墙处
	3/d 连续 2 d 以上	40	其他区域
土体测斜	3	60	—
墙顶垂直、水平位移	2/d 连续 2 d 以上	15	临近新康保留外墙处
	3/d 连续 2 d 以上	20	其他区域
立柱垂直位移	3	30	—
水位	300	1 000	—
轴力、应力	设计值的 80%		—
坑外地表沉降	3	30	—

2. 监测结果

(1) 围护墙顶部垂直位移。地下连续墙墙顶垂直位移监测从基坑 B1 正式开挖至底板施工结束，地下连续墙墙顶监测点布设 18 个、其中 Q1～Q18。如图 6-107 所示，各监测点在基坑开挖期间呈隆起变化，Q10 监测点最大累计上抬位移量为＋14.5 mm(报警值为±20 mm)未达到报警值，根据工况分析原因，基坑开挖期间，围护因受土层变形摩擦，呈隆起状；随着基坑开挖深度，坑内土压力卸载，致围护产生上抬变化。

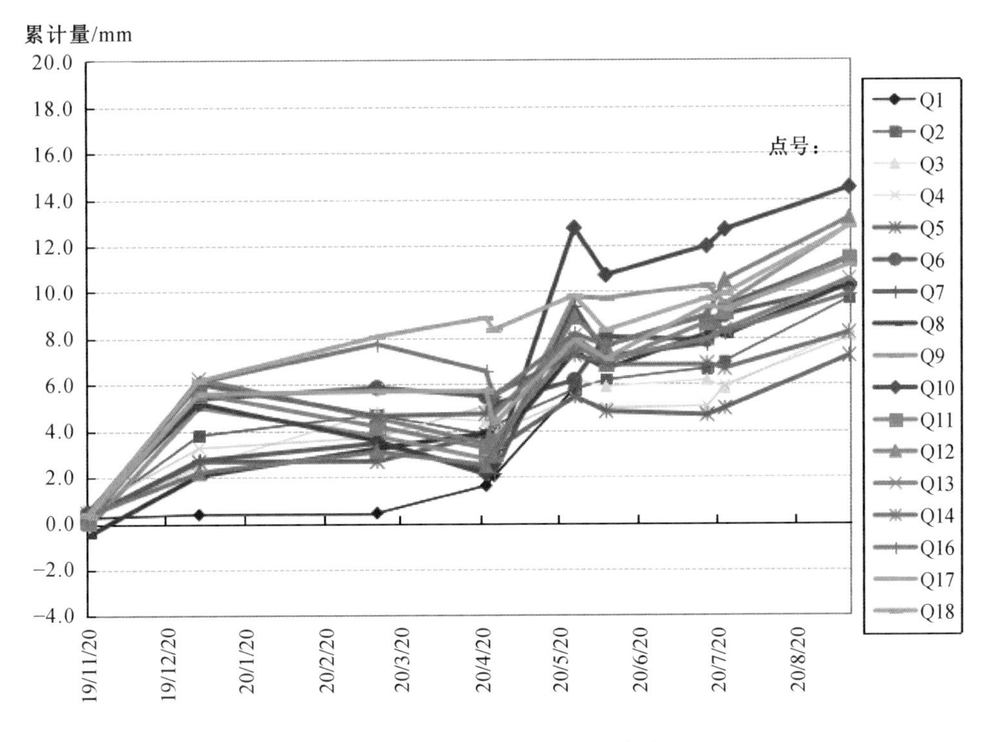

图 6-107　圈梁垂直位移累计曲线图

(2) 立柱垂直位移。如图 6-108 所示，基坑 B1 正式开挖至底板施工结束期间，立柱隆起累计变化量最大点为 LZ20 隆起量为＋22.3 mm，未超出报警值(±30 mm)。

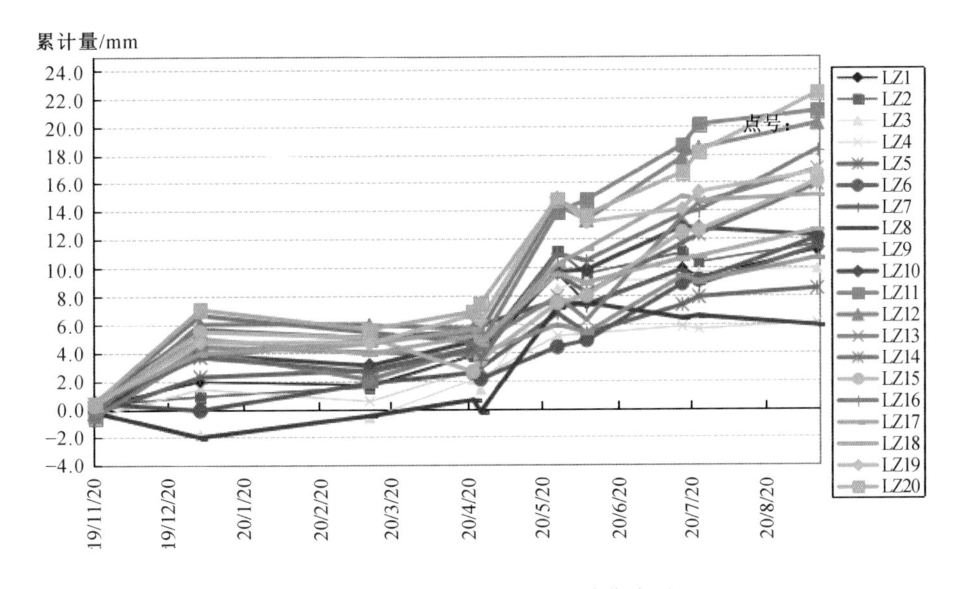

图 6-108　立柱垂直位移累计曲线图

从汇总表可看出，立柱隆起趋势。根据工况分析原因，开挖时期，立柱因受基坑开挖土层变形摩擦，随着基坑内土方的大量卸载，土体压力的释放和土体应力场的改变，立柱表现为较明显的隆起趋势。

(3) 围护墙、基坑外土体深层水平位移。本次监测在围护墙体内布设了 18 个测斜孔，其中 CX1～CX18 监测点。围护墙墙体均发生指向基坑内侧的位移，围护墙体测斜最大位移为＋40.3 mm(测点编号为 CX12/－26 m 深度处)，超出报警值(±40 mm)、土体测斜监测孔 TX1～TX5 最大累计位移为＋46.3 mm(测点编号为 TX3/－26.5 m 深度处)，未超出报警值(±60 mm)。从图表中看出在基坑 B1 正式开挖至底板施工结束期间，向基坑内位移趋势，变化最大点随基坑开挖深度加深而向下移动，施工单位根据监测信息，及时对施工工序进行了处理和调整。

(4) 基坑外水位。如图 6-109 所示，基坑 B1 正式开挖至底板施工结束期间，坑外水位累计变化量不大，开挖过程中最大累计变化量为－54.8 cm/SW6，未超过报警值。

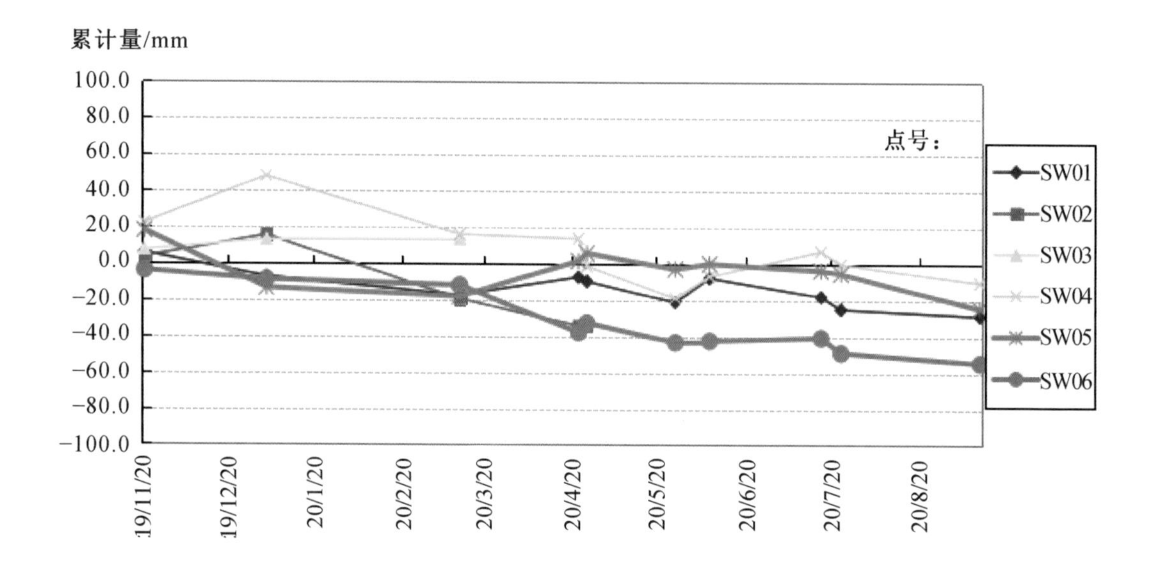

图 6-109　水位累计曲线图

(5) 周边建(构)筑物垂直位移。如图 6-110—图 6-114 所示，基坑 B1 正式开挖至底板施工结束期间，建筑物累计最大沉降量为 F3-1/－10.2 mm；分析原因主要受基坑开挖土体卸载施工影响，导致较近区域建筑物有下沉变化，新康大楼有上抬变化，基坑施工期间变化量为F5-9/＋9.1 mm，但均未超过报警值。

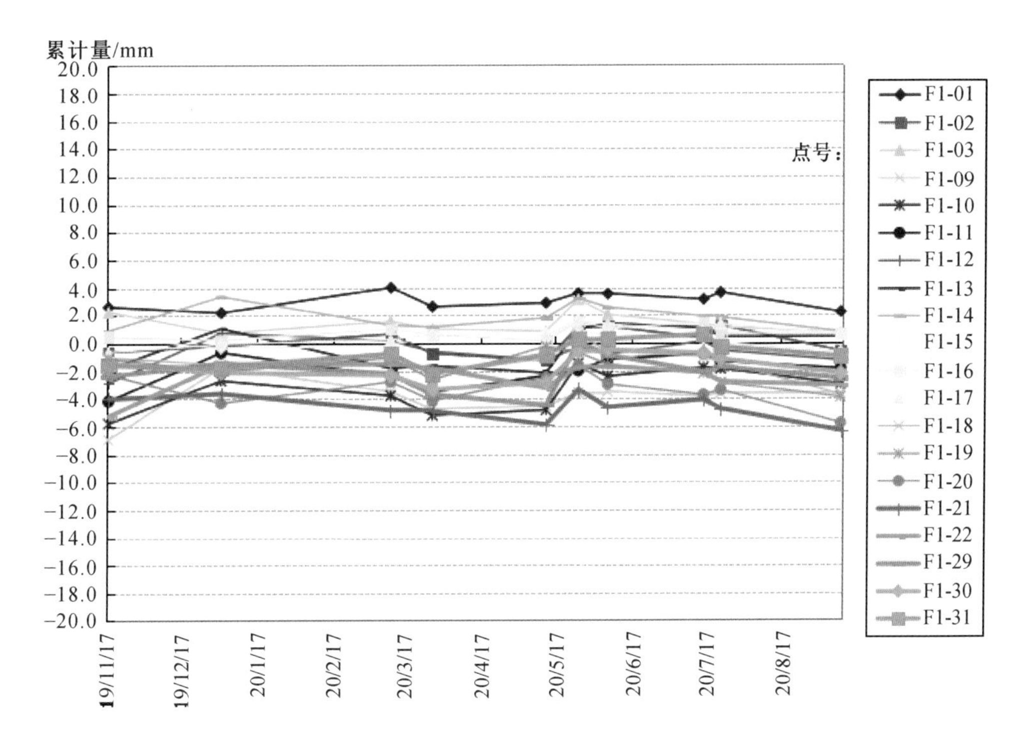

图 6-110 美伦大楼垂直位移累计曲线图(mm)

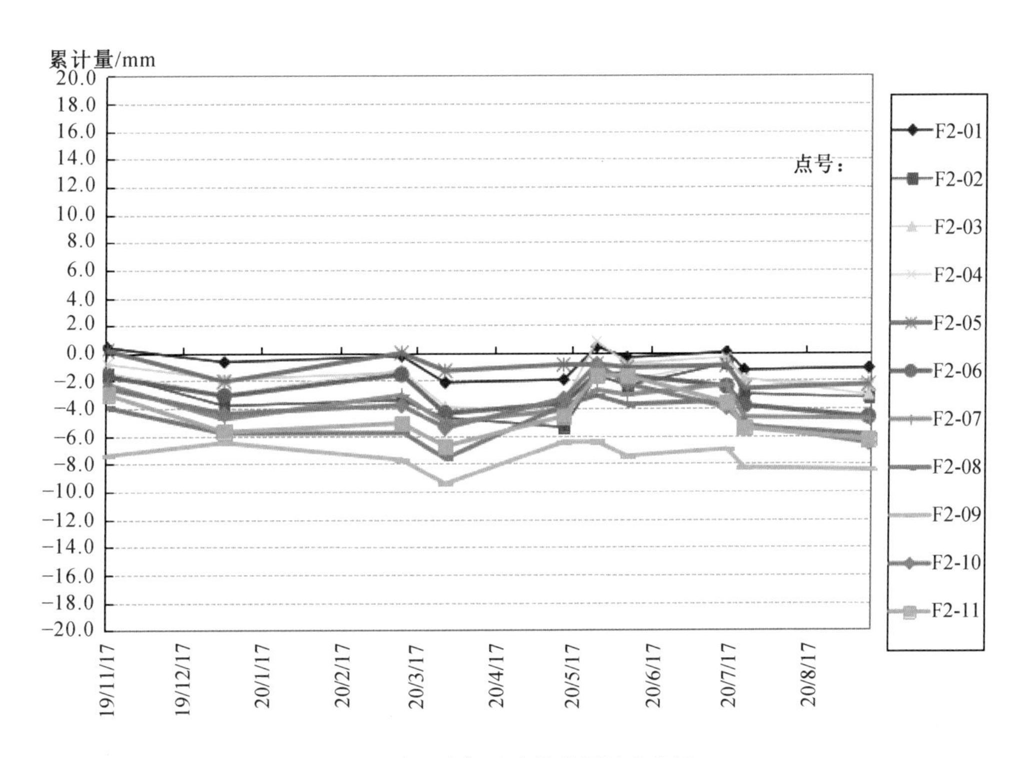

图 6-111 中央商场垂直位移累计曲线图(mm)

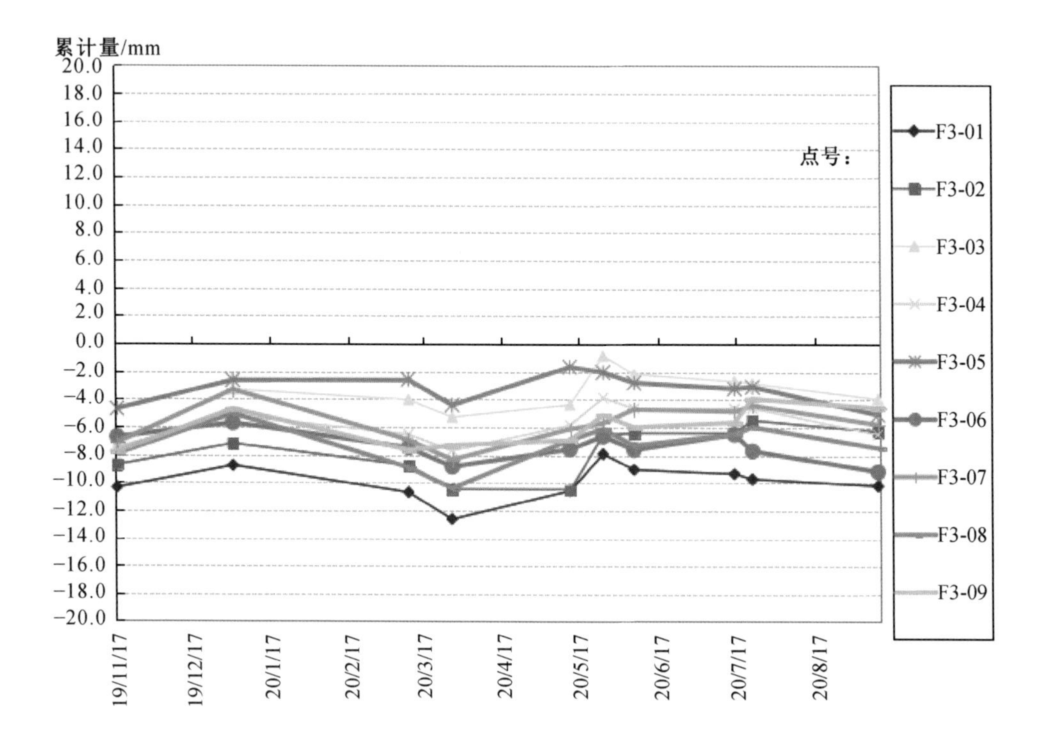

图 6-112　华侨大楼垂直位移累计曲线图(mm)

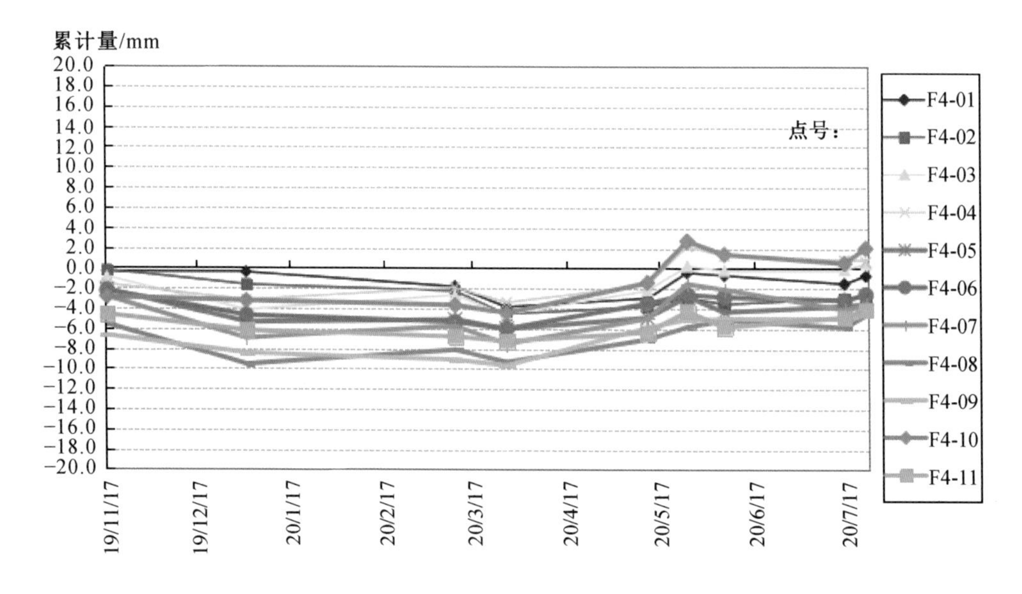

图 6-113　新建大楼垂直位移累计曲线图(mm)

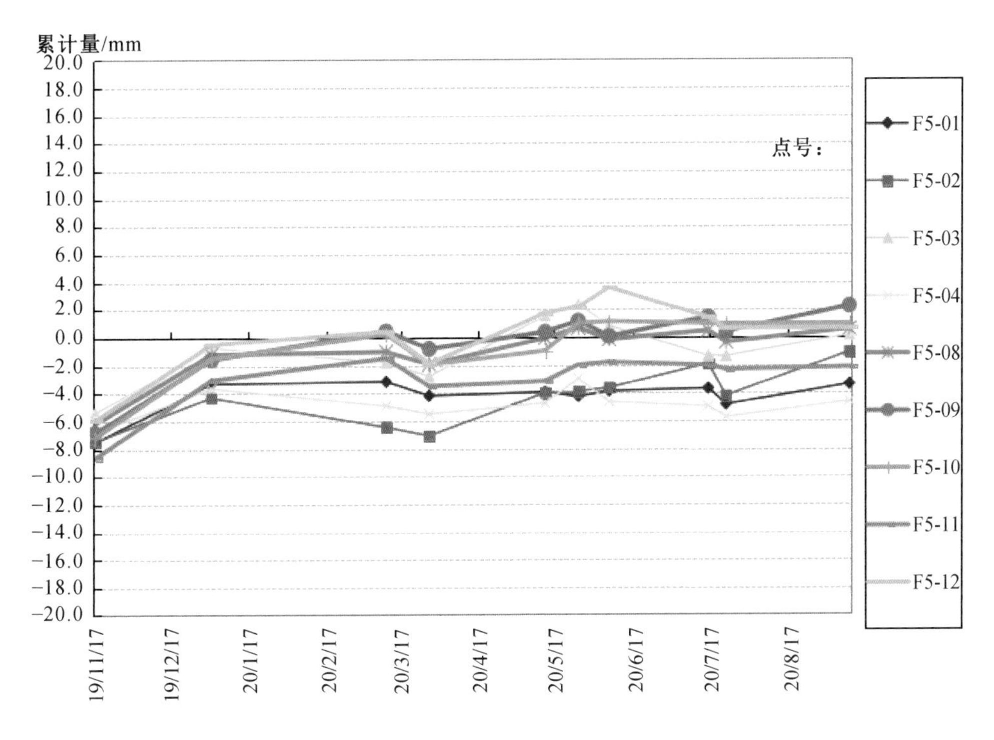

图 6-114 新康大楼垂直位移累计曲线图(mm)

(6) 坑外地表垂直位移。如图 6-115 所示，基坑 B1 正式开挖至底板施工结束期间，地表累计最大点为 DB3-2(−21.5 mm)；未超出报警值。

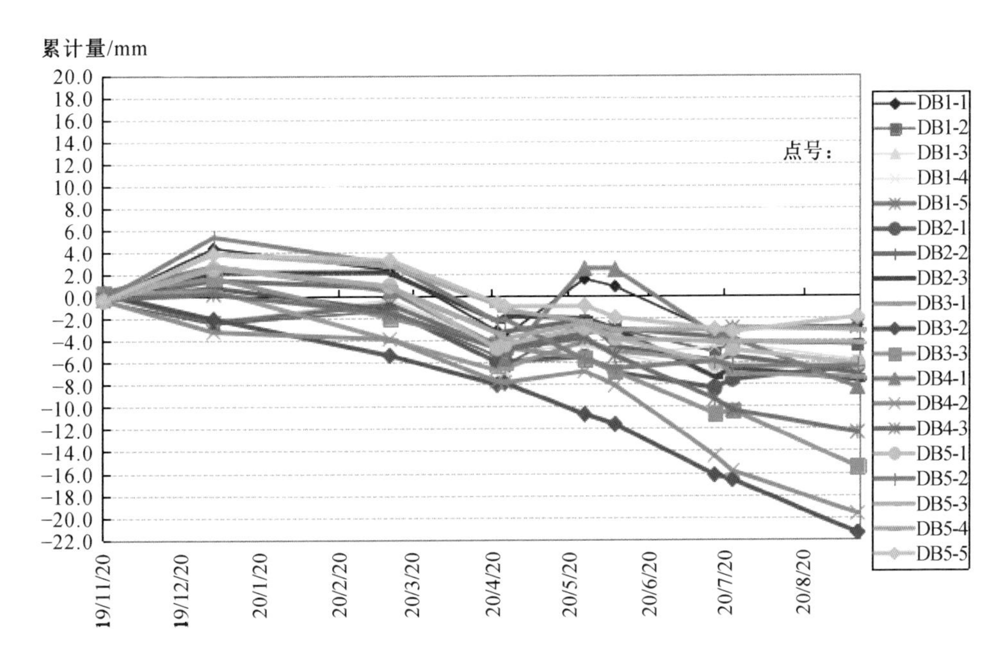

图 6-115 地表垂直位移累计曲线图(mm)

(7) 支撑轴力。如图 6-116 所示,基坑 B1 正式开挖至底板施工结束期间,轴力累计最大点为 ZC2-1(+5 444.1 kN);未超出报警值。

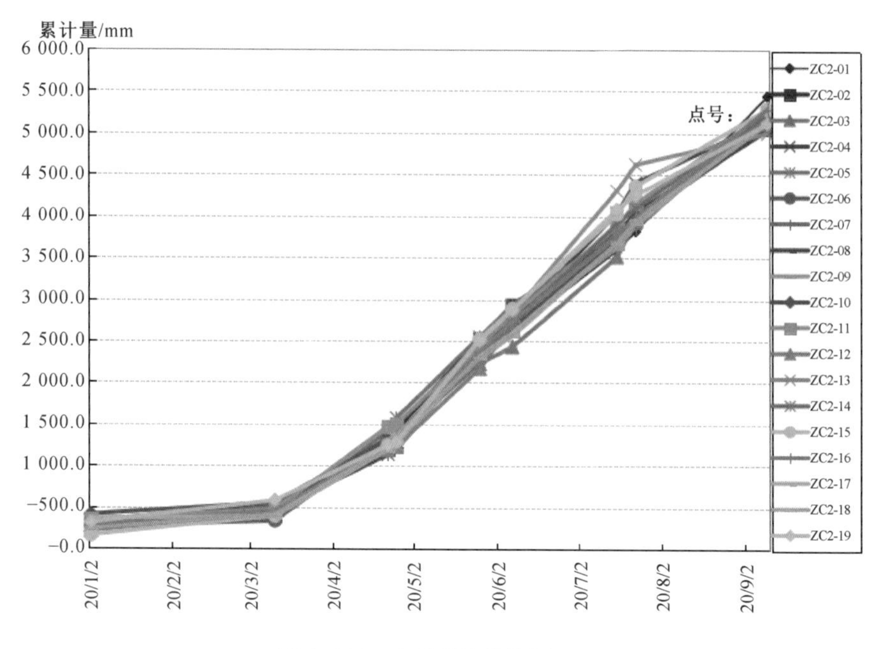

图 6-116　支撑累计曲线图(mm)

6.6　南京东路 179 号街坊改造效果

6.6.1　经济效益

南京东路 179 号街坊基坑工程面积大且开挖深度深,如采用顺作法,势必设置

图 6-117　既有建筑原位地下空间改造技术

大量临时水平支撑和立柱，同时为解决施工场地狭小的问题，还需设置大面积的施工栈桥，待基坑工程结束之后，还必须拆除临时支撑、立柱和施工栈桥。本工程采用逆作法的设计方案，利用地下室各层水平结构作为水平支撑，从而避免了大量临时支撑的设置和拆除，因此其经济优越性十分显著(图 6-117)。

6.6.2 社会效益

随着时代的发展，历史建筑功能陈旧与人们日益增长的物质、精神需求之间矛盾越来越明显，人们开始在历史建筑下方进行地下空间开发，并对历史建筑进行有机更新改造，在最大限度保留历史建筑、历史人文风貌的前提下，赋予其新时代下的新使命。目前在历史建筑旁新建地下室已经比较常见，而历史建筑下方地下空间原位开发施工技术较为少见，因此南京东路 179 号街坊改造项目的成功实施将具有非凡的社会效益。

本项目旨在充分利用历史建筑地下空间，改造历史建筑群，解决日益严峻的停车难问题。采用既有建筑原位地下空间开发技术，最大程度保留了历史建筑外貌和历史回忆，有效地提高了历史建筑的商业价值，缓解了停车难的问题。

本项目的成功实施为老城区复杂环境下改造修建地下车库、保护建筑增设地下室和修复加固等工程的施工提供了经验，从而节约工程成本，有效提高工程质量与经济效益。同时拓宽逆作市场，积累经验加强技术优势，也为老城区改造及历史建筑保护等领域，提供了新思路、新工艺。

6.6.3 改造后效果

阔别多年的上海"中央商场"终于强势回归，不仅重新开放了，还进行了华丽的升级，变身全新的"外滩 · 中央"。改建后的南京东路 179 号街坊效果图如图 6-118 所示。

图 6-118 美伦大楼

“外滩·中央”4 楼还开设了林肯爵士乐上海中心，由上海外滩投资开发集团与美国林肯爵士乐中心合作创立，于 2017 年 9 月正式开业。林肯爵士乐上海中心演出主场地面积近 400 m^2，可容纳观众 130 人左右，如图 6-119、图 6-120 所示。美国林肯爵士乐中心的复刻＋老上海优雅记忆的标志装饰，融汇了 20 世纪 30 年代新欧陆古典主义风情和当代都市艺术时尚气息，使观众在同一个空间上，感受不同时空下的故事。

图 6-119　“外滩·中央”4 楼林肯爵士乐上海中心

图 6-120　“外滩·中央”改造后的夜景图

7 结语和展望

随着我国社会经济转型升级，城市更新已成为激活经济、改善民生的重要方式。既有建筑的地下空间开发，也成为了城市更新中存量土地资源挖掘利用的创新手段。随着城市的地上空间日益饱和，可以预见，既有建筑的地下空间开发需求量将逐年增长，未来将具有更为广阔的市场前景。然而，我国的既有建筑地下空间开发技术正处于“摸着石头过河”的起步阶段，可借鉴的工程案例不多，相关的设计理论、技术体系和配套的机械装备也尚在研究和探索中。同时，既有建筑的保护管理规定也在不断地修改完善，未来的既有建筑改造和地下空间开发市场将会更加严谨、规范，更加注重既有建筑的“保护和利用的统一”。为此，设计人员、改造人员更应与时俱进，不断积累和提高既有建筑改造能力，还要读懂每一幢老建筑背后的历史故事，适应每一幢老建筑独特的改造需求。

目前，城市更新进程中仍不断出现新的既有建筑地下空间开发需求，工程领域也不断涌现创造性的既有建筑地下空间开发技术，有待于进一步完善和总结。

7.1 黄浦区160号街坊保护性综合改造项目

黄浦区160号街坊保护性综合改造项目位于上海市黄浦区160号街坊，地处河南中路、汉口路、江西中路、福州路围合范围内，占地面积约15 325 m²。该地块保留两幢历史建筑：一幢为原工部局大楼（又称为“老市府大楼”），是上海市级文物保护单位和上海市第一批优秀历史建筑；另一幢为红楼，为一般历史建筑（上海市外滩历史文化风貌区），尚未列入上海市优秀历史建筑或文物建筑名册。

图7-1 改造前的黄浦区160号街坊

该项目旨在通过对现存建筑的保护更新及新建建筑的建设，形成以高端金融办公为主，以文化和公共空间为配套，以配套特色商业为点缀的高端现代服务业经典街区和城市地标项目。同时,对保护建筑进行保护性修缮开发,在满足保护要求的前提下,充分恢复其历史风貌,并尽可能地满足项目运营、使用的功能需求。另外,新建建筑区域及附近区域的三层地下空间,满足项目运营及配套服务所需要的相关配套设施。并且对街坊内部空间进行环境及景观的更新改造,塑造与项目定位、功能需求相匹配的城市开放空间。

黄浦区 160 号街坊的保护性综合改造面临诸多技术挑战,例如,工程紧邻地铁 10 号线隧道和其他重要市政管线,深基坑施工对地下构筑物的影响需要严密监控;紧贴文物保护建筑"原工部局大楼"施工三层地下空间,文物保护建筑的基础托换技术和基坑变形控制要求极高;工程要在红楼下方增设地下室,需要红楼在基坑栈桥上进行分阶段的多次平移和顶升,并严格控制红楼在基坑施工期间的不均匀沉降;"原工部局大楼"正下方采用管幕施工的方式与新建地下室连通,既有建筑内部的管幕施工难度较高;"原工部局大楼"上方新增一层钢结构建筑,文物保护建筑上方的大体量钢结构吊装和连接技术需要进一步探索;"原工部局大楼"的保护性修缮和功能改造也需要制定具有针对性的方案。

图 7-2 黄浦区 160 号街坊改造效果图

7.2 南京科举博物馆二期改造工程

南京科举博物馆二期改造工程项目位于南京市秦淮区,秦淮河北岸,建康路以南,平江府路以西,金陵西街东侧,科举博物馆一期以北范围,占地约 2.23 hm^2。本项目作为夫子庙地区文化品质提升项目,周边人群密集、交通繁忙、文化保护建筑多。本项目总建筑面积约 99 100 m²,其中地上总建筑面积约 37 500 m²,地下总建筑面积约61 600 m²。地上建筑分为保留建筑与新建建筑两部分,其中保留建筑为原南京市中医院病房楼、综合楼及肛肠楼,保留建筑功能置换、外立面提升改造,建筑高度不变,保留建筑面积 25 500 m²。

图 7-3　改造前的南京科举博物馆二期

项目新增的地下室跨越规划路,部分位于金陵东路下方。地下空间开发前,对场地内 500 年历史的石砌拱桥——飞虹桥进行托换加固,并将原中医院“肛肠楼”和“综合楼”进行整体托换,保证地下各层空间的完整性。B1 层设置“文化旅游配套用房”并于周边地下空间形成有效联通,利用局部净高较高部位设置局部夹层,设置“文化旅游配套用房”及“非机动车库”。B2 层除西北角设置国学交流培训中心配套用房外,其他区域及 B3 层均为机动车停车库及设备用房。

图 7-4　南京科举博物馆二期改造效果图

南京科举博物馆二期改造工程所处位置较为特殊，紧邻南京夫子庙风景区和秦淮风光带，人流量大、历史建筑密集，且靠近同步建设中的南京地铁 5 号线，附近还有地铁 3 号线区间，场地周围环境对基坑施工产生的扰动非常敏感，需要严格控制。另外，该工程的施工场地较为狭小，且场地内存在需要重点保护的飞虹桥，大型设备的行走和布设存在困难，要求更为科学合理的场地和进度规划。同时，该工程涉及大量的文物保护和既有建筑改造工作，包括对场地内的省级保护文物飞虹桥进行基础托换和保护、对场地外的省级保护文物明远楼进行地墙隔离和监测、对场地内的商墩考古发掘进行隔离和原位保护、对原南京市中医院的多栋既有建筑做基础托换和原位逆作地下空间开发等，保护和改造工作难度较高，需要一系列新理论、新技术和新装备的支持。

7.3 上海张园

上海张园位于静安区繁华的南京西路商圈，是南京西路历史风貌保护的核心区域，东起石门一路，西至茂名北路，北起吴江路，南至威海路。张园最早建于 1882 年，取名为“张氏味莼园”，是具有“晚清第一公共空间”称号的地标性场所。至 1919 年后，逐渐划分土地用于建造里弄住宅和花园住宅，为现存的主要历史建筑形式。

上海张园改扩建工程位于地铁 2 号线、12 号线、13 号线南京西路区段的环抱区域内，改造工程包含各类文物建筑和历史保护建筑共计 43 栋，其中文物保护点 24 栋(约 23 520 m^2)、优秀历史建筑 12 栋(约 17 230 m^2)，保留历史建筑 5 栋(约 4 327 m^2)、一般历史建筑 1 栋(约 516 m^2)，如图 7-5 所示。工程拟对张园地区的历史建筑进行保护性修缮和改造，并增设 2～3 层地下室，与周边地铁线路和商圈的地下空间连通，打造成区域的整体配套空间。

图 7-5 上海张园现状俯瞰图

上海张园改扩建是典型的成片历史建筑地下空间开发工程，具有建筑密度高、保护等级高的特点，每一幢历史建筑的改造需求和方式均不相同，整体难度较高。里弄风格建筑群的内部道路和空间均较为狭小，老式建筑内部空间也极为有限，为地下空间开发带来了极大挑战，需要一系列新技术和配套装备的研发。该区域还紧邻3条地铁线路，周围高层建筑、历史保护建筑环绕，地下管线密集，地下施工必须严格控制变形和扰动。张园改扩建工程是一项极具挑战的重大工程，也必然催生出许多新的城市更新技术。

图7-6　上海张园改造效果图

7.4　既有建筑地下空间开发需求和发展趋势

未来，既有建筑的地下空间开发技术将有以下几方面的开发需求和发展趋势。

1. 既有建筑地下空间开发的难度更高

随着城市更新的范围逐步推广，许多保护级别较高的历史建筑也面临地下空间开发的需求，此类建筑一般要求原址保护，不允许拆除或移动，建筑内部也极为狭小，地下空间开发是真正的“螺蛳壳里做道场”。此外，对于街巷狭窄、建筑密度高的历史街区、历史风貌保护区的成片保护和开发，也面临诸多的难题。随着既有建筑地下空间开发的需求量逐渐增长，此类高难度工程也将越来越多。为此，不仅需要更为精细化的施工手段，还要从新型地下结构体系、新型施工方法、新型施工装备等多个方面进行积极探索。

2. 既有建筑地下空间开发的设计理论更完善

既有建筑的地下空间开发是城市更新社会背景下的一个重要趋势，也是建设行业的一块新兴领域。在新的机遇和挑战下，传统的设计理论急需突破。既有建筑复杂的受力转换体系设计、保护加固设计、移位顶升设计、新型大承载力基础托换体系设计，地下工程的新型构件和节点设计、新型围护和支撑设计、受限空间内的地下水控制设计，地下空间开发期间的上部建筑与基坑耦合设计与分析等，都需要理论和实践的充分检验，也急需形成完整的设计理论体系，得到标准规范的支撑。

3. 既有建筑的保护技术更智能、更先进

既有建筑往往艺术造型优美复杂、历史背景传奇独特，因此既有建筑的保护首先要做到对其原始样貌的准确描画。采用人工测绘的方法效率和准确性较低，针对大体量的保护建筑群则需要耗费更多的人力物力。目前，建筑测绘领域已有高精度三维点云扫描、无人机成片扫描等技术的应用。此类技术在既有建筑保护领域也具有极大的推广价值，无人机成片扫描可获取历史保护街区的整体建筑信息，而高精度三维扫描则可对既有建筑的精细构件进行建筑信息的重塑，以此更为直观地展现历史风貌、构建历史建筑模型、辅助建筑的保护与改造更新。

此外，既有建筑的地下空间开发工程工况复杂，历史街区的改造更是体量巨大，都需要严密而精细的建筑和基坑监测技术用以保障工程安全。为此，开发基于物联网的监测系统十分必要，通过智能化、自动化的监测技术实现地下空间开发的全过程管控和预警，降低工程风险，实现最大程度的既有建筑保护。

与此同时，随着新材料、新工艺的不断涌现，既有建筑的保护技术也将朝着更为轻质高效、绿色环保的方向发展。例如，采用超高性能混凝土、聚合物砂浆等高强度新型材料加固既有建筑，可实现超薄、高强度、高韧性的加固效果，在尽量不减少室内空间的情况下实现既有建筑的加固和保护。又如，若采用装配式钢结构支撑对既有建筑进行临时保护和加固，可实现加固材料的回收和重复使用，在成片历史街区的改造工程更能突显其经济效益。

4. 既有建筑地下空间开发更加精细化

随着城市空间资源的不断开发，地上建筑物和地下构筑物的密度都在快速增长，既有建筑的地下空间拓建工程中，如何控制地下结构施工对既有保护建筑和周围建(构)筑物的扰动也成为了一大难题。为此，既有建筑的地下空间开发更加需要“绣花般”精细的技术，高效的土体加固技术、微扰动的桩基和围护结构施工技术、可调节和补偿变形的大刚度基坑支撑体系、快速化和工业化的基坑开挖和地下结构施工工艺、暗挖条件下的低影响的地下连通道施工方法等多方面技术的联合研发显得尤为重要。

5. 机械装备更加专业化、小型化

既有建筑的地下空间开发是一种较为特殊的工程类型，在保留和保护的地上已有建筑物的前提下进行地下拓建。受到既有建筑的影响，地下工程的施工空间有限，常规的大型机械难以施展，需要有针对性地研发更专业高效、小型灵巧的装备，包括低净空小尺寸的桩基施工设备、净空条件限制下的基坑围护结构施工装置、暗挖条件下的土方开挖和长距离运送装置、空间受限条件下的构件吊运设备等。作为建筑行业的一大新兴领域，专业化施工装备的研发是新型施工技术快速发展的保障。

参 考 文 献

[1] 阳建强,陈月.1949—2019年中国城市更新的发展与回顾[J].城市规划,2020,44(2):9-19.

[2] 杜莉莉.重庆市主城区地下空间开发利用研究[D].重庆:重庆大学,2013.

[3] 童林旭.在新的技术革命中开发地下空间——美国明尼苏达大学土木与矿物工程系新建地下系馆评介[J].地下空间,1985(1):10-16.

[4] Jaakko Y. Spatial planning in subsurface architecture [J]. Tunneling and Underground Space Technology, 1989, 4(1): 5-9.

[5] 秦虹.城市更新:城市发展的新机遇[J].中国勘察设计,2020(8):20-27.

[6] 邹德慈.新中国城市规划发展史研究:总报告及大事记[M].北京:中国建筑工业出版社,2014.

[7] 陈志龙,刘宏.城市地下空间总体规划[M].南京:东南大学出版社,2011.

[8] 孙钧.国内外城市地下空间资源开发利用的发展和问题[J].隧道建设(中英文),2019,39(5):699-709.

[9] 梁思成,陈占祥.梁陈方案与北京[M].沈阳:辽宁教育出版社,2005.

[10] 方可.当代北京旧城更新[M].北京:中国建筑工业出版社,2000.

[11] 刘志峰,宋永生,陶文成,等.建筑平移和地下室逆作法在历史建筑地下空间开发的应用研究[J].施工技术,2018,47(19):141-145.

[12] 芦鑫.城市地下空间的规划设计研究[D].保定:河北农业大学,2013.

[13] 龙莉波.上海外滩源33号历史保护建筑改造及地下空间开发[J].上海建设科技,2014(4):39-41.

[14] 周治.存量规划背景下昆明市旧城核心区街道再生研究[D].昆明:昆明理工大学,2017.

[15] 胡文娜.国外城市地下空间开发与利用经验借鉴(九):法国地下空间开发与利用(1)[J].城市规划通讯,2016(13):17.

[16] 薄宏涛.一座高炉,一个永远的家—首钢三高炉博物馆侧记[J].建筑学报,2019(7):46-47.

[17] 刘伯英,李匡.首钢工业遗产保护规划与改造设计[J].建筑学报,2012(1):30-35.

[18] 李奕阳.城市深层地下空间民用关键问题及基本对策[D].重庆:重庆大学,2018.

[19] 中华人民共和国住房和城乡建设部.民用建筑可靠性鉴定标准:GB 50292—2015[S].北京:中国建筑工业出版社,2016.

[20] 韩璐.浅析中外高等院校校园景观设计特点及发展趋势[J].建筑知识,2017,37(2):

21-22.

[21] 刘艺，朱良成.上海市城市地下空间发展现状与展望[J].隧道建设(中英文)，2020，40(7)：941-952.

[22] Masahiro Maeda，Kotaro Kushiyama. Use of compact shield tunneling method in urban underground construction[J]. Tunneling and Underground Space Technology，2005，20(2)：159-166.

[23] 钱七虎.科学利用城市地下空间，建设和谐宜居、美丽城市[J].隧道与地下工程灾害防治，2019，1(1)：1-7.

[24] Sanja Durmisevic. The future of the underground space[J]. Cities，1999，16(4)：233-245.

[25] 贾坚，谢小林，方银钢，等.城市中心地下空间的互通互联整合[J].时代建筑，2019(5)：29-33.

[26] 代朋.城市地下空间开发利用与规划设计[M].北京：中国水利水电出版社，2012.

[27] 张兵.催化与转型："城市修补、生态修复"的理论与实践[M].2 版.北京：中国建筑工业出版社，2019.